Press Reset: Ruin and Recovery in the Video Game Industry

リセットを押せ

ゲーム業界における破滅と再生の物語

ジェイソン・シュライアー
Jason Schreier

西野竜太郎 訳

グローバリゼーションデザイン研究所

サフタに、すべてを

目次

はじめに

過去数十年を振り返ると、どのような数字で測ってもみても、ビデオゲーム業界は大成功を収めてきた。「大成功」という言葉では控えめすぎるかもしれない。真夏のニューヨーク市内の悪臭を「ひどい」と言ったり、陣痛を「つらい」と表現したりしても、どこか物足らないのと同じだ。１９７０年代にビデオゲームはあまり存在しなかったが、２０２０年代にはエンターテインメント分野で一番お金を稼ぎ、恐らく一番強い影響力を持つ産業にまで成長した。２０２１年におけるビデオゲームの年間収益は、世界全体で何と１８００億ドルにも達している。さらに、大衆文化に大きな影響を与えるようにもなった。フォートナイトは世界中の学校で話題になっているし、ニンテンドーダイレクトの生配信で重大な告知や面白い話題が出るとソーシャルメディアを席巻する。

つまりビデオゲームは巨大なビジネスなのだ。ゲームと共に育ち、ゲームを愛する者たちがこのビジネスの一端を担う夢を抱いても不思議はない。90年代の一コマ漫画にこんな場面があった。スーパーマリオブラザーズにハマっている男の子を両親が眺めつつ、この卓越したゲームスキルを活かせる仕事はないだろうかと、新聞の求人広告を頭に思い浮かべているのだ。当時はゲームスキルをお金に換えようとする部分がオチになっていた。ところが現在、その一コマ漫画で非現実的なのは、新聞紙で求人を探す点だけだろう。今では給料をもらってオフィスに通勤し、ビデオゲームを作っている人が世界各地にいる。キャラクターを描いたり、レベルをデザインしたり、全体がうまく動作するようプログラミングしたりといった仕事だ。わくわくする予感のする業界なので、数多くのゲーマーが目を輝かせながら足を踏み入れたいと考えている。

　以前、ニューヨーク市中心部にあるゲームスタジオを訪ねたことがある。次のゲームのリリースを数か月後に控えた時期だった。あるアーティストが「いいものができたから見て」と自分の席に私を招いた。すぐに他の社員も集まってきて、派手でリアルなトラックの車両モデルが茶色い地面の上を転がる様子を覗(のぞ)き込んだ。アーティストがマウスを何度かクリックするとトラックが爆発し、タイヤや金属片がスローモーションで画面いっぱいに吹き飛んだ。鳥肌が立つほどだった。さすがに周囲にいたデザイナーやプログラマーほどに私は興奮しなかったが、みんなが心から喜んでいるのを見て思わず笑みがこぼれてしまった。彼らがフルタイムでやっているのは、何かを想像し、それをコンピューターの画面上で実現する仕事だ。こんな理想的な仕事があるだろうか？

　派手で目を奪われるトラック爆破シーンだけなら良いのだが、ビデオゲーム業界には暗い面もある。四半期決算報告会やＥ３のプレスカンファレンスで経営者たちが誇らしげには話せない一面だ。要するに、毎年莫大(ばくだい)な額の投資をする一方で、社員に健全で安定した労働環境を提供できていないゲーム会社があまりに多い点である。大手ゲームパブリッシャーが１度失敗したり、１回経営判断を間違ったりしただけで、大規模なレイオフが実施されることも、開発スタジオが閉鎖されることもある。その年にどれだけ収益を上げていてもだ。場合によっては失敗がなくても同様の事態が発生する。大企業はプロジェクトが完了するとレイオフしたり（数か月後に結局は同じポジションで求人）、次の四半期開始前に株主に喜んでもらおうとレイオフしたり（社員数が減れば貸借対照表がきれいに見えるため）するケースもある。

不安定な労働環境は当たり前になってしまった。数年でもゲーム業界で働いた経験がある人と話せば、失業に関する身の上話はまず間違いなく聞ける。開発したゲームが売れなかったのが理由かもしれないし、自己中心的なディレクターがプロジェクト管理に失敗したのが理由かもしれない。あるいは、パブリッシャーが最新の四半期決算報告の数字を良くする必要があったのかもしれない。はたまた、戦略的リソース再編という名のコスト削減対象になったのかもしれないし、その他「あなたはクビです」を遠回しに表現した施策の対象者になったのかもしれない。大規模レイオフもスタジオ閉鎖も、マリオのジャンプやアクティビジョン社のアイテム箱と同様に、ビデオゲーム業界で一般的なもののようになってしまった。

２０１７年に非営利団体である国際ゲーム開発者協会は、約千人のゲーム業界関係者を対象に、過去5年間で何社に勤めたかを尋ねた。フルタイム勤務で平均2・2社（フリーランスで3・6社）と不安定さが示された形だが、この業界で働いた経験があれば驚く数字でもないだろう。調査レポートはこう続いている。「業界における離職率の高さは、今の会社に長く勤めるだろうと予測する人が少ない点にも表れている。大部分の回答者は雇用流動性は高いと判断しているようだ」。翌年、ウェブサイトGamesIndustry.bizの記者であるジェームズ・バチェラーは、２０１７年9月から２０１８年9月の間にゲームスタジオ閉鎖で失われた雇用の数を計算した。すると１０００人を超えていたのだった。ただしこれは公開されている数にすぎない。ゲーム業界で働くということは、安定雇用は当たり前ではなく、例外だと受け入れることなのだ。

ゲーム開発者はアート制作で生計を立てられる喜びと引き換えに、予告なしに突然失職する環境を受け入れなければならない。２００６年からゲーム業界で働くショーン・マクラフリンは、これを絶え間のない不安感と表現した。「何度もレイオフを経験したせいか、会社で全社ミーティングのメールが来るたびに、ＰＴＳＤみたいな状態になります」とマクラフリンは私にメールで明かした。「単にみんなで集まってスタジオの現状について情報交換するだけなのに、いつもスタジオ閉鎖の通知かと思ってしまうんです。開発者ならよくあることだと思いますよ」

「バッグ１つに入り切らないものをデスクに置かないようにもなりましたね」とマクラフリンは付け加えた。「新人の頃はみんなが持っているような玩具やコレクションをデスクに並べていたのですが、今ではがらんとしています。レイオフに備えて写真や本を少し置いているだけですね」

クリエイティブ産業ならどこも同じと思われるかもしれない。ハリウッドの場合、労働者は映画制作の開始と終了に合わせて契約を結ぶ。これに対し、ビデオゲーム業界ではフルタイム雇用の幻想を見せているのだ。テイクツー社やＥＡ社のような巨大パブリッシャーの求人を見ると、臨時雇用ではなく長期雇用である点を強調している。臨時雇用契約でない限り、今のゲームを作り終われば次のゲームに着手できると開発者は考えるだろう。長期にわたって雇用するのは合理的な面がある。ゲーム開発に使うツールはスタジオごとに違うし、扱いがややこしい。時間をかけて使い方を習得すれば新入社員よりも効率的に仕事を進められる。加えて、何年も一緒に働いた末に出来上がった人間関係は貴重な財産になる。協働が求められるクリエイティブなプロジェクト（あるいは班ごとの理科の実験でも）に関わった経験のある人ならよく分かるだろう。

それにもかかわらず、ゲーム業界で予算決定に携わる人たちが無関心であるように思えるのはなぜだろうか？

私は雇用が不安定である点について、ベテランのゲームデザイナー（訳注／ゲームの設計や企画を担当する人。単にデザイナーとも）であるケーティー・チロニスとじっくり話したことがある。彼女はマイクロソフトやオキュラス、ライアットといったゲーム関連の大企業で働いてきたが、何度となく不安を口にした。これまでに大規模なレイオフを自身で１回経験しているし、同僚がされる場面に２度遭遇しているからだ。２０１８年にはシアトルからロサンゼルスに引っ越した。ロサンゼルスには大手ゲーム会社がいくつもあるのも理由だ。もちろん、再びレイオフに遭った場合に備えてである。チロニスの夫もゲーム開発者で、２人でよく緊急時対応計画についても相談している。今の有期雇用の仕事がなくなったときに転職先候補となる企業を出し合って、一覧にしているのだ。「レイオフが発生しそうな場合にどう対応するか、プロジェクトがキャンセルされたときにどう行動するか、こういった観点で居住地について相談しましたね」とチロニスは語る。「世間一般では、最低5年は同じ場所に居たいねといったところでしょうか。でも、私たちは3年以上同じ会社で働いたことがないんです」

ビデオゲーム業界で働いていて一番つらいのは、友人ができても突然引き裂かれる可能性がある点だとチロニスは言う。2014年、チロニスは職場のモバイルゲーム開発スタジオに出社すると、荷物をまとめて帰宅するよう、いきなり告げられた。直前までは何の問題もないと思っていたのにである。「部屋に呼ばれ、帰るように言われるんです。誰にもお別れのあいさつすらさせてもらえません」とチロニスは言う。「結局オフィスには戻れませんでした。友達や、仲の良い同僚が何人もいましたが、連絡のしようがありませんでしたね」

ビデオゲームは楽しんでもらうことを目指して作られる。ところが実際は、企業の冷酷な論理の下で制作されているのだ。なぜ、儲(もう)かっている産業が労働者をこのように扱うのだろうか？　なぜ、ゲーム業界は面白い作品を生み出したり莫大な収益を上げたりしているのに、安定した雇用を提供できていないのだろうか？

◆

私が処女作の『血と汗とピクセル』に着手したときに知りたかったのは、なぜビデオゲームを作るのは困難なのかという理由だった。何人もの開発者に質問をし、いくつもの回答が得られたが、要約するとこうだ。つまり、ゲームはアートとサイエンスの両面に関わっており、技術的進歩を取り入れた上で「楽しい部分を見つけ出す」苦労がある。そのため正確なスケジュールを立てるのが極めて難しくなるのだ。「ピラーズ・オブ・エターニティー」のようなオープンワールドのロールプレイングゲームを作るにしても、「アンチャーテッド４」のような一本道のアドベンチャーゲームを作るにしても、さまざまな不確定要素がある。よく言われるように「新型カメラを導入しつつ映画を撮る」ような状況だ。

一方、本書で私が知りたいのは次のような点だ。すなわち、なぜビデオゲーム産業では雇用を守るのが難しいのか？　突然荷物をまとめるよう告げられ、遠く離れた場所に引っ越さざるを得ない業界で働くとは、どのようなことなのか？　なぜレイオフとスタジオ閉鎖が繰り返されるのか、そしてそれが関係者にどう影響し、どう立ち直ったのか？　失敗するのが目に見えていながら、ゲーム会社を始めるのはなぜか？　勤務先のスタジオが閉鎖されると、ライターやアーティスト、デザイナー、プログラマー、あるいはサウンドエンジニアはどうなってしまうのか？　生活にどのような影響があるのか？　次に何をするのか？　どう乗り越えていくのか？　そして、自身の経験から何を語るのか？

本書には、ゲームスタジオの閉鎖で何が起こるかが書かれている。もっと正確に言えば、ゲームスタジオの閉鎖で、当事者たちに何が起こるかが書かれている。企業の財務状況を詳しく扱っているわけでもないし、ビジネス交渉を事細かに取り上げているわけでもない。私が興味を持っているのは、そういった書類のやり取りの結果、人生にどのような影響があったのかという側面なのだ。全社ミーティングで上司の上司が会議室の前方に立ち、「皆さんは全員レイオフされます」と通知する現場に居合わせるのはどのような気分なのか。そして、目をこすりながら一緒に徹夜して最新作を仕上げた同僚たちを見回すのは、一体どのような気持ちなのだろうか。もう二度と同じオフィスで仕事を共にすることがないのだ。逆に、上司の立場だったらどうだろうか。新しい職場を探すよう、部下に告げなければならない。

ただし本書は傷心や悲劇を扱っているだけではない。再生の話でもある。愛する会社が倒産したとき、次に何をするのか。これを機会と捉えて独立し、夢に描いてきたゲームの開発に着手するのか。遠く離れた土地に引っ越し、別のスタジオに勤めるのか。ゲーム産業から離れ、もっと安定した業界で働くのか。実際、レイオフを機会と考え、クリエイティブな仕事をしようと独立して夢を追うゲーム開発者もいる。それまでは無理だと思っていたリスクを取るのだ。他方で、シンプルに諦める人もいる。自分たちを守ろうとしなかった業界から去っていくのだ。

本書ではそのようなストーリーをいくつも取り上げている。マサチューセッツ州ボストンでは、イラショナル・ゲームズ社を見てみる。かつての精鋭企業で、画期的なゲームである「バイオショック」も開発した。さらに同ゲームに携わった人たちにも話を聞く。続いて東海岸から西海岸に移動し、サンフランシスコのベイエリアにある2Kマリン社(「バイオショック2」)とビセラル社(「デッドスペース」)だ。物価の高さで世界有数の都市で災難に見舞われた2社である。さらに、伝説のメジャーリーガーが「ワールド・オブ・ウォークラフト」の対抗馬を世に出そうと野心に燃えたものの、ロードアイランド州とメリーランド州にオフィスを構える2社が破滅してしまった顚末(てんまつ)を記す。そこから南に行ったバージニア州では、ゲームスタジオのミシック社だ。自社のやり方が業界内で古くなりつつあると気付き、最新トレンドに遅れまいと奮闘する姿をお見せする。そして、ゲーム開発の過程で燃え尽きてしまった人たちからも話を聞く。また不安定な雇用環境を改善する策も探ってみる[1]。

ゲームをプレイしていて、予想も納得もできないひどい結末に見舞われたとする。それでもプレイを続行したければ、選択肢は2つある。そのまま我慢して壁を乗り越えて前進を続けるか、あるいはリセットボタンを押してやり直すかだ。次はうまくいくかもしれない。隠されていた道を見つけ出して、成功するかもしれない。はたまた、自分で変更できない環境やプログラム内のバグのせいで、同じ壁に何度も阻まれてしまうかもしれない。それでもうまくいかないなら、まあ、そのときはプレイをやめることだってできるだろう。

注

［1］本書内のストーリーは、ほとんどが当事者に直接取材した内容に基づいている。特に断っていない限り、かぎかっこ内は私に直接語られた言葉である。

第1章　日雇い職人

THE JOURNEYMAN

２００５年の暮れも押し迫った頃、ウォーレン・スペクターは怒りを爆発させてしまうのではと感じていた。彼はカリフォルニア州グレンデール市にあるオフィス会議室で、次のビデオゲームのアイデアを売り込んでいた。ダンボやドナルドダックなど、ずっと親しんできたエンターテインメントを提供してきた巨大企業、ディズニー社の幹部たちにだった。ついさっきまで、ここに来られたことにわくわくしていた。ところがプレゼンテーションを始めると、幹部たちはうつむいて携帯電話をいじりだしたのだ。

すでに興奮は冷め、ネクタイを締めて四半期決算ばかり心配している連中に不信感を抱いてしまっている。こんな経験は以前にもあった。白髪交じりのスペクターは五十路(いそじ)手前で、長年パソコン画面に向かっていたせいか、前かがみの癖がある。ミーティングで集まると大抵は最年長であるし、一番の有名人でもある。ＳＦシューティングのスリルと、複雑な意思決定で展開するＲＰＧとを融合させた「デウスエクス」のディレクターとして名を成した。経営陣はデウスエクスに理解を示さなかったが、スペクターはひるまず、２０００年６月に発売にこぎ着けた。結果はすぐに出た。販売数は１００万本を超え、すぐに続編作成が決定するどころか、映画化の話すら出た[1]。スペクターはビデオゲーム業界で有名人になり、インタビューを受けたりパネリストで登壇したりで、世界各地を行脚した。そして数年後、自分のやり方でゲームを作ろうとジャンクションポイント社を設立した。

現在は出張セールスの担当だ。次々とパブリッシャーを訪問し、自分の新スタジオには巨額の投資をする価値があると、スーツを身に着けた人たちを口説き落とす策略を巡らせている。スペクターは売り込みが得意で、自分自身の言葉を信じて率直に話す。ただしリスクについても積極的に伝えるので、へそ曲がりのような印象を与えてしまう。「ああすることで、落ち着くんだろうね」とスペクターの代理人を務めるシーマス・ブラックリーは言う。「あんな問題やこんな問題があって、失敗の原因になり得ます。損害はこの規模です、ってね。それを話すことで安心できるんだよ。警戒しなきゃならない部分が明らかになっているわけだから」

ディズニー社に売り込みに行こうと提案したのは、このブラックリーだった。スペクターはおかしな提案だと感じていた。ディズニーアニメはずっと好きだったが、そのファミリー向けのイメージと、自分が作る17歳以上対象の〝M〟レーティングのゲームとはうまく調和しない。デウスエクスはディストピアが舞台で、悪事を働くハッカーや凶暴な犯罪者がのさばる世界だ。ミッキーマウスを手掛けている企業には似つかわしくない。スペクターはやる気が出ず、この出張は飛行機代の価値もないのではと提案を断ろうとした。しかしブラックリーは、ディズニーがビデオゲーム事業の方針を変えようとしていると主張して譲らなかった。結局、スペクターとブラックリーはグレンデール市のオフィスを訪問し、会議室の大テーブルに座り、こうしてディズニーの幹部に取り囲まれているのだ。スペクターは、以前別のゲームパブリッシャーに持ち込んだ企画の説明から始めた。まず「スリーピングジャイアンツ」というファンタジーRPGで、魔法が消えた世界を舞台にしている。それから映画監督のジョン・ウーと「ニンジャゴールド」と題したカンフーゲームにも取り掛かっていた。さらに「ネセサリーイビル」という別のSFプロジェクトのアイデアも持っていた。スペクターによると、これは「デウスエクスを感じさせる」ゲームらしい。ディズニーの幹部たちは耳を傾け、興味を持っているように見えた。ただし、携帯電話をいじり始める前までだ。

「僕が話している間、うつむいて電話を触っていたよ」とスペクターは言う。「だから、帰ったらシーマスの野郎をひどい目に遭わせてやろうと考えてたね。絶対に」。ところがスペクターがシーマス・ブラックリーを一瞥（いちべつ）すると、何とブラックリー自身も携帯電話に目を落としていた。

スペクターが話し終えると、ディズニーの幹部たちが口を開いた。どうやら携帯メールをやり取りして、「あの話」を切り出してよいものか相談していたようだ。ディズニー幹部はスペクターを気に入り、アイデアも悪くないと感じていたが、関心はまったく別にあった。「メールの送信相手の一人が私だったんだ。逆に自分たちから提案してもよいかって聞いてきたよ」とシーマス・ブラックリーは言う。「彼らはウォーレンと会い、『あの話』を提案してみようと思ったようだ。承諾してもらえるかもしれないって」

スペクターの記憶によると、その後の会話はこんな風に進んだ。

「キャラクターのライセンスを使ったゲームに興味はありますか？」と幹部の１人が尋ねる。

「ふさわしいライセンスであれば」とスペクターは答える。

「ではディズニーの中で、気になるライセンスはありますか？」と幹部が聞く。

「ええ、もちろん」とスペクターは言う。「ダックがいいですね。スクルージとドナルドダックをお願いできれば」

実は、スペクターは子どもの頃からアニメにのめり込んでいた。修士論文はワーナー・ブラザーズのアニメについて書いたし、ディズニーのダックファミリーも大好きだった。「ダックテイルズ」のビデオゲームが作れればとずっと夢見てきた。大金持ちのスクルージ・マクダックや、スクルージの姪（めい）の子どもたちにあたるヒューイ、デューイ、ルーイを操ってインタラクティブにストーリーを進めるのだ。ところが、ディズニー幹部は別の構想を抱いていた。ウォーレン・スペクターの会社も、仕事も、人生も一変させかねない構想だった。

「ええと」と幹部が切り出す。「ミッキーマウスはどうでしょう？」

◆

世界一有名なアニメキャラクターのオファーを受けるずっと前から、ウォーレン・スペクターはインタラクティブに展開するストーリーのことばかり考えていた。スペクターは1955年にニューヨーク市に生まれてそこで育ち、早い時期にテーブルトークRPGにのめり込んだ。友人何人かで集まり、ルールブックを参照しつつ、想像力を働かせてストーリーを展開させるのだ。22歳になると大学院入学でテキサス州オースティンに引っ越し、「ダンジョンズ&ドラゴンズ」のあるキャンペーンに参加する。このキャンペーンは最終的に10年近く続くことになる。その後に制作に携わったビデオゲームには、この大作が強く影響しているとスペクターは述べている。「最初は『河川都市シャン』をアジトにする『ラットギャング』のメンバーで始めたよ。楽しかった」とスペクターは言う。「始めた頃はちょっとした依頼ばかり受けていたね。これ、話し出すと止まらないよ。まあ、ちょっとした依頼をこなしたり、強奪したり、ダンジョンに潜ったりね。最後の方になると軍隊の指揮もしたよ。それまで対立していた人が味方になったり、逆に無慈悲な敵になったりしてね」

テキサス大学オースティン校でスペクターは映画を研究し、修士論文を書きつつ、生活費を稼ぐために学生助手として授業も教えていた。ところが、助手交代の時期だという悪い知らせが学部長から電話で伝えられた。もう出ていかなければならないのだ。「電話を切ってからつぶやいたよ、『ああ、困ったな。家賃をどうやって工面しよう。収入がなくなった』ってね」。しかし、もう一本電話がかかってきて、これがすぐに解決策になった。ボードゲームやテーブルトークRPGを制作しているスティーブ・ジャクソン・ゲームズ社で働く友人からだった。アシスタントエディターを探しており、最低賃金しか払えないが、興味はあるかという内容だった。もちろん、とスペクターは答えた。「当時はアマチュアのゲーマーだったよ」と彼は言う。「自分自身でゲームシステムをデザインしたり、キャンペーンを作ったりしていたんだ」

１９８３年にスティーブ・ジャクソン・ゲームズ社で働き始めると、「トゥーン」などのテーブルトーク型ゲームをデザインする方法を学んだ。トゥーンでは、プレイヤーがアニメのアヒルやウサギといったキャラクターの役割を演じて、戦闘はもちろん、予想外の行動で笑いを取ることもできる。スペクターは週に1度くらいの頻度でオースティンブックスに足を運んだ。漫画を扱ってる地元の書店で、テキサス中部ではオタクの聖地になっている。そこで働く店員のキャロラインと話すのも楽しみだった。ついにはデートに誘うのに成功し、付き合うようになった。二人はしばらく一緒にスティーブ・ジャクソン・ゲームズ社で働いていたが、１９８６年も終わりに近いある日、スペクターに電話がかかってきた。ダンジョンズ&ドラゴンズを出しているTSR社からで、エディターとしてウィスコンシン州のレイク・ジェニーバ市に来てくれないかという内容だった。テーブルトークRPGの世界では夢のような仕事と言える。大学でバスケットボールをしていたら、NBAのチームから突然電話がかかってくるようなものだ。「ウォーレンは私を見て、『一緒にレイク・ジェニーバに行くかい？』と聞いたんです」とキャロラインは思い出す。「私は『結婚するんじゃなければ行かない』と答えましたね。すると彼は『分かった』って」。数週間後、ウォーレンとキャロラインはウィスコンシン州に引っ越した。春になると二人はテキサスに戻り、キャロラインの叔父と叔母の家でささやかな式を挙げた。テキサスはやはり過ごしやすかった。

レイク・ジェニーバは二人に合わなかった。冬は凍えるほど寒いし、行きつけの店やバーベキューパーティーが懐かしかった。ウォーレンは仕事に飽きつつもあった。キャラクターを作ったり、ストーリーを語ったりしたかった。あるとき、ゲームの仕組みでどのサイコロを採用しようかと思案していたところ、スペクターは天からの啓示を受けた。「片手に20面体、もう片手に100面体を握っていたよ」とスペクターは言う。「それで、サイコロを凝視しながら『もし職業人生で最大の決断を下すことになるとしたら、何か新しいことで生計を立てるんだ』ってつぶやいたんだ」。程なくして、人生を一変させる電話がまたかかってきた。今回はオースティンにいる友人からだった。テキサス州に戻ってきて、オリジン・システムズ社という駆け出しのビデオゲーム会社で働く気はないかと聞かれた。

オリジン社は、リチャード・ギャリオットというゲームデザイナーが始めた。リチャードは宇宙飛行士だったオーウェン・ギャリオットの息子で、コンピューターと宇宙旅行ばかりを考えて育った。そして1981年に、それを融合させたゲーム「ウルティマ」を世に出した。テーブルトークRPGのルールをビデオゲーム上に構築し、プレイヤーに城とドラゴンが満載のファンタジー世界を冒険してもらうのだ。種族は人間、エルフ、ドワーフ、ボビット（「指輪物語」に出てくるホビットの著作権侵害を回避する意図だが、あまり上手ではない）から選んでプレイできる。そしてクエストをこなしたり、モンスターを倒したり、終盤では宇宙船に乗って星の間を縫いつつ敵と戦ったりする。ギャリオットは友人と1年かけてウルティマを制作したが、オリジン社を起業してゲーム開発を専業にできるほどの大成功を収めたのだった。

スペクターは内向的でおとなしい。一方でギャリオットは派手で遠慮がなく、趣向を凝らした豪華なパーティーを催したり、危険を伴うような冒険をしたりするのが大好きだ[2]。こんな2人はとても友人になりそうには思えないが、スペクターがオースティンに住んでいた頃に顔見知りだったし、ゲームデザインについて同じ感性を抱いていた。そこで、レイク・ジェニーバで物足りなさを感じていたスペクターは、オリジン社で働く機会に飛びついたのだった。「リチャードとは一緒に働きたいと思っていたんだ」とスペクターは話す。「それが転職決断の一因だろうね。どんな面でも僕たちは波長が合ったんだよ」。スペクターが入社した1989年、オリジン社はウルティマのシリーズ6作目に取り掛かっており、急拡大してテキサス州とニューハンプシャー州にオフィスを構えていた。ビデオゲーム産業はパソコン向けを中心に活況を呈していて、オリジン社は成長著しい有力企業になっていた。

数年もすると、スペクターはビデオ・ゲーム・プロデューサーの仕事が分かってきた。チームの先導やプロジェクトの管理に加え、頑固な同僚たちを1つのクリエイティブなビジョンに向かわせる難業だ。

ギャリオットとはウルティマVIの開発で協力した。ストーリーにはガーゴイルの大群が登場する。当初は悪役かと思われたが、実は複雑な背景を抱えている凝った展開だった。80年代のビデオゲームのストーリーとしては革新的だ。さらに「ウィングコマンダー」のプロデュースにも関わった。プレイヤーが宇宙船のパイロットになってエイリアンを撃墜するスペース・コンバット・シューティングのゲームだ。協働した若手のスター、クリス・ロバーツは強情な性格だったので、妥協の仕方もそのときに身に付けた[3]。「1日に10回は議論になったよ。3回勝てれば上出来だった」とスペクターは話す。

オリジン社でも年長の部類に入っていたスペクターは、すぐに上級管理職に昇進した。「自分のビジネスモデルはこうだったね。プロジェクトを4つ始めるとしよう。2つが社内で、2つが社外。それで毎年、うまくいっていないのを2つずつキャンセルするんだ」とスペクターは説明する。「そしてこの方針をメンバーに伝える。『うまくいっているプロジェクトにするんだ』ってね」

オリジン社の協力企業の中で、プロジェクトがいつもうまくいっているのはルッキンググラス社だった。プログラマーのポール・ニューラスが経営し、マサチューセッツ州ケンブリッジに拠点を置くスタジオだ。スペクターとニューラスはクリエイティブ面で緊密な相棒になり、シリーズもののゲーム2作の開発で協力した。1992年発売の「ウルティマ・アンダーワールド」と、1995年発売の「システムショック」だ。この2作は世界設定がまったく異なる。前者はファンタジー世界のダンジョンを舞台にするのに対し、後者は宇宙船内で話が展開する。ただし、デザインの要素は共通している。とりわけ、スペクターもニューラスもダンジョンズ&ドラゴンズの雰囲気を再現したいと考えていたため、どちらのゲームにも色濃く反映されている。「二人とも一本道で展開する小説や映画のストーリーが大好きでした」とニューラスは話す。「でも、ゲームはインタラクティブなんですね。だからストーリーも状況も、プレイヤー自身の感性による解釈ができるわけです」

ニューラスとスペクターはウルティマ・アンダーワールドとシステムショックの2作で、現在「イマーシブ・シム」と呼ばれるジャンルを開拓した。イマーシブ・シムの影響は「フォールアウト」や「ゼルダの伝説／ブレス・オブ・ザ・ワイルド」などにも見られる。これは、プレイヤーが何通りもの方法で謎を解いたり障害物を乗り越えたりできるようにする考え方だ。例えば、兵士2人が警備している入口を突破する場面を考えてみよう。アクションゲームであれば、兵士を吹き飛ばさないと先に進めないかもしれない。対してイマーシブ・シムであれば、さまざまな選択肢が用意されている。もちろん兵士を倒してもよいが、近くの路地に延びている通風孔からこっそり忍び込んでもよい。あるいは、花火を打ち上げて兵士の注意を引き、よそ見している間に走り抜けてもよいのだ。

90年代初期の時点で、これはビデオゲームのパラダイムシフトだった。遊園地のカートで言うなら、それまで来園者は決まったレーン上を運転するだけのデザインだった。一方でイマーシブ・シムでは、来園者は自分用のカートを作れる上に、どの道を走るかも選べるようになっている。スペクターもニューラスも、さらには優れたゲーム開発者である同僚たちも、ダンジョンズ&ドラゴンズのようなテーブルトーク型ゲームが感じさせてくれる無限の可能性をできるだけ再現したかったのだ。「別々のプレイヤーにミッションなり冒険なりをこなしてもらい、後でプレイ日記を見比べたら全然別のゲームで遊んでいたのではと思われるようにしよう、と話し合ってましたね」とニューラスは言う。「リトマス試験みたいなものです」

ゲームは革新的だったが、オリジン社は苦境に陥っていた。フロッピーディスクの製造コストが高かったため、資金が不足していたのだ[4]。1992年、ついにリチャード・ギャリオットは会社を大手パブリッシャーのエレクトロニック・アーツ（EA）社に売却する。大型買収でよくある話だが、パートナーシップは当初は順調だった。「何年かはうまくいってたね」とスペクターは思い出す。「EAは予想していた以上の予算も自由も与えてくれたよ」。新しい出資者を確保できたため、オリジン社は急速に事業を拡大した。そして同時に数十本もの新規開発案件を抱えるようになった。その結果、駆け出しで経験の浅いスタッフがマネージャーに登用され、ゲームの多くはキャンセルに追い込まれてしまった。1995年になると、不満を募らせたEA社の幹部は数週間に1度の頻度でオースティンに出向き、なぜこれほど資金を無駄遣いするのかと詰問し始めた。「我々は善良な市民じゃなかったんだ」とスペクターは言う。オリジン社はもはや、ウルティマ・シリーズで予想外の成功を収めた血気盛んなパブリッシャーではなかった。EA社という巨大な機構に組み込まれた歯車であり、開発者たちは経営計画（や決算説明）とも付き合っていかなければならなかった。

この頃から、スペクターはビデオゲーム業界で新規市場開拓を担当する一部の人たちに対し、初めて怒りを覚え始めた。「ある日、EAのかなり上にいる人が僕のところに来た。名前は伏せておくけどね。それで、君は出世街道から外れているぞと言ったんだ」とスペクターは語る。「毎年利益は生んでいるが、少なすぎるのが理由らしい」。EA社は上場企業なので、株主から預かった資金を増やすのが最優先事項だった。単に利益を上げるだけでは不十分で、毎年指数関数的に増やさなければならない。イマーシブ・シムはそのジャンルの愛好者には受け入れられたものの、指数関数的成長につながるような種類のプレイヤーにはリーチできていなかった。ウォーレン・スペクターのゲームは評論家には絶賛されたものの、他のオリジン社の製品ほどは売れなかった。例えばクリス・ロバーツの「ウィングコマンダー」シリーズだ。結果としてスペクターは孤立してしまった。「僕は『B級映画』の監督だったんだよ。低予算で、誰も興味を持たない。だからカルト的名作にしかならない奇妙なプロジェクトをやるしかなかったんだ」とスペクターは話す。「(EA幹部は)『君の場合、1ドル投資したら1ドル10セントにするだけだ。クリスの場合、1000万ドル投資すれば、1億ドルに増やすかもしれないし、ダメなら税金控除に使える。君に投資する理由がどこにあるんだ?』って言ったよ」

1996年、スペクターはEA社を退職すると決断した。すると旧友のポール・ニューラスが、マサチューセッツ州で自分が経営するルッキンググラス社に来ないかと連絡してくれた。スペクターはもうテキサスは離れたくないと断ると、ニューラスはそこに新オフィスを作ると提案した。すでにルッキンググラス社では2名がオースティンで在宅勤務しており、スペクターの新オフィスができれば彼らも参加できる。この新オフィスは「ルッキンググラス・オースティン」と名付けられ、スペクターの指揮の下、独立した人員とプロジェクトを与えられることとなった。

スペクターは開発者の採用とゲームの企画に着手した。例えばマルチプレイヤーのSFゲーム「ジャンクションポイント」だ。友人たちと集まって一緒に冒険に出られるという、1996年時点としては斬新な発想だ。「時代の先を行ってましたね」とニューラスは思い出す。ところがルッキンググラス社は資金調達に苦戦し、わずか数か月後にニューラスとスペクターは会社をどう存続させるかの難題を抱えてしまった。「ポールに言ったんだ、『オースティンのオフィスは閉鎖してくれ』って」とスペクターは話す。「自分は何とかやっていける自信があったからね[5]」。1997年、スタジオ閉鎖を初めて経験したスペクターは、ルッキンググラス・オースティンの一部社員に、新プロジェクトを見つけてくるまで留(とど)まってくれないかと頼んだ。(ゲーム「ジャンクションポイント」は結局実現しなかった)

スペクターと新しいチームメンバーの仕事はすぐに見つかった。大人気のRTS(リアルタイム・ストラテジー)シリーズである「コマンド&コンカー」をベースにしたRPGの開発だ(皮肉にもコマンド&コンカーは後日EA社に買収される)。この開発契約を近日中にウェストウッドという会社と結ぶことになっていた。ところがスペクターは、自信たっぷりに大口を利くゲームデザイナー、ジョン・ロメロから電話を受ける。実はロメロも1988年までオリジン社で働いていた。スペクターが入社する

1年前である。その後、ジョン・カーマックというプログラマーと組み、イド・ソフトウェア社を設立する。「ドゥーム」、「クエイク」、「ウルフェンシュタイン3D」といった大ヒット作を世に送り出した、覇気に満ちた会社だ。しかし他の社員との間で緊張が高まった結果、ロメロは退職し、新スタジオのイオンストーム社を立ち上げる。同社は潤沢な資金を確保している状態だった。そんなときにロメロがスペクターに電話をかけてきたのだ。

ロメロはスペクターに、コマンド&コンカーの案件は断って自分の会社で働けと伝えた。しかしスペクターは、もう契約書にサインする段階なのでダメだと答える。そこでロメロはオフィスがあるダラス市から、スペクターの住むオースティン市まで車を飛ばし、究極のオファーをたたき付けた。「予算は無制限。マーケティング費も見たことない額だったよ」とスペクターは話す。「誰にも邪魔されず、夢に描いてきたゲームを作れるんだ。断る人なんていないよ」

こうして誕生したのが「デウスエクス」というビデオゲームだ。ウルティマ・アンダーワールドとシステムショックが「イマーシブ・シム」の設計図だとしたら、デウスエクスはその建物に当たる。さまざまなジャンルが混じり合った独創的なゲームだったので、マーケティング担当は呼び方に困った。RPGか、シューティングか、アクションか?

答えは「上記すべて」だった。プレイヤーは「J・C・デントン」という名の超人兵士となり、陰謀やナノテク、陰険な科学者といった要素が満載の近未来ディストピア世界を巡る。ゲーム中の障害物は、何通りものやり方で突破できる。敵を撃ってもよいし、こっそり迂回してもよい。あるいは近くのコンピューター端末をハッキングして防御システムを無効化してもよい。後にスペクターが記したように、「デザイナー、プログラマー、アーティスト、あるいはストーリー作家の手腕を見せつけるのではなく、プレイヤー自身が表現できるゲーム」にするのが目標だった。あるとき経営陣の1人がスペクターに対し、ステルス技を使うプレイヤーが少ないというデータが出ているのに、なぜ手間暇をかけて開発するのかと尋ねた。しかしスペクターは意に介さなかった。「早い時期にクリス・ロバーツから『ノー』が持つ力を学んだんだ」とスペクターは説明する。「交渉に勝つには、そこから立ち去る覚悟を持つことだよ」

2000年6月にデウスエクスが発売されると、プレイヤーたちは衝撃を受けた。単調なシューティングゲームやジャンプアクションゲーム以外に、ビデオゲームが実現できる未踏の空想世界が無数に存在すると知ったのだ。デウスエクスは100万本以上も売れ、ゲーム史上における最高傑作の1つと目されるようになった。2001年夏にロメロが退職してイオンストーム社のダラス・スタジオが閉鎖されると[6]、デウスエクスで成功を収めたスペクターはオースティン・スタジオを切り盛りすることになった。デウスエクス・シリーズ担当のリードデザイナーにはハービー・スミスを指名し、続編の「デウスエクス／インビジブルウォー」のディレクションを任せた。スペクター自身は「シーフ」シリーズの新ゲームなど、他のプロジェクトを統括することにした。シーフ・シリーズはファンタジー要素のあるステルスゲームで、かつてスペクターが勤めていたルッキンググラス社が制作している。

ウォーレン・スペクターの計画に、またもや企業の論理が立ち入ろうとしたことがあった。デウスエクスの開発中、イオンストーム社はゲームパブリッシャーのアイドス社に買収されていた。かつてスペクターはEA社に在籍中、危険を避ける策を巡らすのに苦心していた。再びそれをしなければならなくなったのだ。あるとき西部開拓時代をテーマにしたゲームを作りたいと提案した。ところがアイドス社のマーケティング担当幹部は、西部劇はお金にならないと却下した。「僕は『誰かが西部劇で当てれば、売れるようになるんじゃないでしょうか』と言い返したよ」とスペクターは話す（数年後にロックスター社が「レッド・デッド・リデンプション」で大成功し、この予言は実現される）。スペクターが我慢の限界だと感じたのは、ビデオゲームのストーリーについてあまり主張しないでほしいとマーケティング担当者が言い始めたときだった。「発言をそのまま伝えるよ」とスペクターは言う。「ウォーレン、今後『ストーリー』という言葉は使用禁止だ」

業界内で珍しい話ではないが、ウォーレン・スペクターはいつもこれに見舞われていた。他のアート分野と同様、ビデオゲーム産業は2つの職種の緊張関係で成立している。クリエイティブ担当と財務担当だ。アート作品を制作しようとするゲーム開発者と、利益を追求しようとするゲームパブリッシャーとの対立は、ビデオゲームそのものと同じくらい歴史が古い。ビデオゲーム産業における問題の大部分はここに起因する。「これまでの人生で予算やスケジュールを立てたことなんてないよ。関わってきたプロジェクトでもね」とスペクターは話す。「いつもこの質問を投げかけてきたんだ。『計画していたスケジュールや予算を守って発売されたゲームの名前を1つでも挙げられるか？』って」

スペクターは何百万本も売れそうなゲームを作る気がなかった。そのため、この偏屈なクリエイターはいくら浪費しても意に介さないようだと幹部たちは憤慨していた。経営者の視点からすれば、スペクターは強情で、収益に対する責任感も持っていない。他方でスペクターは、対立したとしても「B級映画の監督」で満足だった。

ただ、自分が制作したいゲームを作りたかったのだ。「私がウォーレンに関して好きな点があるんですよ」とイオンストーム社で同僚だったプログラマーのアート・ミンは話す。「『自分が売りたいのはN＋1本だ。ここでNは、次のゲームを作るのに最低限必要な販売数だよ』という言葉ですね」

イオンストーム・オースティンが設立されてから7年後の2004年、スペクターは退職を決意した。ミンも含めた社員数名も追随する準備をし、自分たちを「カバル」と呼んだ。カバルはオースティン郊外にあるメキシコ料理店でタマーレを頬張（ほおば）りつつ、数か月にわたって熱い議論を戦わせ、新しいインディーゲーム会社の設立計画を作り上げた。もちろんリスクは伴うが、スペクターのような人間にとって自由は無類の価値がある。どの経営者も、利益を十分に生み出さないという理由でアイデアをつぶそうとしたのだ。ゲーム業界は二十代向けという雰囲気があるが、スペクターは五十路に差し掛かろうとしていた。スペクター夫妻は子どもは持たないと決めていた。そのため、クリエイターに長時間労働が要求されるゲーム業界においても、適応は難しくなかった。ただ、残りの人生であと何本ゲームを制作できるだろうかと考えることはよくある。大規模なプロジェクトは完了に2~3年かかるとする。キャンセルされるのもあるし、失敗するのもある。現実的に、完成させられるのは何本なのか。「私は『崖から飛べ、崖から飛べ、崖から飛べ』と繰り返してました」と妻のキャロライン・スペクターは言う。「今が起業には最適だよ。これ以上の時期はないんだから。今こそ崖から飛んでみないと」

新会社は「ジャンクションポイント」と名付けた。ルッキンググラス社の閉鎖前にスペクターが作りたかったマルチプレイヤーゲームから取った名前だ。スペクターとミンはすぐに資金調達を開始し、スペクターの旧友だったシーマス・ブラックリーを代理人に雇った。ブラックリーは博識の物理学研究者で、90年代にルッキンググラス社でプログラマーを務めていた。その後はさまざまな仕事をしているが、著名なのはマイクロソフトにおける業績だろう。創業者のビル・ゲイツを説得し、プレイステーションに比肩するようなゲーム機の開発に巨額投資をさせた(そしてそれはうまくいった)。この時期にブラックリーはクリエイティブ・アーティスツ・エージェンシー社で代理人を務め、クリエイターとゲーム投資案件とを橋渡ししていた。顧客には優れたアイデアを持っているものの、資金面で苦労の絶えない人が多かった。例えばティム・シェイファー(「サイコノーツ」、「グリムファンダンゴ」)やローン・ランング(「オッドワールド」)、そして今度はウォーレン・スペクターだ。

ブラックリーが間に立ち、ジャンクションポイント社はパブリッシャーのマジェスコ社と「スリーピングジャイアンツ」の開発契約を結んだ。ウォーレンとキャロラインのスペクター夫妻が数十年も前に着想した世界をベースにしたファンタジーゲームだ。この世界にはドラゴンがはびこり、四大元素魔術を基礎に据えた凝った物理システムを採用している。両社の協力関係は1年以上続いたが、マジェスコ社が資金難に陥ってしまい、高級路線のビデオゲームからの撤退が決まった。「僕は座り込んで『ああ、これからどうしよう』って頭を抱えたよ」とスペクターは思い出す。「解約金が入って助かったよ。だから資金は残っていたので、別の取引先が見つかるまで続けたいと思ったんだ」。ジャンクションポイント社は重大局面に突入した。独立の結果、資金繰りに悩まなければならなくなった。しかもアート・ミンがスペクターと経営方針について激しい議論をした後、辞めてしまった。ミンは事業継続にはレイオフが不可欠と考えていたが、スペクターは反対したのだ[7]。

次の機会はすぐに訪れた。バルブ社のCEOで資産家のゲイブ・ニューウェルから電話がかかってきたのだ。シューティングゲームの代表格、「ハーフライフ2」の新エピソードをジャンクションポイント社で作ってみないかとの話だった。開発に着手はしたものの、何と数か月後にキャンセルになってしまった。「これもなくなったから、また取引先探しだったよ」とスペクターは言う。経験豊富なゲーム開発者たちに加えて業界の有名人もいるのに、新しいものを作る資金が調達できない状況だったのだ。もし独立が数年後であったら、別の方法で資金調達できたかもしれない。キックスターターやセルフパブリッシング、あるいは特定分野に強い小規模パブリッシャー経由だ。しかし00年代半ばには、こういった道は存在しなかったのだ。スペクターには、現実的にはEA社やアクティビジョン社といった大手しか選択肢がなかった。ところが売り込んだゲームに興味を示す企業はなかった。

だからこんな疑問が浮かんでも不思議はない。この独立は最初から間違いだったのではないか？　スペクターは引退までずっと資金集めに奔走することを希望していたのか？　崖から飛んでみたら、単に岩に激突しただけの結末だってあるのだ。

◆

ディズニー幹部のグラハム・ホッパーは、昇進時にある任務を与えられた。ビデオゲームの制作数をもっと増やすことだ。ホッパーは南アフリカ出身のビジネスマンで、ディズニーには１９９１年に入社した。財務に強く、ビデオゲーム産業なら一儲けできると考えていた。以前ディズニー社がビデオゲームに手を出したときは、自社で開発するのではなく、ミッキーやグーフィーといったキャラクターのライセンスを他のゲームパブリッシャーに供与する形が大半だった。しかし00年代初め、自社でゲームを開発して巨額の利益を上げている企業を見て、アニメのように目が「＄」になった。ディズニー社は後にディズニー・インタラクティブ・スタジオと呼ばれる新部門を設立し、ホッパーを責任者に据えた。こうして２００２年にディズニーは正式にビデオゲーム業界に参入した。

ホッパーたちはミッキーマウスという極めて高い価値を持つ資産をどう扱うか考えなければならなかった。この有名なキャラクターは以前もビデオゲームで題材になった。よく知られているのは、90年代にスーパーファミコン向けとメガドライブ向けに出されたマリオ型ジャンプアクションゲームのシリーズだ。しかしテレビ画面における存在感はなかった。ハリウッドでミッキーはトップスターだったが、ビデオゲームでは数あるアニメキャラクターの1つでしかなかったのだ。ゲーム開発で勝負に出るディズニー社は、みんなに愛され記憶に残るようなミッキーのゲームを制作することも企図していた。「ディズニー関連のゲームでは、ミッキーはほとんど伝説上の人物になってましたね」とホッパーは言う。「世界的に有名なキャラクターなのに、新しい顧客やファンの開拓につながるようなビデオゲームがなかったんです」

ホッパーは忙しく働いていたが、ミッキーのプロジェクトはあまり進まなかった。ところが2004年の夏、何か新しいプロジェクトを探していたインターンたちのグループが現れると状況は変わった。インターンたちは、外部企業がディズニーに提出したプロジェクト案に面白いものがあまりないと感じていた。例えばミッキーがサングラスを掛けてホバーボードを乗り回すような、90年代っぽいスタイルだ。そこで、代わりに自分たちでアイデアを出そうと決めた。「『ゼルダの伝説／時のオカリナ』みたいなゲームにミッキーマウスを登場させたいと思ってました」と当時インターンだったショーン・バナマンは思い出す[8]。結局、小さなインディー開発スタジオと協力してプロジェクトを進めることとなり、コード名は「ミッキー・エピック」に決定した。叙事詩を意味するエピックという言葉を入れたところにインターンたちの野心が垣間見える。ミッキー・エピックで、ミッキーは白黒アニメの「蒸気船ウィリー」を彷彿とさせる昔懐かしい雰囲気になる予定だった。目が大きく顎の輪郭に特徴がある顔立ちだ。プレイヤーはミッキーとなり、モンスターを斬り倒して特殊なパワーをためていく。

このゲームはディズニー社史の重要な部分にも注目する。ディズニーの新入社員向けオリエンテーション中、インターンたちは存在がほとんど知られていないキャラクターについて学んだ。ウォルト・ディズニーが1927年に制作したウサギの擬人化キャラクター「オズワルド・ザ・ラッキー・ラビット」だ。オズワルドは長く突き出した耳と情熱的な性格を特徴としていた。1920年代アニメ界では単調なキャラクターが多く（しかも大部分はネコ）、オズワルドは人気を博した。ところが制作を続けるうち、契約でトラブルが発生してしまう。ウォルト・ディズニーは自社で権利を持つ別キャラクターを作らなければと考え、ネズミを題材にスケッチを描き始める。そしてオズワルドの権利を保有していたユニバーサル社からディズニーが離れたため、オズワルドの制作は別のアーティストが担うことになってしまったのだ。2004年時点でオズワルドは世間からほぼ忘れ去られていたが、ディズニー社は従業員全員にこの出来事を伝え続けていた。「入社1日目にまず聞く話がこれですよ。まだコーヒーが冷めないうちに」とバナマンは言う。「だから『悪役は誰にしよう？　そうだ、最初に出てきた奴だ』って」

とっかかりとしては完璧だ。忘れ去られ、打ち捨てられたオズワルドは、ゲームの悲劇的な敵役になる資格がある。世界から忘却されたオズワルドは怒りと妬みに満ち、自分の居場所を作り出す欲望を抱く。そして弟分の成功をうらやましく思い、自らもテーマパークを建設する。段ボールやスペア部品ででっち上げた偽物のディズニーランドだ。このような設定をバナマンらインターンは構想した。「電話でディズニーランドの噂（うわさ）を聞いて、自分のに着手したような感じです」とバナマンは話す。

ディズニーの新しいビデオゲーム部門で幹部を務めるグラハム・ホッパーらは、このプロジェクトに興奮した。しかし問題が2つ残っていた。まず、ディズニー社がオズワルドの権利を持っていない点だ。1927年以来、ユニバーサル社がミッキーの兄貴分の権利を保有している。同社はオズワルドのアニメを長らく制作していなかったが、保有を継続する価値があると経営陣は考えていた。ディズニー社は権利を取り戻せるだろうか？　グラハム・ホッパーはゲームのアイデアを社長のボブ・アイガーに話した。するとアイガーは気に入り、オズワルドの権利を獲得できるかユニバーサル社に問い合わせた。だがユニバーサル社の幹部に即座に拒否された。ディズニーが欲しがるなら、オズワルドには価値があるはずだと考えたのだ。「これでしばらく止まってしまいましたね」とホッパーは言う。しかしアイガーは忘れてはいなかった。「逆にユニバーサルが何か欲しいと言ってくるまで、寝かせていたんです」

ミッキーのビデオ・ゲーム・プロジェクトは休止状態だったが、雲行きが急に変わった。アル・マイケルズという著名なスポーツ実況アナウンサーがいる。1980年のオリンピックでアメリカのアイスホッケー・チームが勝利した際の実況（「あなたは奇跡を信じますか？」）でよく知られている。このマイケルズがテレビ局ＡＢＣとの長期契約を終了し、コンビを組んできた解説者のジョン・マッデンと一緒に、ＮＢＣのアメフト中継番組「サンデー・ナイト・フットボール」に移籍したいというのだ。ＡＢＣを所有していたディズニー社は、ＮＢＣと水面下で交渉を始めた。偶然にもＮＢＣはユニバーサル社の子会社でもあった。そして２００６年２月９日、ディズニー社はアル・マイケルズをライバル企業であるＮＢＣと「トレード」したと発表した。引き換えになったのは、ちょっとしたライセンス数件に加え、オズワルド・ザ・ラッキー・ラビットに関する権利だった。人間がアニメキャラクターとトレードされたのは、恐らく有史以来初めてだろう。（「僕はそのうち雑学クイズの解答になるだろうね」と後日マイケルズは冗談で述べている）

社長のボブ・アイガーがミッキーマウスのビデオゲームに使うだけの目的でオズワルドを獲得したと、当時ディズニー社外で知る人はいなかった。もちろん現在でも広く知られているわけではない。「彼はとてもうれしそうに私に電話してきて、ついに権利を取り戻したぞと伝えてくれました」とホッパーは話す。「他の目的はありませんでしたね。あのゲームを作るためです。関係者からしたらとてもかっこいいと感じましたし、印象深かったです」

ミッキー・エピックのプロジェクトは、後日「エピック・ミッキー」と名前を変えることになるが、ついに開発計画をスタートできる段階に入った。しかしここで、２つ目の大問題が浮上してきた。「ゲームを開発できるスタジオがなかったんです」とホッパーは語る。最初のプロトタイプはインターンが外部のインディー開発スタジオと協力して制作したが、出来栄えは上々だった。「半年で作ったプロトタイプなのに、かなりプレイできて感触もつかめました」とバナマンは言う。しかし、ディズニー社は実際の開発を任せたいほどにはそのスタジオを信頼していなかった。小規模すぎて、ディズニー幹部が期待するような反響を期待できなかったのだ。「社内ではプロトタイプを見て『なかなか良いね。よし、別の会社に作ってもらおう』って話していましたよ」とバナマンが思い出す。オズワルドの問題が解決する何か月も前から、ホッパーたちは適任の開発者を探していた。ビデオゲーム業界で十分に知名度があり、ゲーム分野に参入するとディズニー社が発表したら、世間に大きなインパクトを与えられるような人物だ。

そんな開発者がいたのだ。

◆

ウォーレン・スペクターは構想全体を聞いた後、なぜ自分のプレゼンテーション中にディズニー幹部同士が携帯メールをやり取りしていたのかが分かった。売り込み自体にはあまり興味がなく、本心で望んでいたのはミッキーマウスのビデオゲームでディレクターを務めてもらうことであり、それを提案すべきかどうか意見交換していたのだ。代理人のシーマス・ブラックリーがOKを出すと、グラハム・ホッパーらディズニー幹部は、ここ数か月でまとめたエピック・ミッキーの提案書を取り出した。「ウォーレンと話をした感触から、ディズニー全般の大ファンだと分かりました」とホッパーは話す。「プレゼンを見て直接話もしましたが、実際に興味を持ってくれるかどうかはギャンブルみたいな部分もありました。でも試す価値はあるのでは、と」

それで、スペクター本人はミッキーのゲームを開発したいと思ったのだろうか？　やはり興奮の色は隠せなかった。「みんなを見て『もちろん』って言ったよ」とスペクターは話す。「ミッキーマウスは世界一有名なキャラクターだ。誰が断る？」。ホッパーは、コンセプトアートや基本ストーリー、メモ、アイデアなど、エピック・ミッキーに関してまとめておいた資料をスペクターに渡した。そして両者は契約の大枠について合意した。ディズニー社はスペクターとジャンクションポイント社に、プロジェクトのコンセプトアートやデザインを数か月かけて整理する仕事を依頼する。ディズニー側が満足すれば開発に進むが、できなければ終了するという内容だ。「僕は『皆さんからドングリをもらいました。オークの大木に育ててみせます』とだけ言ったよ」とスペクターは語る。

2005年の末にスペクターはテキサス州に戻ると、ジャンクションポイント社の開発者2名とミッキーのプロジェクトに着手した。オズワルドのすみかを配置したり、独自のアイデアを追加したりもした。ミッキーの外見はどうするのか、動作はどのようにアニメーションにするのか、ゲーム内で可能なアクションは何か、こういった点についてかなりの時間をかけて考えた。ゲームの世界である「ウェイスト・ランド」は、出演機会を失い、忘れ去られたディズニー・キャラクターたちが集まる場所となる。「マウス・トラップド」（閉じ込められたマウス）といったタイトルも検討してみたが、やはり「エピック・ミッキー」がぴったりだった。オズワルドのトレードは数か月後に完了し、ディズニー社が遊び半分でこのゲームを開発しているのではないと、スペクターたちは肌で感じた。

2006年4月、スペクターはディズニー社のあるカリフォルニア州に向かい、グラハム・ホッパーら幹部に成果物を見せた。出来栄えに満足していると幹部たちは答えた。しかし1つの問題が浮かび上がった。「ここでおかしくなったんだ」とスペクターは言う。「こう言われたんだよ。『コンセプトは気に入りました。ゲームは制作していただきたいです。ただ、御社を買収しなければ制作許可は出せません』って」

スペクターはこういう条件を聞きたくなかった。すでに、大企業に買収されたスタジオ2社に関わってきた。EAに買収されたオリジンと、アイドスに買収されたイオンストームだ。どちらもスペクターにとってあまり望ましいものではなかった。どちらの経営陣もスペクターが望んでいた自由を与えなかった。しかも単打や二塁打ではなく、スペクターには本塁打を期待していた。一方でスペクター自身も、意見は率直に伝えてきた。人付き合いの場面で自分は内向的だと感じることは多かったが、仕事のミーティングとなると遠慮はなかった。崖から飛んでスタジオを設立したのは、クリエイティブ面で自由を獲得し、作っていて幸せだと感じられるゲームを手掛けたかったからだ。何百万本も売れと要求してくる経営陣に応対するのはまっぴらだった。

グレンデール市内の寿司屋でディナーを堪能している最中、あるディズニー幹部がスペクターに、ジャンクションポイント社への支払い額を提示した。金額が予想外に低かったため、スペクターはかなりの不快感を覚えた。「だからノーと言ったんだ」とスペクターは思い出す。「それで相手が『ノーって、何だい？　誰もディズニーにノーって言わないよ』とね」。スペクターは、ディズニーにノーと言っても何ら問題があると思っていなかった。自分の信念は曲げたくないし、会社には有能なリードも在籍している。しかもオリジン社時代に、交渉に勝つには立ち去る覚悟を持て、と学んでいた。

作戦はうまくいった。時は経ち、2007年のある日、ディズニー副社長の1人がスペクターに電話をかけてきた。ディナーを一緒にできないかとの提案だった。スペクターがもちろんと答えると、副社長は翌日オースティンに飛行機でやって来た。「僕らの提案を実現できそうな会社を、もう1年も探していたようだ。でも見つからないと。それで僕に戻ってこないかって」とスペクターは話す。「やっぱり僕には、ジャンクションポイントをディズニーに売却した上で加わってほしかったらしい。でも今回は納得できるだけの条件を提示してくれたよ」

スペクターからすると、うれしいが不安も残る提案だった。ディズニー社はエピック・ミッキー開発に必要なジャンクションポイント社のスタッフを増員し、数百人規模にする。また資金も提供するが、買収案件でありがちな使い物にならないお金ではない。「『まだ買収は早いかも』って考えてたよ」とスペクターは話す。「でもゲームビジネスの現実を見ると、出口は４つだ。まず株式上場だけど、これは誰もやらない。次にバルブ社のように何十年も独力で続ける方法だね。それから買収されるという選択肢。最後は、廃業だ」

廃業は避けたかった。しかしジャンクションポイント社の他のプロジェクトも順調とは言いがたかった。スリーピングジャイアンツもジョン・ウーのカンフーゲームも、パブリッシャーがまだ見つかっていなかった。スペクターは妻と相談し、会社を売ると決めた。そしてシーマス・ブラックリーと一緒に、ディズニーとの買収契約を詰めるという時間のかかる仕事に着手した。「ディズニーとの交渉は大変だよ」とブラックリーは説明する。「慎重だし、弁護士も多いし、ものすごく細かい部分まで話し合うんだ」

グラハム・ホッパーは、この２００７年の夏に開催されるE３で、ディズニーがゲーム分野に参入すると大々的に発表して業界を震撼(しんかん)させたいと考えていた。プレスカンファレンスの場を設けてさまざまな告知を出す予定だった。まずゲーム部門の新しい名前が「ディズニー・インタラクティブ・スタジオ」になる点、さらに子ども向けゲーム（「ハイスクール・ミュージカル」）も大人向けゲーム（「テュロック」）も発売する点だ。そして重大な発表となるのが、ウォーレン・スペクターに多額の投資をした点だ。スペクターは多くのビデオゲーム・ファンから伝説的な開発者だと評価されている。ウルティマ・アンダーワールド、システムショック、そしてデウスエクスを世に送り出した人物なのだ。

ただし最終合意に至っていないのが問題だった。スペクターは独立を失うことに不安を感じていたし、合意しなければならない事柄もいくつか残されていた。「ずっと気を揉んでました」とホッパーは話す。「あの時点では、本当に契約してくれるのか、私も分かりませんでしたから」

2007年7月13日の朝、グラハム・ホッパーとウォーレン・スペクターは、カリフォルニア州サンタモニカ市にあるフェアモントホテルの裏手にある控室にいた。ホッパーが持つ買収契約書に、これからスペクターが署名する段階だった。ホテルの前に集まっている報道陣にはもう発表資料を渡してある。「報道陣は発表が行われる大部屋に入るところだったよ。僕はグラハムと控室にいた。契約書にはまだ署名していなかったね」とスペクターは思い出す。「両手に電話を持っていたよ。一方では弁護士と、もう一方ではシーマスと話していたんだ」。契約発表の間際になっても、独立を放棄する意志を固められたのか、スペクターは自信が持てなかった。本当に正しい選択なのだろうか？

ブラックリーはスペクターに、しっかり考えなければならない点は1つだけだと伝えた。相手に好感を持てたのか？　一緒に働きたいと思ったのか？　言い換えるなら、ホッパーたちディズニー・インタラクティブ・スタジオは、素晴らしいゲームの開発に協力してくれると感じたのか？　もし答えがイエスなら後は勝手にうまく進むよ、とブラックリーは言った。スペクターはしばらく黙考し、そして再び崖から飛んでみようと決意した。「だから契約書に署名したんだ」とスペクターは話す。「それから大部屋に入り、報道陣に紹介してもらったよ」

会見に出席した報道陣はどの程度まで契約が進んでいたのか想像が付いていなかったが、ディズニーの強い意志は感じ取った。ただ組み合わせがどうもしっくりこないと思っていた。そのためスペクターが2年前にしたのとまったく同じ質問をいくつも投げかけてきた。なぜ露骨な暴力描写がある「デウスエクス」のディレクターが、アニメや子ども向けゲームで知られる会社の作品を担当するのか？　後日スペクターはメディアに対し、ずっとアニメが好きだったと語っている。修士論文はアニメを題材にしていたし、自分にとっては夢のような機会だと述べた。具体的にどのようなゲームなのかをホッパーは公表せず、ただスペクターがディズニー向けに制作しているとだけ伝えたため、評論家は想像を巡らせるしかなかった。「会見後、壮大なファンタジーRPGを開発中だったオースティンのオフィスに戻ったんだ」とスペクターは言う。「そして『みんな、これからミッキーマウスのゲームを作るぞ』って伝えたんだ」

オースティンのオフィスでは、みんながみんな買収されて喜んだわけではなかった。昔からいた社員のうち数名は、アニメのゲームは作りたくないとスペクターに告げて辞めてしまった。ただ他の社員にとって、買収は安定を意味する。パブリッシャーや投資家を訪問して新規プロジェクトを売り込む必要がなくなる。ゲームの制作に集中できるのだ。もはやウォーレン・スペクターはセールスマンではない。ディレクターなのだ。「夫婦で喜びましたよ」とキャロライン・スペクターは話す。「とても大きな契約ですから。ジャンクションポイントが生き延びられるんです。資金面の不安が消えました」

スタジオのスタッフは10人程度から数十人に、そして100人を超えるほどまで増えた。それに伴ってエピック・ミッキーというゲームが姿を現し始めた。プレイヤーは杖の形をしたＷｉｉリモコンと内蔵のモーションセンサーで操作するため、Ｗｉｉ専用だ。またスーパーマリオブラザーズのようなジャンプアクションゲームとなる。そしてミッキーの武器は魔法の筆だ。不安定な崖や足場でジャンプしつつ、オズワルドが歪曲したディズニー史の舞台を冒険する。そしてミッキーの武器は魔法の筆だ。障害物や敵といった対象をペイントしたり消したりできる。そこにプレイヤーが選択する余地が生まれる。敵をペイントして蘇らせることも、プレイヤーで完全に消し去ることも可能なのだ。そのように選択を積み重ねた結果、ストーリーや会話に変化が生じる。エピック・ミッキーは、スペクターが制作してきた他のイマーシブ・シムほど選択肢が豊富なわけではない。しかし、プレイヤーの選択で展開が変わるゲームを作りたいというスペクターの理念が色濃く反映されている。

その後3年間、スペクターはエピック・ミッキーの開発を指揮した。チームを拡張し、締め切りやリソースを巡ってディズニー幹部と戦った。しかし予算面ではいつも手こずっていた。自身が認める通り、これまでの人生でスケジュールや予算を守ったことがないのだ。ディズニーのようにきっちりした企業と協働するなら、自然と緊張が高まってしまう。「幹部がオフィスにやって来て、『ゲームはこうしてくれ』とほのめかすことがあったね」とスペクターは回想する。「僕は『ノー』と答えるだけだよ」。両者は予算の縮小やスケジュールの前倒し、果てはミッキーの外見や動作についても論争した。やはりミッキーは、ディズニーにとって箱入りの大事なキャラクターなのだ。「6回くらいクビになってもおかしくなかったよ。でも、ならなかった」とスペクターは言う。「結局、僕が作りたいゲームを作らせてくれたんだ」

エピック・ミッキーは2010年11月30日にWiiに向けに発売された。確かに問題はあった。例えばカメラが急激に動き、状況がうまく把握できないことがある点だ。しかし素晴らしいアドベンチャーゲームで、プレイヤーたちは楽しんでいるようだった[9]。初月だけで何と130万本も売れ、グラハム・ホッパーの記憶によると、損益分岐点を突破する手前まで行ったらしい。対象ゲーム機がWiiのみという点を考慮すると、成功だった。また、すでにゲームの基本やテクノロジーも確立しているので、スペクターたちは続編制作も期待できた。

しかし同時に、ディズニー社のビデオゲーム部門で大きな変革が起こりつつあった。アメリカでは2008年の不況の影響が残っていたし、携帯電話やフェイスブックでビデオゲームを楽しむ人が急増していた。そのため評論家たちは、従来の家庭用ゲーム機は程なく消えるだろうと予測していた。2010年夏、ディズニー社は総額7億6300万ドルでソーシャルゲーム開発のプレイダム社を買収した。そして秋の組織再編で、プレイダム社長だったジョン・プレザンツをビデオゲーム部門のトップに据えた。グラハム・ホッパーの上司となったのだ。「いわば『オンライン革命』に乗り遅れないことが会社にとって重要だと判断した人がディズニー上層部にいたんだと思います」とホッパーは話す。「そしてゲーム機は消えつつある産業だ、と。ただしこれは上層部の判断であって、私は支持も同意もしませんでした」

２０１０年秋、ジャンクションポイント社の開発者たちは〝クランチ〟と呼ばれる長時間労働を続けて、エピック・ミッキーを完成させた。しかし一方で、ディズニー幹部はゲーム機向け製品には興味がないという信号を出していた。ディズニー・インタラクティブ・スタジオはずっと利益を出せていなかったため、ゲーム開発で別のアプローチを採用したいと考えていた。「プレイダム社の買収完了後、ゲーム機向けへの関心がなくなったとはっきり分かりましたね」とホッパーは言う。「『もう死んだ』という言葉すら聞きました。賛成できませんし、認めがたいですね」

エピック・ミッキーがリリースされる数週間前、ディズニー・インタラクティブ・スタジオの舵取りをし、ビデオゲームを任されてきたホッパーが退職した。ホッパーこそがスペクターとジャンクションポイント社をディズニーに引き入れた人物だった。またＷｉｉのような家庭用ゲーム機向け製品や、エピック・ミッキーのようにコアなプレイヤーにもライトユーザーにも受け入れられるゲームを作ろうとディズニー社に働きかけたのも、まさにホッパーだった。だがもういないのだ。

スペクターとホッパーは意見が合わない場面が多々あった。ただしそれはホッパーがビデオゲームを愛し、情熱を傾けているが故だった。この点にスペクターはずっと敬意を払ってきた。対照的にプレザンツはビジネスを中心に据えていた。ペプシ社やチケットマスター社といった企業で会社の数字やブランド戦略を見てきた経歴を持つ[10]。プレザンツはディズニー・インタラクティブ・スタジオの帳簿を開くと、巨額の赤字を垂れ流しているのに気付いた。業界は変革期の真っ只中で、モバイルゲームやソーシャルゲーム、さらに運営型ゲームに向かっている状況だった。リリース時点だけでなく、リリース後も長期にわたって更新して収益を上げられるゲームへという流れだ。プレザンツからすると、ゲーム機向け製品に巨額の投資をすることは不合理だったのだ。エピック・ミッキーが大成功だったとしても、ジャンクションポイント社は今後3年間、続編の制作を手掛けることになる。そして続編がリリースされるまで、金食い虫と化すわけだ。毎年収益を生むゲームに投資するのは当然ではないか？

プレザンツが初めてスペクターと面会したとき、ディズニー社の戦略は変わりつつあると単刀直入に伝えた。「ゲーム機向けを作っている人間の仕事はなくなるだろうって、ズバリと言ったよ」とスペクターは思い出す。「僕たちをクビにしようという意味ではないんだ。ゲーム機向けもPC向けも、将来はないって。これを初めて会っていきなり言われたんだ」

当然だが、大きな疑問が湧く。ジャンクションポイント社はゲーム機向けを制作しているのに、ゲーム機向けに将来がないとしたら、社員は何をしたらよいのか？

◆

チェース・ジョーンズは放浪者のような生活は気にならなかった。そのためビデオゲーム業界には向いていたのだろう。子どもの頃は何度となく転校した。両親は離婚し、父親が勤めていた電話会社の都合で頻繁に引っ越さざるを得なかったからだ。１９９９年、ワシントン州レドモンド市にある私立のデジペン大学に入学してゲーム開発を学んだ。卒業するとカリフォルニア州ロサンゼルスに引っ越し、巨大パブリッシャー数社でゲームテスターの仕事をする。その後、西海岸から東海岸に移り、ニューヨーク市ブルックリン区にあるマインドエンジン社というインディー開発スタジオに入社する。ただしあまり魅力的な職場ではなかった。「地下鉄から降り、10ブロック歩いてオフィスに入り、電灯をオンにしてもつかないようなことがありました。電気料金が未払いだったんです」とジョーンズは言う。「だからデスクトップＰＣを抱えて地下鉄に戻り、自宅で作業を続けましたよ」

マインドエンジン社の創業者たちは資金調達に失敗し、２００４年に廃業した。ジョーンズは再び引っ越すことになり、今度はノースキャロライナ州ケアリー町のレッド・ストーム・エンターテインメント社に入った。同社はユービーアイソフト社のスタジオで、小説家トム・クランシーの作品をベースにしたミリタリーゲームを数多く手掛けていた。２００６年、ジョーンズは仕事のオファーを受けた。今回はカリフォルニア州ノバト市にあるビジュアルコンセプツ社だ。パブリッシャーの２Ｋ社の主力スタジオである。オファーには心惹(ひ)かれた。もしジョーンズが入社し、映画とのタイアップ作品「ファンタスティック・フォー／銀河の危機」を完成させたら、その後は新しいシリーズ作品の立ち上げに参加できる。「知らなかったのは僕が３人目のリードデザイナーだった点ですね。締め切りまで10か月の状況でした」とジョーンズは話す。「ずっとクランチが続き、土日も、のんびりできる期間もありませんでした。大抵は夜中の3時に帰宅し、寝て起きて、また朝の8時に出社するサイクルの繰り返しでした」

素晴らしいものにできると思えるゲームであれば、クランチが続いても簡単にへこたれないだろう。しかし「ファンタスティック・フォー／銀河の危機」はクリエイティブ面で従来の限界を突破したり、芸術的な高みに到達したりできるようなデザインにはなっていなかった。ファンタスティック・フォーの新作映画を見て、ビデオゲームもプレイしたい子どもたちに売れるようなデザインになっていたのだ。「僕たち開発者が抱いていた期待は現実的だったと思います」とジョーンズは言う。「ゲーム・オブ・ザ・イヤーか何かを狙ってやろうとは考えていませんでしたね」。ジョーンズたちがひどい長時間労働を乗り切れたのは、完成後、面白そうな新規シリーズに着手できる期待があったからだ。ビジュアルコンセプツ社は、主に「NBA 2K」シリーズのようなスポーツゲームの開発で知られている。しかしファンタスティック・フォーを足がかりにして、今後はアクション・アドベンチャー・ゲームなどにも乗り出そうとしていた。

ところがレイオフが実施された。2007年6月、ファンタスティック・フォーのビデオゲームは完成したものの、リリース直前に2K社は開発チームのほぼ全員をお払い箱にした[11]。残されたのはたった2人で、ゲームディレクターのポール・ウィーバーと、困惑を隠せないチェース・ジョーンズだった。「僕とポールはがらんとしたオフィスの中ほどに座り、荷物が片付けられたデスクを眺めていました。そして目を合わせ、なぜ2人だけを残したのかと話しましたね」とジョーンズは回想する。「会社は僕にスポーツのシリーズを担当してほしかったそうです。でも、スポーツゲームのデザインには興味がありませんでしたね。だから何週間かすると、個室に入れられました。結局、次の職場が見つかるまで、そこに座ってゲームをしていたんです。頭がおかしくなりそうでした」

結局ジョーンズは、イリノイ州シャンペーン市に拠点を構えるボリションでデザイナーの仕事を新たに見つけた。「グランド・セフト・オート」に着想を得た「セインツ・ロウ」という一癖あるゲームのシリーズで知られるスタジオだ。ジョーンズは1年ほど在籍したが、親会社であるTHQ社がプロジェクトをキャンセルしてしまった。同社もリーマンショック後の不況の影響を強く受けたのだ（THQ社は数年後に破産することになる）。再び次の仕事を探していたジョーンズは、元同僚のポール・ウィーバーに連絡を取った。ウィーバーはテキサス州オースティンに転居し、ジャンクションポイントという会社でスタジオディレクターを務めていた。

ウィーバーは、ミッキーマウスの新プロジェクトでリードデザイナーを探していると言った。そして2008年秋、チェース・ジョーンズはテキサス州オースティンに車で向かった。7年のゲーム開発者人生で、居住する都市は6つ目（そして州は5つ目）となった。「フルタイムかどうかに関係なく、この業界では契約単位で働く考え方が染み付いてしまいましたね」とジョーンズは話す。「タイトルを1つ完成させると、次に取り掛かるタイトルがあるのか不安になります。確定拠出年金なんて気にしていられませんよ。拠出が細切れになってしまうので、後で自分でまとめることになります。そうせざるを得ない仕組みで業界自体が動いているんです」。ジョーンズにとって、少なくともジャンクションポイント社はしばらく居られそうな場所だと思えた。何と言ってもディズニーが所有しているのだ。ここより資金が豊富で安定した企業は皆無に等しい。

その後の2年間、ジョーンズはリードデザイナーとしてエピック・ミッキーの制作に携わった。ウォーレン・スペクターが力を注ぐジャンプアクションゲームのビジョンを実現できるよう手助けをした。しかし平穏に進んだわけではなかった。ジョーンズがオースティンに到着する直前、デザイン部門で離職が続いたため、余計に慌ただしかった。「ゲームプレイを決定し、バーティカルスライスを組み上げる必要がありましたね。しかも締め切りは僕が入社してから1か月半後でした」とジョーンズは言う。バーティカルスライスとは、基本的にはデモである。通常は1つのミッションあるいは1つのレベル（訳注／〝面〟や〝ステージ〟の意味）を作り、ゲームの最終的な動きを関係者に見せることを目的としている。開発者たちがバーティカルスライスを作ろうと思えば、基礎部分を明確にしておかなければならない。エピック・ミッキーの場合、ミッキーの外見や動き、さらには筆の振り方や足場から足場へジャンプする方法だ。これだけ作るには、ジョーンズら開発チームは長時間の残業が不可避だ。

2010年秋にエピック・ミッキーを完成させると、疲れ切った社員たちはいくつかのチームに分けられた。まず、社外秘の新規プロジェクトを担当するチームだ。それからファミリー向けゲームを検討してデザインするチームだ。ディズニーの全キャラクターがオリンピックで競うゲームとなる。別の小規模チームでは、スタジオ内の作業効率を改善するツールやプロセスの開発を始めた。一方でチェース・ジョーンズは、エピック・ミッキーの続編を担当するよう命じられた。「ポール（・ウィーバー）とウォーレン（・スペクター）は僕を見て『ミッキー2がどうなるか、コンセプトを作ってよ』って言いましたね」とジョーンズは話す。ジョーンズは10人ほどのチームのリーダーに指名され、プロトタイプの作成に取り掛かった。プロトタイプとは荒削りだがプレイ可能なデモで、ゲームの完成形をイメージするのに使われる。（バーティカルスライスとは異なり、未完成で質が低くても問題ない）

目玉となる新機能はマルチプレイヤーの協力プレイだ。ミッキーとしてソロプレイできるのに加え、もう1人がオズワルド・ザ・ラッキー・ラビットとしてプレイできる。オズワルドは悲劇的な敵役から、頼りになる味方に変わるのだ。ミッキーが魔法の筆を使うのに対し、オズワルドは遠隔操作で戦う。遠くからスイッチの電源を入れたり、敵を電撃したりする。ミッキーとオズワルドは協力して攻撃できるし、バトル中に一方がやられたらもう一方が復活させられる。ジャンクションポイント社のスタッフが2010年末のクリスマス休暇を取る頃、ジョーンズらのチームは協力プレイのプロトタイプを作成し、続編の基本ストーリーも大筋で書き上げていた。2年半から3年という標準的な開発期間さえ確保できれば、エピック・ミッキー2は実に素晴らしいものになる期待が膨らんだ。

この時期に一番大事なのはチームを小規模に保っておくことだった。修正を加えても、無駄な作業の発生をあまり心配しなくてもよいからだ。エピック・ミッキー2のような続編では前作のアートやテクノロジーを活用できる。しかしそれでも新たに制作すべきストーリーも、デザインすべきメカニクスも、構築すべきレベルもある。チームを数百人規模に増員する前に、いろいろと実験しておく時間が必要だった。ジョン・プレザンツらディズニー幹部は、エピック・ミッキー2をWii専用ではなく、複数のプラットフォーム向けに販売したかった。ビジネス的には賢い選択ではあるものの、プロダクションに入る前に解決しておくべき技術的な課題はプラットフォーム数に応じて増える。

クリスマス休暇に入って数日が経ったとき、ジョーンズは旧友のポール・ウィーバーからの電話を受けた。そして驚くべきことが伝えられた。「こう言ったんですよ。『計画がどうなるか教えてほしいんだ。例えば1月の第2週に、君のチームに110人が増員されたら』って」とジョーンズは回想する。ディズニーはジャンクションポイント社が抱えていた他のプロジェクトを推進するつもりはないようだった。幹部はエピック・ミッキーの続編をできるだけ速やかにリリースしたいと考えていた。「チームもツールもアウトソーシング先も確保できていたので、後はゲーム開発に取り掛かるだけでした」とジョーンズは話す。「僕たちがしっかりがんばれば、十分に収益を生み出せるゲームが作れる状況だったんです」。休暇中だったが、ジョーンズは大急ぎでさまざまな決断を下した。休みが明けてオフィスに戻ると、エピック・ミッキー2を担当すべく新たに組織した大型チームに、慌てて用意した仕事を割り振った。

一方、スペクターは別の行動を取っていた。続編にはあまり関心がなかったからだ。何かまったく新しいものに力を注ぐつもりだった。そこでジャンクションポイント社の経営戦略を練っていない時間は、他のプロトタイプやアイデアを試していた。ずっとディズニーのダックファミリーに後ろ髪を引かれていたので、時間をかけて「エピック・ドナルド」の提案書を作った。ミッキーマウスにエピック・ミッキーがあるのだから、ズボンを履かない変わり者のドナルドダックにもふさわしいゲームを制作したかったのだ。スペクターはディズニー社内でもっと大きな役割を得る画策も始めた。「ダックテイルズ」の漫画を描いたり、アニメシリーズや映画に関するアイデアを提案しようとしたりもしていた。（しかしカリフォルニア州への転勤を拒否したため、こういった計画の多くは頓挫した）

ところがグラハム・ホッパーの退職後、従来型ビデオゲームの開発継続を望むディズニー幹部はほとんどいないことが明白になってきた。エピック・ミッキーがまだ発売される前の2010年11月、ディズニーCEOのボブ・アイガーは、ゲーム機向けの投資を減らし、モバイル向けやフェイスブック・アプリ向けを重点化したいと報道陣に述べている[12]。この結果、2011年1月にディズニー社はスタジオの1つであるプロパガンダ・ゲームズ社を閉鎖した。「トロン」や「パイレーツ・オブ・カリビアン」といった映画をベースにしたゲーム機向け製品を作ってきた会社だ。さらに数か月後、ブラック・ロック・スタジオ社も閉鎖された。イギリスに拠点がある開発会社で、「MotoGP」や「スプリットセカンド」のようなレーシングゲームを専門としていた。「ディズニーの幹部クラスでも『私はゲームが嫌いでね』と放言する人はいたね」とスペクターは話す。「それなら、なぜゲーム部門の経営に関わっているんですかと聞きたいよ」

ところがおかしなことに、同じディズニー幹部たちがジャンクションポイント社での大幅増員を要求していた。そろばん勘定をした結果、エピック・ミッキー2は2012年秋までに完成すれば利益が出るだろうと判断し、資金をつぎ込んだのだ。ディズニー・インタラクティブ・スタジオ全体としては縮小していたものの、ジャンクションポイント社は拡大した。2012年になると、200名以上が同社内で働いていた。加えて世界各地にもアウトソーシングしており、その数は数百人という規模だった。

「すごい金額をそのゲームにかけていたんだ」とスペクターは話す。「大金だよ」

スペクターは、もっと時間が必要だとディズニー側に力説した。質を確保しながら2年以内にエピック・ミッキー2を制作するのは不可能で、しかもマルチプラットフォームにしたいのなら余計難しくなると主張した。結局ディズニーは期限を数か月延ばしたが、それ以上は首を縦に振らなかった。「彼らは同じゲームは二つとないことを理解していないんだ」とスペクターは言う。「パートナーを検討している会社に対しては、僕が携わったゲームはすべて制作に3年はかかっていると伝えていたよ。それより早く作れると言えば嘘になるからね」。スケジュールが圧縮されたため、エピック・ミッキー2の開発者たちは正しい方向に進んでいるのかを判断するのに十分な情報が得られなかった。そして場当たり的に決定を下した結果、にっちもさっちも行かなくなってしまった。「ゲームの仕様が最終的に決まったら、『よし、品質を担保して完成させるにはどのくらいの開発期間が必要か、話し合おう』という流れを期待するのは当然ですよね。でもそんな展開になった例はありませんね」とチェース・ジョーンズは言う。「まず利益が出るかどうかでスケジュールを決定し、それに合わせて開発を進めるんです」

ジャンクションポイント社は苦戦していた。急に社員が増えたので文化的な軋轢が生じていたし、開発期間の制約で大きなストレスがかかっていた。しかもディズニー幹部が頻繁にやって来ては、その時期に流行って儲かっている仕組みを実験するよう開発者に頼んできた。「無料プレイ版は試したし、常時オンライン版も試しましたね」とジョーンズは話す。「どのような実験であっても、結局はやらざるを得ませんでした。そして実際に組み込むかどうかを検討するんです」。「FarmVille」や「リーグ・オブ・レジェンド」といったゲームが莫大な収益を上げていたため、ディズニー社はその成功の後追いをしたかったのだ。

スペクターがジャンクションポイント社を立ち上げたのは、莫大な売上見込みが立つかどうかを気にすることなく、「B級映画」のようなゲームを自分で作る自由が欲しかったからだ。ところが今や、EA社やアイドス社の傘下にいたときと同じ状況に陥ってしまった。

2012年に入ってすぐのある日、ディズニー社とジャンクションポイント社のリーダーが集まって将来について話し合った。テキサス州オースティンにあるジャンクションポイント社1階の会議室だ。スペクターとジョーンズ、他にジャンクションポイントのリードが数名、またディズニーからはジョン・プレザンツを含む幹部数名が出席した。スペクターはエピック・ミッキー2とその他ゲーム機向け製品の計画を提示し、利益が出せると思うと伝えた。しかしプレザンツは同意せず、ジャンクションポイントにはディズニーが掲げる将来のビジョンに従ってほしいと答えた。モバイルや無料プレイなど、従来のゲーム機向けからは離れたビジネスモデルだ[13]。

スタジオの将来についてやり取りしているうちにスペクターもプレザンツも語勢が強くなり、すぐに大声で言い合うほどになった。この議論の途中、プレザンツの携帯電話が鳴った。すると電話を持ち上げて出たので、スペクターは驚き、怒りを抑えきれなかった。「レーザーポインターのコントローラーが飛んできて、僕の頭の横を通過し、壁に当たってバラバラになりましたね」とジョーンズは思い出す。「そしてウォーレンがすごい勢いで部屋から出ていきました。部屋に残された僕たちは『続けます?』という感じでしたよ」

怒鳴り合い、物を投げつけた結果、ウォーレン・スペクターとディズニー社との関係は崩壊してしまった。「どこかの時点で、僕はディズニーにとって『好ましからざる人物』になっていたと思う」とスペクターは言う。「僕がスタジオをダメにしてしまったのかもしれないね」。その後、ジャンクションポイント社のスタッフは長時間残業をこなしながらエピック・ミッキー2を完成させようとしていた。そんなときディズニーからスペクターとリーダーたちに、コスト削減という新しい任務が与えられた。つまり、ジャンクションポイント社でレイオフを実施しなければならなくなったのだ。そこで両社の間で何週間にもわたる交渉が始まった。数百人規模から25人に社員が減らされたらスタジオはどうなるのか？　それが50人だったら？　あるいは75人だったら？「そのうち『10人だけ残すことになったらどうする?』

という話も出ました」とチェース・ジョーンズは言う。「そのミーティングで『だったら閉鎖と同じですよ。10人なら残す意味がありません』と主張したのを覚えてます」

2012年の秋になると、ディズニー社が本当に閉鎖を計画しているのではとスペクターは感じ始めた。というのも、ジャンクションポイント社が将来手掛けるプロジェクトの提案書はすべて却下されていた（「62枚もスプレッドシートを作ったのに1つも許可されなかった」と彼は言う）し、エピック・ミッキー2は11月にリリース予定なのに、他のプロジェクトに承認が出ていなかったからだ。その秋、スペクターはカリフォルニアに出張し、ディズニー幹部とのミーティングに臨んだ。ジャンクションポイント社の維持を目指していたが、絶体絶命の状況だった。「75人の雇用を守れる計画を持っていったよ」とスペクターは話す。「ところが、具体的な数は忘れたけど、全然足りない人数を提示されたんだ」。ディズニー側が実質的に伝えているのは、ジャンクションポイント社の終焉だとスペクターは理解した。スペクターにこれを覆す術はなかった。

そして怒鳴り合いがまた始まった。「大声で主張し合う時間が45分は続いたね」とスペクターは思い出す。「そのときは幽体離脱していたね。あんな経験は初めてだよ。天井から下にいる自分自身を見ているんだ。それで『人生の中で一番かっこよく、一番ばからしいことをしているぞ』って考えているんだ」。ウォーレン・スペクターはテキサス州に戻る飛行機の中で、これから数か月がジャンクションポイントの最後の時間になると理解した。エピック・ミッキー2が成功したかどうかを見ることなく、スタジオは終わりを迎えてしまうのだ。

　ジャンクションポイント社はディズニーのゲーム機向け戦略の最前線で戦っていたのに、たった2年の後、新しい流行を追い求める経営方針の犠牲になってしまった。しかも退職手当に関する法律上の理由から、スペクターは誰にも閉鎖を言い出せなかった。プロデューサーそしてリーダーとして、スペクターは「欠陥は正直に言う」人間であると自認してきた。オリジン社の時代からずっと、リスクや問題は事前に伝えるべきだと考えてきた。ところが、今回は秘密を守らなければならない。「ちょっとした地獄だったよ」とスペクターは語る。「自分の人生の中で、これ以上ないほどひどい経験だった」

　2012年11月18日にエピック・ミッキー2が発売されると、急ごしらえの製品だとすぐに分かった。評論家は、似たようなゲームプレイの繰り返しと、オズワルドの不安定な人工知能を酷評した（評論家のルーシー・オブライエンは「ほとんどの場面でオズワルドはどうにかこうにか進むものの、もっときちんと動いて話が通じるパートナーが欲しいと感じさせる」とゲーム情報サイトのIGNでレビューしている）。最悪だったのは、売上が前作の数分の一しかなかった点だ。前作がWii専用で、今作はXboxとプレイステーション向けにも発売されたことを考慮すると、大惨事だと言える。エピック・ミッキー2は評価も売上も散々だった。ジャンクションポイント社に一縷（いちる）の望みが残っていたとしたら、それは完全に消滅してしまったのだ[14]。

　まだスペクターはジャンクションポイントの閉鎖を社員に切り出せていなかった。全員に長期休暇を与えた後、モバイルゲームのアイデアについてブレインストーミングするよう指示した。「モバイルの方向に進めば、もしかしたら生き残れると期待する自分がいたのかもしれないね」とスペクターは回想する。しかし本心では単なる時間つぶしだと分かっていた。

エピック・ミッキー2が発売された2か月後となる2013年1月29日、スペクターはジャンクションポイントの社員200名を「ファンタジア」と名付けた休憩室に集め、スタジオ閉鎖を伝えた。エピック・ミッキー2を完成させるべく平日も週末もクランチを続けたが、わずか数か月後に全員が仕事を失う結果となってしまった。社員たちは人事担当者と退職手当について相談するよう告げられた。その後で転職相談会も開催される。

退職後もオースティンに残って近くのゲーム会社で働く人もいたし、別の業界に転職する人もいた。あるいはビデオゲーム業界で生計を立てようとオースティンから引っ越す人もいた。エピック・ミッキー2の失敗を受けて閉鎖を予感していた人ですら、大きなショックを受けた。「本当によくやってくれたとみんなに伝えたよ」とスペクターは話す。「それから、こんな結果になって本当に申し訳ないとね」

ウォーレン・スペクターは失意のどん底にあった。これまでも無残な結末を経験したことはあった。オリジン社でも、ルッキンググラス社でも、イオンストーム社でもだ。しかし今回は最悪だった。「落ち込んでいたよ」とスペクターは思い返す。「何か月もソファーに座ったままで、リモコンをいじっているだけだったよ。完全に脱力していた。何もできなかったね」。新しい会社を興してビデオゲームを制作するのは大変な気力が必要だ。だから想像すらできなかった。「精神的に参っていた」とスペクターは話す。「ディズニーでの経験は、自分の職業人生の中で最高でもあり最低でもあったよ。その中間はないかな。また同じ経験ができる幸運は訪れないだろうね」

さまざまな面でスペクターは幸運だった。彼自身、ずっと経済的に苦境に陥ることはなかった。特にディズニー時代は恵まれていた。また自分が雇っていた社員のように、次の仕事が見つからなかったり、家族を別の土地に転居させたりする心配は不要だった。しかし同時に、良心の呵責も抱えなければならなかった。社員を解雇して落胆させたし、最終的に破棄すると知りながら制作もさせた。考えれば考えるほどスペクターはこの結末に自責の念を覚えた。なぜ怒鳴り合いにまで発展してしまったのか？　エピック・ミッキー2の開発で自分がもっと関与していたら、違う結果になったのか？

スペクターは57歳だった。ビデオゲーム業界では最年長クラスと言ってよい。引退が頭をよぎった矢先、かつてと同様、思いがけない電話が再びかかってきた。母校のテキサス大学オースティン校がビデオゲーム開発コースで補助金を獲得したため、スペクターにプログラム編成を手伝ってほしいと連絡してきたのだ。「自分は最後は教える仕事をするんじゃないかとずっと思っていたよ」と彼は言う。「だから『今かもね』って感じたんだ」

翌年、スペクターはコースとカリキュラムを作成した。さらにその後の2年間、ビジネスとゲームデザインのコースを教えた。教育にやりがいは感じたものの、自分自身のビデオゲームをデザインして作り上げる現場に戻りたいという欲求には抗えなかった。「しばらく教えていたら、まだ何か自分で作りたいんだと分かったよ」とスペクターは話す。「若者の教育に携われるのは素晴らしい。でも最後にパッケージに入ったゲームが出来上がるわけではないし、デジタルでダウンロードできる何かができるわけでもないんだ」。加えて、コースが財源不足に陥ったことも一因だった。スペクターは資金集めに奔走したものの、多くの人からの寄付は取りつけられなかった。「教育に携わっていた3年の間、資金集めにかなりの時間を費やしたよ。そのとき分かったのは、ゲームビジネスの関係者は教育をあまり重視しないことだね」と彼は言う。「あと、ものすごい守銭奴だ」

還暦を迎えたとき、スペクターは職業人生の最終コーナーに差し掛かっていると感じた。そしてスペクターにとって感慨深い時間が始まろうとしていた。間もなくビデオゲーム業界に復帰し、再び制作に没頭し始めるからだ。しかもそれは、かつての相棒との再会がきっかけだった。

◆

スペクターがジャンクションポイント社を設立した2004年から廃業した2013年1月の間に、ゲームを取り巻く状況は大きく変わった。モバイルやフェイスブックのゲームが興隆したため、評論家は家庭用ゲーム機は廃れると予想していた。ところが現実は正反対だった。次世代ゲーム機となるプレイステーション4やXbox Oneが2013年秋に発売されると、新たなプレイヤーたちが現れたのだ。

しかも同時に、ゲームの開発時とリリース時に存在した障壁が消滅しつつあった。開発ツールの普及と、デジタル版による流通が要因だった。デベロッパーはEA社やアクティビジョン社に要請し、ターゲットやゲームストップのような小売店にゲームを置いてもらう必要がなくなった。2010年初頭に入ると、誰でもゲームを開発して「Steam」や「Xbox LIVE」といったデジタル販売プラットフォームで売れるようになった。アマチュアの二十代個人でも、白髪交じりのベテランチームでもだ。

ポール・ニューラスはこの変化を目の当たりにし始めた。90年代にウォーレン・スペクターと「システムショック」などを開発した後、ジンガ社に数年在籍した。「FarmVille」や「CityVille」など、フェイスブック向けや携帯電話向けのソーシャルゲームを制作していた大手企業だ。ジンガ社はロケットのように飛び立ったが、フェイスブックがアルゴリズムを少し変更したら、真っ逆さまに墜落してしまった。そして2013年、ニューラスが勤務していたボストンのオフィスを閉鎖した。

同じ頃、ニューラスのような人物にうってつけの新しいビジネスモデルが出現した。クラウドファンディングだ。例えば、ファンが直接クリエイティブなプロジェクトに資金を出せる「キックスターター」というウェブサイトだ。デベロッパーは制約の多いパブリッシャーを経由する必要がなくなり、直接プレイヤーにリーチできる。指数関数的な成長ができるかどうかにしか興味がない幹部ばかりのパブリッシャーをすっ飛ばせるのだ。クラウドファンディングの一番効果的な活用方法はノスタルジーに訴えることだ。「ロックマン」や「悪魔城ドラキュラ」といったシリーズは、ファンには愛されていたがパブリッシャーからは見限られていた。そういったシリーズの制作に携わっていたクリエイターたちがキックスターターで数百万ドルを集めた。ファンは今でもシリーズを慕っていて、新作をプレイしたいのだ。そこでニューラスも自身の名作を蘇らせることで、成功を狙えるかもしれないと考えた。

ニューラスはEA社と長期にわたって交渉し、自身が手掛けたシリーズ「アンダーワールド」に関する権利を取り戻した。オリジン社時代にウォーレン・スペクターと一緒に開発し、革新的と評価を受けた「ウルティマ・アンダーワールド」シリーズのことだが、「ウルティマ」の名称自体はEA社が権利を継続保有した。2014年にニューラスはアザーサイド・ゲームズという会社を立ち上げた。1年後、キックスターターで「アンダーワールド・アセンダント」のプロジェクトを開始した。すると、かつてニューラスが手掛けた名作の続編となるこのゲームには80万ドルを超える資金が集まった[15]。さらに困難な交渉を経て、アザーサイド社は「システムショック」の新作を開発する権利も獲得した。

このシステムショック3の制作を指揮するのに、ニューラスのかつての相棒以外に適任者はいるだろうか？　教育現場を離れ、再びゲーム開発に携わりたくてうずうずしているのだ。ニューラスはウォーレン・スペクターとずっと連絡を取り合っていて、昔の話もよくした。ダンジョンズ&ドラゴンズを再現したり、プレイヤー自身の選択が反映されるゲームを制作したりする野心を抱いていた頃だ。201

5年の末にニューラスはスペクターに電話をかけ、ある提案をした。「私は『おいウォーレン、自社でシステムショック3の開発を始めるんだ。興味はあるかい?』って、伝えたんです」とニューラスは回想する。「少しの間考えてから、あると答えましたね」。数か月後、スペクターは教育現場を離れると、アザーサイド社の新オフィスを立ち上げた。アザーサイド・オースティンだ。ここでチームを編成し、システムショック新作の開発に当たる。1996年にスペクターは、ニューラスが経営するルッキンググラス社のオースティン・オフィスを新設した。しかしゲームを1本も出せないうちに閉鎖に追い込まれてしまった。それから20年が経ち、再挑戦するチャンスが訪れたのだ。

ところがまたもや、スペクターは金銭トラブルに巻き込まれてしまった。2016年にアザーサイド社は、スウェーデンのパブリッシャーであるスターブリーズ・スタジオ社とシステムショック3の開発資金提供契約を結んだ。これでスペクターは10人程度のスタッフを雇い、高級店が並ぶオースティンのアーボレータム地区にオフィスを構えた。大きなガラス窓と木々に囲まれたオフィスだ。2018年の秋までは順調に進んでいた。しかしスターブリーズ社が再建の申し立てをしたのだ。スウェーデン版の破産だ。その後の数日間は目まぐるしかった。インサイダー取引の疑いで、スウェーデン当局がスターブリーズ社CEOを逮捕した。しかし後に釈放されて嫌疑も取り下げられた。さらに何週間か経つと、スターブリーズ社には提供可能な資金が残っていないと分かったため、ポール・ニューラスとウォーレン・スペクターは契約を解除した。

突如としてスペクターは出張セールスに出なければならなくなった。90年代のときのように、システムショック3をパブリッシャーに売り込むのだ。しかしスペクターは年も取ったし、出資を求めてさまざまな場所を飛び回るのにもうんざりしていた。パブリッシャーはイエスともノーとも言わなかった。「後で連絡します」のように、いつも確約を避ける回答しかしなかった。結局、アザーサイド社は出資者を見つけられなかったため、２０１９年の末にオースティン・オフィスに所属する社員の大部分をレイオフせざるを得なかった。

システムショック3のデザインディレクターは、かつてスペクターの下で働いていたチェース・ジョーンズが務めることになっていた。しかしまたも厳しい決断を迫られる結果になってしまった。ジョーンズは、ジャンクションポイント社が閉鎖される数か月前となる２０１２年に同社を離れていた。その後はワシントン州レドモンド市に転居してマイクロソフト社のパブリッシング部門に勤務していた。そしていったんゲーム業界から離れ、しばらくオーストラリアのソフトウェア会社で働いていた。２０１８年にアザーサイド社で再びスペクターの同僚となり、システムショックの新作に着手できることを楽しみにしていたのだが、資金難に見舞われてしまったのだ。会社はジョーンズに勤務時間を半分にできないか尋ねた。しかしデザインチームがないのであれば、できる仕事も多くはない。しかも子どもが生まれる予定があったため、賃金カットに応じるのは難しかった。そのためジョーンズはアザーサイド社を辞め、友人たちが始めた新しいゲームスタジオに転職することになった。

一方でスペクターも新たな救世主を見つけた。２０２０年５月、中国の巨大企業テンセントがシステムショック３を引き受けると発表した。同社はビデオゲーム会社の買収や出資で数多くの実績がある。スペクターは再び大企業の世話になる運びとなった。本書の執筆時点では、システムショック３がどうなるのか分からない。だが楽観視できる材料はある。テンセント社は資金面で非常に安定している点だ。ただ、資金面で安心感があったのはディズニー社も同じではあった。

◆

ビデオゲーム業界で30年以上働いた人はあまり多くない。ウォーレン・スペクターの波乱に満ちた人生の旅路を見ると、その理由が見えてくるかもしれない。スペクターは、オリジン社、ルッキンググラス社、イオンストーム社、そしてジャンクションポイント社という４つのゲームスタジオで働く期間が長かった。ところが、その４社はいずれも在籍中または退職後数年以内に閉鎖されている。スペクターのイマーシブ・シムは評論家の好評を博したものの、他の多くのクリエイターたちのように商業面での成功は得られなかった。彼の職業人生は素晴らしいものである一方、ビデオゲーム開発者たちが直面する不安定な環境の象徴ともなっている。唯一安定していたとすれば、同じ都市に住み続けられた点だ。

スペクターはビデオゲーム業界に大きな衝撃も与えた。ディレクターやプロデューサーとして関わったウルティマ・アンダーワールド、システムショック、デウスエクスには、数え切れないほどの開発者が影響を受けている。テキサス州にあるスペクターの自宅の近くに、アーケイン・オースティンというスタジオがある。弟子だったハービー・スミスが指揮を執っていて、「プレイ」や「ディスオナード」といったイマーシブ・シムでスペクターの功績を受け継いでいる。また、カナダのモントリオール市にあるアイドス社はデウスエクスとシーフのシリーズ新作を制作した。どちらのシリーズもイオンストーム社の閉鎖によって長期間手つかずだったが、2010年代に入って再始動したのだ。さらにスペクターは、無限の可能性を秘めるダンジョンズ&ドラゴンズの雰囲気を再現したいとも考えていた。これに感化されたゲーム開発者も数知れず存在する。

スペクターからつながるビデオゲームの系譜を見たとき、最重要なのはシステムショックに直接影響を受けた、次章で取り上げるSFホラーゲームだろう。このゲームは業界を揺るがし、ユーザーが抱くビデオゲームの概念を覆した。しかし一方で、スペクターと同様、あまり楽しいとは言えない経験もしている。名声は得られたものの、同時にプレッシャーや責任も発生し、結果として開発元スタジオは閉鎖に追い込まれたからだ。

注

[1] ビデオゲームからの翻案ではよくある話だが、映画化は実現しなかった。

[2] ギャリオットはスペースアドベンチャーズという企業に巨額を支払い、2008年に宇宙に行った。民間人としては先駆けで、ゲームデザイナーとしては初である。数十年前に自身で作ったウルティマのファンタジーを実現したのだ。

[3] その後、クリス・ロバーツは「スター・シチズン」のディレクターを務める。スペースオペラのゲームで、2012年にクラウドファンディングが始まった。バーチャルな宇宙船に大金を払ってもよいと考えるファンたちから、これまで3億ドル以上を集めた。

[4] 80年代や90年代初頭、コンピューターゲームは記憶容量が少ない3・5インチのディスクで販売されていた。オリジン社のゲームにはこういったフロッピーディスクが大量に必要だったのだ。時には1つのゲームで8～10枚使うこともあった。結果として高いコストがかかってしまう。さまざまな用途に使われていたCD－ROMにビデオゲームのパブリッシャーが切り替え始めたのは、1993年に発売された「ミスト」からだった。

[5] ポール・ニューラスによると、不運な出来事が立て続けに発生したため、ルッキンググラス社は2000年に閉鎖された。「簡単に言うと、出資者がゲーム業界から撤退する決定を下したんです」と彼は話す。

[6] イオン・ストーム・ダラスが崩壊した要因はいくつも考えられるが、強い印象を残したのは「ダイカタナ」の広告だろう。恐らくゲーム史で一番悪評が高い。広告は、真っ赤な紙に黒い文字で「オマエはジョン・ロメロの前にひざまずくだろう」と書かれていた。ファンの反応は良くなかった。

[7] 2人は数年連絡を取らなかったが、後日和解した。スペクターはミンの結婚式で詩を朗読したほどだ。

[8] 後にバナマンはビデオゲーム業界で目覚ましい業績を上げる。ワイオミング州の森を舞台にした美しく魅惑的なミステリーの「ファイアーウォッチ」ではディレクターを務めた。その後、自分の会社をバルブ社に売却し、「ハーフライフ」シリーズの新作も開発した。ハーフライフはウォーレン・スペクターが何年も前に手掛けていたものの、プロジェクトがキャンセルされてしまっていた。

[9] スペクターはこう話している。「みんなカメラで困っていたよ。でも、あくまでカメラについては弁護したいね。壁の一部を消して、そこを通り抜けて逆側に行く。カメラはどう動くのが自然？　ちょっと前まで壁があったのに、今はないんだ。あるいは、壁に小さな穴があるとする。そしてキャラクターが穴から少し離れて立っている。カメラはどう動くのが自然？　想定した通りの動きだけど、それが問題視される例はいくつもあるよ。もっと上手にできたのではと問われれば、時間があったなら確かにそうだと答えるね。でも、僕はカメラチームはよくやってくれたと思っているんだ」

[10] プレザンツは本書へのコメントに応じていない。

[11] ファンタスティック・フォーのリード・コンセプト・アーティストを務めたマイケル・ストリブリングは、2K社のレイオフの仕方にはがっかりしたと私に電子メールで伝えた。デスクに残した私物を取ることすら許さず、社員を帰らせたとのことだ。「最初から最後までずっと腹が立ちっぱなしでした」と彼は書く。「ほとんど支援も得られず、まったく時間もない状況下で、チームみんなが自己犠牲の精神でゲームを制作してリリースにこぎ着けました。そうしたら、全員クビです。『ありがとう』も『ご苦労さま』も、何もなしです」

[12] アイガーはこう述べている。「ゲーム分野では、ゲーム機向け製品からの大きな転換が進行中です。モバイルアプリやソーシャル・ネットワーキング・ゲームを含め、私がマルチプラットフォームと呼ぶ方向にです。そこで当社はジョン・プレザンツにゲーム事業を担当させ、収益化を目指すのはもちろん、業界におけるプレゼンス拡大に注力します」

[13] ディズニー社が大きな賭けに出たのは「ディズニーインフィニティ」という玩具連動型ゲームだ。アラジンやパイレーツ・オブ・カリビアンといったディズニーのシリーズ物をベースにした巨大な世界で遊べるのだが、実物のフィギュアなどを購入して接続するとゲームの中で動き出すのだ。ゲームの第1弾は２０１３年に発売され、ディズニーによると収益は総額で5億ドルだった。しかしたった3作で終わり、開発を担当していたアバランチ・ソフトウェア社は２０１6年に閉鎖された。（ただし同社は後日ワーナー・ブラザース社が再開させる）

[14] 初代エピック・ミッキーは最初の数か月で１３０万本ほど売れた。ところがロサンゼルス・タイムズ紙の報道によると、エピック・ミッキー2は同程度の期間で27万本しか売れなかった。ベテランのゲーム評論家なら「良くない」と評価するかもしれない。

[15] ただ残念なことに、失敗作となってしまった。評論家のリック・レーンはPCゲーマー誌にこう書いている。「アンダーワールド・アセンダントは非常に低質だ。デザインのアイデアにまるで一貫性がなく、動作はぎこちなく、バグは山ほどある」

第2章　プロジェクト・イカロス

PROJECT ICARUS

今日では想像しにくいが、かつて90年代から00年代初頭にかけて、著名な評論家でもビデオゲームにおけるナラティブの価値について疑問を呈していた。よく言われることだが、ゲームは楽しさを提供できても、ストーリーを語ることはできるのか？　プレイヤーを泣かせられるのか？　どきどきわくわくを提供したり、理由なき破壊行為を楽しませたりする点に加え、プレイヤーの胸を熱くさせられるのか？　そもそもこういった疑問は成立していない（１９９７年発売「ファイナルファンタジーⅦ」で某キャラクターの死に遭遇した人であれば、ゲームで目頭が熱くなると知っている）が、２００７年以降には消えていった。この年、論争に終止符を打つようなゲームが登場したからだ。

「バイオショック」は、思想家アイン・ランドを信奉する科学者によって建設され、ディストピアの雰囲気が漂う海底都市を舞台としている。ある意味、典型的なビデオゲームだ。ほとんどの時間は銃や超能力を使って敵のミュータントを倒しつつ、ステージを進んでいく。しかし同時に、それまで誰もプレイしたことのないゲームでもあった。バイオショックはさまざまな光景や物音にあふれている。かつて自由市場のユートピアとして構想された都市「ラプチャー」の廃墟（はいきょ）には、アールデコ調の壁画が崩れかかったまま残っている。あるいはラプチャーに住む巨体の怪物「ビッグ・ダディ」は、金属音を立てながらうろついている。従来のシューティングゲームのストーリーも、ディズニーランドのアトラクション程度には練られていた。だがバイオショックは、作家ジョージ・オーウェルのディストピア世界と、アイン・ランドのオブジェクティビズム思想を背景にしていた。ゲーム終盤で印象的なのは、自分が思っているほどには自由な選択をしていないと突きつけられる場面だろう。これはビデオゲームにおけるプレイヤーの自由選択にも疑問を投げかける。ウェブメディアVoxが掲載した2016年の記事にあるように、「バイオショックはビデオゲームがアートになり得ることを証明した」のだ。

他の優れたアート作品と同様、バイオショックも大きな犠牲の下に誕生した。祖先はポール・ニューラスが経営するルッキンググラス社の作品にさかのぼる。同社に所属するケン・レビン、ジョナサン・シェイ、ロバート・フェルミエという3人のゲーム開発者が「シーフ」と「システムショック」の制作に携わった。そして1997年、3人はイラショナル・ゲームズ社を創業し、マサチューセッツ州ボストンの古びたロフトをオフィスとした。そして「システムショック2」の開発を主導する。同作品はシステムショックでうまくいった部分を残しつつ、RPG要素を充実させた。システムショック2は評論家からは称賛されたものの、商業的には失敗だった。売上が芳しくなかったため、イラショナル社はパブリッシャーであるEA社にシステムショック3への出資を提案したが、受け入れられなかった。そこでイラショナル社は「システムショック」の名前を使わないシステムショックを開発すると決めた。新しい名前と世界設定を採用することで、権利上のトラブルを未然に防止するためだ。

後に「バイオショック」となるこのゲームを完成させようと、イラショナルの社員は昼も夜も週末もオフィス（最終的にボストン市から数マイル南のクインシー市に移転）で過ごした。開発者たちがデザインやアートの方向性について議論をするたびに、ゲームはどんどん変わっていった。大きな争点となったのは遊びやすさだった。レビンは、システムショック2が濃密すぎたためにプレイヤーが付いていけなかったと考えた。そこで誰でもプレイできるシューティングとしてバイオショックをデザインするようチームに指示した。その結果、当初計画していた数値情報やRPG要素の多くが不採用となった。開発途中の2006年1月、パブリッシャーの2K社はイラショナル社を買収すると発表した。買収によって財務面では安定する一方、2K幹部という名の船頭がさらに船に乗り込んでくることになる。バイオショックを大ヒット作である「ヘイロー」や「コール・オブ・デューティ」のような大衆受けするシューティングにしろと要求してくるのだ。2007年に入ると、レビンは開発チームに週7日勤務を課した。「スケジュールに余裕がないのに、予定を詰め込んでましたね」とバイオショックのアシスタントプロデューサーを務めたジョー・フォールスティックは話す。「そうなると『週末も出社して』って感じになりますよね」

バイオショック発売の1週間前、購入を検討しているプレイヤー向けに、イラショナル社はゲームの雰囲気を伝えるデモを公開した。するとダウンロードしようとアクセスが殺到したため、ＸｂｏｘＬＩ

VEのサーバーが落ちてしまった。イラショナル社にとっては大きな成果の予兆である。ついに2007年8月21日にゲームが発売されると、評論家はゲーム史上最高傑作の1つに数えた。「テトリス」や「スーパーマリオブラザーズ」といった作品に並ぶ評価だ。これに一番驚いたのは、他でもない、作った当人たちだった。「数か月くらい、社内はずっと動揺してたと思う」とバイオショックのリード・レベル・デザイナーだったビル・ガードナーは語る。「ちょっと待てよ、みたいな雰囲気が続いていて、『おい、現実か？』って言ってたね」

ガードナーはこれがゲーム開発で初めての仕事だった。数年前、ガードナーはボストンのビデオゲーム店で働いていた。そのとき、ある男がシステムショック2について、熱心に上司と話しているのを耳にした。ガードナーも楽しんだゲームだった。この男は、大学教授とバットマンに登場するジョーカーとを合わせたような独特な口調で話す。上司はガードナーを呼び、この男に紹介した。システムショック2のリードデザイナー、ケン・レビンだった。2人ともビデオゲームが大好きという共通点を持っていた。いろいろと話した後、レビンはガードナーにイラショナル社のＱＡ（品質保証）の求人に応募しないかと伝えた。2002年にガードナーは職を得ると、最初に「ザ・ロスト」というゲームを担当した。同作品は完成はしたものの、結局リリースされなかった。つらくはあったが重要な体験だったと本人は述べている。「ゲームの品質レベルと会社の評判を考えれば、リリースしなかったのは当然だよ」とガードナーは言う。ひどすぎて売りたくないゲームを作っていた時代を経て、2007年には史上最高とも評されるビデオゲームを出すまでに至ったのだ。

　バイオショックを特別な作品にしているのはストーリーの展開方法だった。ラプチャーという都市には、至る所に音声ダイアリーが配置されている。この世界の特徴や歴史を物語る録音だ。水浸しの通路を忍び足で進みつつダイアリーを聞くと、美術館のガイドツアーに参加した気分になる。バイオショックはウォーレン・スペクターとルッキンググラス社の功績を受け継ぎ、状況に応じた意思決定や、環境を用いたストーリーテリングを重視していた。ラプチャーがどのように崩壊したのかをきっちり説明するのではなく、プレイヤー自身に断片をつなぎ合わせてもらい、歴史を構築する。必ずしも巧妙な手法とは言えないかもしれないが、プレイヤー本人には自分で考えたという手応えが残る。これはイマーシブ・シムが長年掲げてきた「プレイヤーを尊重する」という信条によるところが大きい。つまりイラショナル社はバイオショックでうまくバランスを取った。何も考えなくても進めるゲームに堕してしまうのを避けつつ、遊びやすくしたのだ。

　バイオショックに対する称賛（出荷本数は220万、メタクリティック[1]点数は96）が続く最中、2K社はイラショナル社に対し、次のプロジェクトの様子を尋ねた。バイオショックの成功を見れば、バイオショック2を制作したいのかと質問が出るのは当然だ。2K社の社長であるクリストフ・ハートマンはバイオショックをドル箱だと考えており、将来にわたってシリーズ新作を開発してもらいたいと望んでいた[2]。「続編を作りたいのかと聞いてきたね」とガードナーは話す。「恐怖心や、成果を上げられるのかという不安感だらけだったよ。あの作品の後に何が作れる?」

２００７年秋、イラショナル社のスタッフは燃え尽きていた。スタジオを退職する者もいた。クランチと、ケン・レビンに嫌気が差したのだ。レビンはスタジオの責任者であり、全ゲームのクリエイティブディレクターでもあった。そしてやりにくいリーダーとしても知られていた。レベルやシーンの出来に不満があると、怒鳴ったり悪態をついたりすることがあるのだ。これを多くの社員は許容していたし、むしろ雰囲気を好ましく感じている者すらいた。やはりアートを扱う仕事場であるし、実際に彼らは歴史に残る傑作を生み出してもいる。しかしプレッシャーを感じながら働いていて、精神を病んでしまった人もいたのだろう。

議論の末、レビンたちはバイオショックの続編制作にすぐに取り掛からないことにした。ただし２K社とは妥協案で合意した。イラショナル社の一部社員がサンフランシスコのベイエリアにある２K社オフィスに異動し、２Kマリンというスタジオを設立する。そして２Kマリンでバイオショック２の開発に着手する案だ。これならレビンとイラショナル社に残留した社員は自由になり、何か別の仕事ができる。

その数年前にさかのぼるが、２Kの親会社であるテイクツー社は「ＸＣＯＭ」という古いストラテジー・ゲーム・シリーズの権利を取得していた。兵隊と科学者を率いてエイリアンの侵攻から地球を守るゲームだ。ＸＣＯＭはケン・レビンのお気に入りのビデオゲームでもあった。そしてオーストラリアのキャンベラにあるイラショナル社の第2オフィスで、XCOMのシューティングゲームを2005年から小チームで密かに開発していたのだ。そこで、ボストンのチームも開発に参加し、次の巨大プロジェクトとしてXCOMのゲームを制作することになった。

バイオショック開発の疲れが抜け始めると、イラショナル社は退職者の代わりとなる人材を採用し始めた。そんな新入社員の1人がチャド・ラクレアだった。向上心にあふれるアーティストで、映画専攻で学校を卒業するが、すぐにハリウッドは自分に合わないと気付いた。数年前にビデオゲーム業界に入り、ロサンゼルスのEA社でQAテスターとして働いていた。業界に横行するひどいクランチを、そこで初めて経験した。「そのときは『燃え尽きそう、もう続けられない』とこぼすところまで行きましたね」とラクレアは回想する。EA社内で異動願を出してジュニア・レベル・デザイナーの職を得ると、「メダル・オブ・オナー／エアボーン」などのゲームを3年ほど担当した。その後、退屈感を覚えたり、ロサンゼルスが嫌になったり、次のプロジェクトの方向性に不満を抱いたりするようになる。「何か違うことがしたかったんでしょうね」とラクレアは言う。「当時はまだ若いデザイナーで、『自分には才能がある。ここを飛び出してアーティスティックなスタジオを見つけるんだ』と思っていたんです」

バイオショックの開発元よりもアーティスティックなスタジオはまずないだろう。ラクレアも同作品のリリース日に買ってプレイした（「衝撃を受けました」）。そのためイラショナル社の採用担当者から、ゲームスタジオの仕事に興味を持っていそうなアーティストかデザイナーを知らないかとメッセージを受け取ったとき、何かの巡り合わせを感じた。採用担当者はラクレアがボストンの大学卒だとプロフィールで見て、ボストン周辺に知り合いがいるかもしれないと考えたのだ。「僕は『いえ、知りません』と答えましたね」とラクレアは思い出す。「それから『でも僕自身興味があります』と」。ラクレアはアートのポートフォリオを送付し、厳しい面接を通過すると、再び東海岸に戻ってイラショナル・ゲームズ社のレベルアーティストとして働くことになった。

ラクレアはイラショナル社での仕事が気に入っていた。スタジオは小規模で、数十人程度だ。XCOMのプロジェクトでは気さくで協力的な雰囲気に満ちていて、ラクレアは心から楽しめた。バイオショックの苦しい制作期間が終わり、イラショナル社に残った開発者たちはくつろいで仕事をしようと努めていたのだ。「業務時間中、ケンが『おい、ちょっとアイデアがあるんだ。みんなに見てほしい』とやってくる時間は、とても楽しかったですね」とラクレアは話す。「社員がアイデアを聞いて、フィードバックを出すんです。最高でしたね」。ある日、ラクレアは何か変だと感じ始めた。ケン・レビンらスタジオのリーダーが業務エリアを離れ、会議室にこもり続けているのだ。ときには何時間にもわたった。

少し経つとラクレアは理由を知った。イラショナル社はXCOMの開発を終える。そして同社の大ヒットシリーズに着手するのだ。「ケンがチームに『これからバイオショック・シリーズのゲームを作る』と発表したのを覚えてますよ」とラクレアは話す。「それから僕のところに来て『君を雇ったのはこの作品のためだと思っている。バイオショックを担当してもらっていいかい?』と聞いたんです。『もちろんです』と答えましたね」

バラエティ誌とニューヨークポスト紙によると、2008年の夏、ケン・レビンの代理人はテイクツー社と契約の再交渉をした。追加予算とクリエイティブ面での自由を獲得するのが目的だ。契約の詳細は又聞きで伝わってくるだけだが、スタジオ内の噂によると、レビンはXCOMプロジェクトに対する興味を無くし、バイオショック・シリーズを作る衝動に駆られたらしい。そしてテイクツー社との交渉で、イラショナル社にバイオショックの続編を作らせてもらえるよう説得した。バイオショック2の後に出る作品だ。

イラショナルの一部ベテラン社員の間には、別のスタジオがバイオショック2を作っていることに対する怒りも高まりつつあった。「他人が自分の子どもを連れ去るわけだから、もちろん腹が立ってた。心血を注いで育てた子どもだよ」とリード・レベル・デザイナーのビル・ガードナーは話す。そもそも実際は、イラショナル社がバイオショック2を制作する機会を自ら放棄したのだ。しかし、恋人を振っておきながら別の誰かとデートするのを見るような気分だったのだろう。自分自身で別れる決断をしたのに、面白くないのだ。「シリーズは継続し、自分たちなしでうまくいっているのだけど、みんな少し不満を抱えていたんだ」とガードナーは言う。「丸々1年近くをXCOM開発に費やした後、『クソっ、俺らで続編をやろう』って言い出したんだよ」

2009年には具体的な計画が固まった。イラショナル社のオーストラリア・オフィスが再度XCO

Mプロジェクトを引き受ける。またサンフランシスコのベイエリアにあり、元イラショナル社員が在籍する2Kマリンがバイオショック2の開発を継続する。リリース予定は2010年だ。そしてイラショナル社のスタッフは、自分たちのバイオショック続編がどうなるのか構想を練る。

バイオショック第3作のタイトルは未定だった。そのため、どの開発プロジェクトでもするようにコード名が付けられた。今にして思えば、このコード名は海底都市ラプチャーにおける奇想天外な構想に対する皮肉になっていたのかもしれない。最初から失墜を運命付けられた、野心家アンドリュー・ライアンのプロジェクトに対する皮肉だ。「プロジェクト・イカロス」、これがコード名だった。

◆

ビデオゲーム開発は大きく2つの段階に分けられる。プリプロダクションとプロダクションで、どちらも映画産業から借用した言葉だ。定義はスタジオによって異なるが、大雑把に言うと、プリプロダクションでゲームを設計し、プロダクションで実際に制作する。2つの間に明確な境界線はなく、どちらも時間と予算に応じて短くなったり長くなったりする。例えば自宅の寝室で1人で農場ゲームを作る場合、きちんとしたプリプロダクションをしないまま画面にタイルを配置し始めるかもしれない。その後のプロダクションに5年かかるとしてもだ。逆に200人のチームがSFシリーズの新作に取り掛かる場合、実際に何かを制作し始める前に何年もプリプロダクションをするかもしれない。

ゲーム開発者の多くは、新規のビデオゲームであればプリプロダクション期間をできるだけ長く取るべきだと考えている。要するに、創造性は時間をかけて育む必要があるし、優れたアートは何度も作り直した末に得られるという考え方だ。これは例えば、美しく想像力を刺激するモンスターや城塞の絵をコンセプトアーティストが描き上げたのに、もっと素晴らしいものが創れると感じて破棄してしまう状況かもしれない。あるいは、ゲームプレイデザイナーが何か月もかけて新しいレーザー射撃スキルを考案し、頭の中ではとても楽しかったのに、コンピューターでプロトタイプを作ってみたらそうでもなかった状況かもしれない(「レーザーをミサイルに変更したら、もしかして……」)。こういったアーティストやデザイナーに指示を出すディレクターは、もう一段上で日々決断を下しているかもしれない。10時間、15時間、20時間、あるいは100時間分のゲームプレイを創り出そうと、切ったり捨てたり作り直したりするのだ。

プロジェクト管理をしていると不確定要素が多くて頭を痛める。とりわけ苦慮するのは「楽しさ」である。一体、楽しさとは何なのか？　ビデオゲームの大ファンであっても、この質問に回答するのに苦労するかもしれない。「デスティニー」でアイテムを収集するのは楽しいのか？　「ラスト・オブ・アス」でゾンビがあふれるハイウェイを突き進むのは楽しいのか？　まったく新しいものを作ろうとしていて参考にできるゲームがない場合、この疑問に答えるのは不可能に近い。楽しさはどう測るのか？　ジャンプしたり踊ったり剣を振り回したりすれば、1週間や2週間は楽しいかもしれない。だが10時間も続けてプレイしたら飽きるのではないか？　レベルや障害物を追加した場合、敵を踏みつぶすのが楽しくなるのかつまらなくなるのか、どうやったら見極められるのか？　グラフィックスやサウンドエフェクトがない状態ではどう感じるのか？　もしすべて完成したら確実に楽しくなると言い切れるのか？

外部から見ていると、まどろっこしくて非効率なやり方と感じるだろう。何か月分もの仕事を破棄するわけだし、精神的にも消耗してしまう。バイオショックのような傑作を生み出そうとするなら、最初の2年間を構想に費やすのが唯一の方法なのだろうか？　そのために開発者に給与を払いたい会社が存在するのか？　さらに、それが一から繰り返される。例えば3年間のプロジェクトが完了したとしよう。前半はプロトタイプ制作と実験、後半はクランチと開発だ。終わった時点で疲れ果ててしまっているはずだ。仮に数週間の休暇を得られたとしても、職場に戻って一番やりたくないのは、きつい開発態勢に入ることだろう。ストレスが少ない環境でいろいろといじりながら1、2年過ごせるのは天国のように思える。しかしその後、まだ何も見せられるものはできていないのに、締め切りが1年後に押し迫っている状況に置かれてしまうのだ。

2009年の初め、イラショナル社の開発者たちは新しいバイオショックをどうすべきかと議論を始めた。アイデア出しの段階に入ったのだ。海底都市ラプチャーを舞台にする案は最初から考えていなかった。雰囲気や印象は続編に引き継ぐが、場面設定は除外したい（加えてバイオショック2もラプチャーが舞台だったため、3作とも同じ都市だと新鮮味に欠けるだろう）。あるアイデアがみんなの心を捉えたようだった。雲の間から見え隠れする空中都市だ。「それを中心に、あらゆる設定を考えたんだ」とビル・ガードナーは言う。「空中都市のアイデアはすぐに受け入れられたよ」

その後数か月の間、イラショナル社は拡大し続けた。間もなく「バイオショック・インフィニット[3]」と命名されるゲームを制作するために、社員をどんどん雇い入れたのだ。バイオショック新作に携わりたい人材を見つけるのは難しくはなかった。難しかったのは、バイオショック新作にどのような意味を持たせるかという点だった。バイオショックは単に「プレイヤーに考えさせるシューティング」でよいのか？　数年前に2K社が続編に関する提案をしてきた際も、まったく同じ問いを自分たち自身に発した。つまりこういう質問だ。初代バイオショックのようなゲームの後に何が作れるのか？　新作で何を伝えようとするのか？　そしてドリルを装備した怪物であるビッグ・ダディをどう超えるのか？　ビッグ・ダディはアニメ「ザ・シンプソンズ」のエピソードに登場するほど有名になっているのだ。

質問に対する回答は変わり続けた。さまざまな時代、アートスタイル、あるいは状況設定を試した。あるときは、1800年代のヨーロッパ芸術を題材に空中都市を描いた。ロンドンとパリを合わせたような雰囲気だ。またあるときは、ラプチャーを空に浮かべたような様相だった。ストーリーも絶えず変化していた。ケン・レビンによると、さまざまなジャンルから着想を得たらしい。例えばインタラクティブな演劇「シープ・ノー・モア」や、1893年のシカゴ万博を描いたエリック・ラーソンのノンフィクション書籍「悪魔と博覧会」だ。「しばらくはプリプロダクションばかりやってました。街の作り方をいくつも実験したり、どんな建物を用意しなければならないか考えたりです」とラクレアは話す。「ごく初期のプリプロダクションでしたね。想像力だけです。何もかもが面白くて、満足できて、みんな幸せでした。楽しい時間でしたよ」

楽しい時間の後にはあまり楽しくない時間が到来する。開発中、レビンが大小を問わずアイデアを破棄したり見直したりするたびに、バイオショック・インフィニットは変わり続けた。空中都市というアイデアは固まっていたが、それ以外は流動的だった。ストーリーや時代、スキルの動作だ。デザイナーやアーティストにしたら不満が残るやり方かもしれない。何週間や何か月もかけて作り上げたのに、ものの数分でゴミ箱行きになるのだ。「その年の大半は、バイオショックとは何なのかをしっかり分析してたよ」とビル・ガードナーは話す。「増員に合わせて入社した人の中には怖気(おじけ)づいていた人もたくさんいたね。『どうなってるんですか？　あまり進んでいないじゃないですか』って。でもベテランは、何が楽しいのかを見極めようとして抜本的に作り直していると理解していたと思うよ」

これがケン・レビン、ひいてはイラショナル社のゲーム開発だった。今までもそう作ってきたし、今回もそう作っている。レビンは自分の哲学を隠したり、秘伝にしようとしたりはしなかった。そして会社は新入社員に、レビンのやり方を理解するよう求めた。ゲーム開発者向け情報サイト Gamasutra の記者リー・アレクサンダーとのインタビューで、レビンは「我々は基本的に失敗から学ぶことでゲームを作っています」とバイオショック・インフィニットの開発中に述べている。「作ってもいつも投げ捨てていますね。何かに挑戦をするし、失敗も大歓迎です。そこから学んで成長するわけです」。レビン自身が認めるように、コストがかかるプロセスかもしれない。しかし「取り返すことのできない埋没費用は気にしてはいけない」のだ。

◆

2010年8月12日、ニューヨーク・セントラルパーク近くの高級感あふれるプラザホテルでプレス向け発表イベントが開催され、集まったジャーナリストにバイオショック新作のトレーラーが披露された。映像は、見慣れた海底都市のシルエットにズームインするところから始まる。しかしカメラが引くと、実はそれは水槽の中だったと分かる楽しい構成になっている。海底都市ラプチャーに別れを告げ、バイオショック・インフィニットが始まるのだ。トレーラーを披露した後、ケン・レビンは報道陣にゲームの概略を説明した。バイオショック・インフィニットの時代設定は1912年7月だ。アメリカ例外主義を掲げるために建設された空中都市コロンビアを舞台にする。主役は元私立探偵のブッカー・デュイットで、黒髪のエリザベスという女の子を救助するためにコロンビアに送り込まれる。エリザベスが幽閉されている塔を守っているのは、空飛ぶ巨大ロボットであるソングバードだ。旧作のビッグ・ダディの代わりとして良いマスコットになるだろう（商品化の面でも）。

この発表が良かったのは、今自分が何を作っているか、開発者たちが公言できるようになった点だけではない。発表した内容を順守しなければならなくなったのだ。コロンビアを建設し、エリザベスを登場させる。もはや大きな枠組みをひっくり返すことはできないのだ。

フォレスト・ダウリングにとってイラショナル入社のタイミングは最高だった。バイオショック・インフィニットが発表される1か月前にレベルデザイナーとして契約し、働き始めたばかりなのだ。バイオショックのファンだったため、何を制作中か知って大喜びだった。第1作が出てから3年間も音沙汰がなかったのだ。またイラショナルの新入社員という立場からしたら、ゲームの中心的なアイデアがすでに固まっていたのでホッとした。「もう大規模な変更が入らないと決まった段階で入社したんですよ」とダウリングは話す。「あの時点で、時代や背景、場所、あるいは敵味方が変わる可能性はありませんでしたね」

ダウリングは大柄であごひげを生やしている。抑揚のない話し方で、あまり感情も交えない。ニューヨーク西部に育ち、アーティストになりたいとは思っていたが、何から手を付けてよいか悩んでいた。高校を卒業した後は芸大に入学した。「将来どうやってお金を稼いだりご飯を食べたりするかなんて話はまったく出ませんでした」という雰囲気が漂う場所だった。そこで鋳金や彫金といった工芸を学んでいたが、徐々にアートの世界に幻滅を感じるようになってしまった。「デウスエクス」のようなビデオゲームが大好きだったため、4年生になると進路を変え、ゲーム開発で生計を立てられないかと模索し始めた。

90年代から00年代初頭にかけて、ビデオゲーム開発の習得方法として最適だったのはMOD制作だった。MODとは、ゲームの外見や動作を変えるためにユーザー自身が加えた改造を指す。趣味でやっている人もいるが、これを足がかりに仕事を見つけたいMOD制作者もいた。2003年、人気FPS(ファーストパーソン・シューティング)シリーズ「バトルフィールド」のMOD制作者たちが集まってニューヨーク市で会社を興した。トラウマ・スタジオだ。トラウマ・スタジオはバトルフィールドの開発元だったDICE社の目に留まり、翌年買収された。しかし1年も経たないうちに閉鎖されてしまった[4]。ライバルのパブリッシャーであるTHQ社は機会と捉え、トラウマ・スタジオの社員を採用して新しいゲーム開発会社を設立した。ケイオス・スタジオだ。

ケイオス・スタジオはダウリングにぴったりの場所に思えた。アップルストアに勤務しながら、「ハーフライフ」のようなゲームのMODを制作して、ビデオゲーム業界に入り込む糸口を探していたのだ。「元MOD制作者が社員の若いスタジオでしたが、突然AAAレベルの予算でゲームを作ることになりました」とダウリングは言う[5]。「だから私みたいな人間でも雇うのに躊躇(ちゅうちょ)しなかったんです」。ニューヨーク市内のアパートは高かったため、ダウリングは最初の数か月間、ニュージャージー州中部にある親戚の家から2時間もかけて毎日マンハッタンに通勤していた。ダウリングが最初に担当したのは「フロントライン／フュエル・オブ・ウォー」というシューティングで、２００８年に発売された。その次は「ホームフロント」だ。北朝鮮がアメリカに侵攻する近未来のディストピア世界を舞台にしたゲームだ。

２０１０年に入るとＴＨＱ社はトラブルに見舞われた。リーマンショック後の不況が同社を襲ったのだ。ケイオスも含め、傘下の全スタジオでコスト削減に踏み切った。そんな中、イラショナル社の採用担当がダウリングに、バイオショック新作の開発に興味はないかと連絡してきた。悩む必要はなかった。まず電話インタビュー、続いてデザイン試験、さらに何度か電話インタビューがあった後、マサチューセッツ州クインシー市にあるイラショナル社のオフィスで１日がかりの面接を受けた。これまでの作品や仕事内容について厳しい質問が飛んできた。「バカみたいに自信があったので、怖くはなかったですね。本当は怖い試験だったんでしょうけど」とダウリングは話す。「デザイン試験はうまくできたと思ってましたし、それまでの作品にも自信がありました。ですから受かる可能性は高いと感じていましたよ」

まだ帰宅すらしないうちに採用は決まった。ダウリングは車に乗り込む前、ビル・ガードナーに呼び止められた。条件が伝えられると、それを受諾した。ホームフロントの開発最終年にケイオス・スタジオを退職するのは申し訳ないとダウリングは感じていた。「プロジェクト完了前に離れるのは良くないですよね。特にみんながクランチ態勢に入っている状況で」と彼は述べるが、ケイオスから抜け出さなければならないことは分かっていた。ケイオス・スタジオは何か変だったし、ＴＨＱ社も長く持たないだろうと感じていた。「自分の中でバイオショックは超大作でしたね」とダウリングは話す。「大好きですし、あの時代の最高傑作の1つだと考えています。この考えは間違ってないと思ったので、明るい将来が感じられないチームのプロジェクトからは離れました」。ダウリングの直感は正しかったと判明する。1年後にTHQ社はケイオス・スタジオを閉鎖し、最終的にTHQ社も破産してしまう[6]。

ダウリングがイラショナル社で働き始めたのは、プラザホテルで発表イベントが開催されるほんの数週間前だった。社内では、疲れ果ててはいたものの、自分たちのゲームを世界に発表できると興奮しているチームが待っていた。バイオショック・インフィニットの発表は準備に数か月もかけていた。そして社員たちは、ついに大枠ががっちりと決まったのでホッとしていた。舞台は空中に浮かぶ都市コロンビアで、時代は1912年だ。ブッカーがエリザベスを救出するのが使命になる。ケン・レビンはこういった大枠についてもう変更できない。つまり、社員は制作物を次から次へと捨てる必要がなくなったのだ。

ただし、これら以外に変わる部分はたくさんあった。発表後、バイオショック・インフィニットの制作スピードは上がらなかった。普段のイラショナル社と比べてもだ。原因は、度重なる破棄や変更、あるいはやり直しだった。人員は増え続けるのに、ゲームは進まないままだったのだ。レビンはよく、レベルや都市区画の大部分を見直すようスタッフに指示を出した。一見すると思い付きのようだったが、ゲームにとって何が最善かを考えた結果だった。しかし破棄や変更の指示を出すたびに、末端のデザイナーやアーティスト、プログラマーに影響が及んだ。何週間も精魂を込めて作ったのに、結局捨てられるだけなら、士気は落ちてしまう。「何か月単位で制作したものを捨てられたり大幅に変えられたりすると、きついですね」とダウリングは話す。「イラショナルでは本当によくありましたよ」

バイオショック・インフィニットは日々成長し、コストもかさみつつあった。2K社から増員許可をもらうには、何度でもプレイできるような名作に仕上げる必要があった。この方策の1つが2種類のマルチプレイヤーモードだった。マルチプレイヤーモードがあれば、ストーリーのクリア後でもプレイヤーに遊び続けてもらえると、2K幹部は期待していたのだ。ところがマルチプレイヤーモードはうまく統合できていなかったし、シングルプレイヤーのストーリーモードも予定より遅れていた。そこでイラショナル社は大胆な決断を下した。マルチプレイヤー機能を破棄し、担当していたスタッフをゲーム本編の開発に充てたのだ。「多大な時間も労力もかけて作ったのに、1回のミーティングで廃止が決まるんだよ」とマルチプレイヤーのチームを率いてきたビル・ガードナーは言う。「立ち直れないよね」

バイオショック・インフィニットの2011年の公開デモはファンに強い印象を与えた。空中都市コロンビアに住む人の生き生きとした様子や、エリザベスの魔法のような能力だ。現実空間に裂け目を入れ、異空間から物体を取り出す（しかしデモで見せた内容は最終版には入っていなかった。開発に紆余曲折（うよきょくせつ）があったことを示唆している）。同時に、スタッフは完成させられないのではと心配していた。何度か延期はしたものの、もっと大きな変更を加えなければならないのは明らかだった。また少なからぬ数のベテラン社員が退職していた。見直しが終わらない上に、レビンの進行スタイルに不満がたまっていたのだ。その穴を埋め、ゲームを何とか形にしようと、イラショナル社は採用をし続けた。

２０１２年３月、イラショナル社はベテランのゲームプロデューサー、ドン・ロイに加わってもらった。ソニーやマイクロソフトといった大手パブリッシャーのゲームを完成させた経験がある。彼は現状を確認すると、とてもひどかったのでショックを受けた。「現場に行ってみると、実質的にゲームはなかったね」とロイは言う。「成果物はたくさんあった。でもゲームの体を成していなかったんだ。最初に『ビルドしたゲームを試せるかい?』って聞いてみた。ところが回答は『ありません』だった。『部分的にはプレイできますが、全体としてきちんと動くゲームはありません』って」

ロイによると、一番困ったのは組織が機能していなかった点だった。イラショナルの社員は２００８年には数十人だったが、２０１２年末には２００人近くに増えていた。加えて協力してもらうスタジオやアウトソーシング企業もいる。そのため、プロダクション時のコミュニケーションでさまざまな齟齬（そご）が発生していたのだ。大混乱の状態だったと言ってよい。「仕事をたくさんアウトソーシングしていたけど、ゲームに組み込まれていなかったね。そのプロセスが確立していなかったんだ」とロイは説明する。「何か制作を依頼し、それが出来上がってはくるんだ。でもすでに方針が変わってしまっているので、『いや、もう要らなくなった』となるんだ」。こういった時間やお金の無駄を無くすワークフローの確立がロイの仕事となった。

2012年夏、イラショナル社はロッド・ファーガソンの入社を発表した。人事ニュースとしてはこれまでで一番重大かつ広く報道された。ファーガソンはエピック・ゲームズ社の出身で、抑え投手を意味する「クローザー」としてゲーム業界で名声を博していた。ゲームを完成させるのに求められる厳しい取捨選択ができる人物だ。ファーガソンはバイオショック・インフィニットを見ると、残ったタスクを分析し、完成までのスケジュールに落とし込んだ。ここにはクランチも含まれていた。「ロッド・ファーガソンなしにゲームは出せなかったよ」とあるイラショナル社員は語った。

ファーガソンと働いた人たちによると、ファーガソンのスケジュール管理能力と同じくらい重要だったのは、ケン・レビンと対話できる能力だった。「ケンはクリエイティブな天才肌で、賛否が分かれましたね」と開発に携わったマイク・スナイトは言う。「リーダーとしてはひどかったです。真っ先に本人が認めるでしょうね。ですからクリエイターであって、リーダーではなかったんです」

レビンは初代バイオショックを発表後、ずっと注目を浴び続けてきた。レビンと働いた経験がある人に仕事の様子を尋ねると、恐らく2つの言葉が返ってくる。「天才的」と「やりにくい」だ。バイオショックのような名作を生み出すビジョンを持つディレクターではあるが、そのビジョンを固めるのに非常に長い時間がかかるし、アイデアをスタッフに明瞭に伝えられないことが多い。「これは悪い意味ではなく、著者よりも編集者のタイプではないでしょうか」とジョー・フォールスティックは言う。「白紙の状態では力を最大限に発揮できないということです。何をしたいのか暗中模索の状態だと、一緒には働きづらいですね」。元イラショナル社員の数名が、レビンと他のリードたちとの間で口論や言い争いが発生していたと話してくれた。また別の数人は、レビンが頭に描いているアイデアが実現できていないと腹を立て、社員たちに怒鳴っているのを目撃している。「彼は才能があるよ」と別の元同僚は言う。「でも、自分の希望がうまく伝えられるとは限らないんだ」

ロッド・ファーガソンはレビンと話してゲームをどうしたいのか把握し、そのメッセージを翻訳してスタッフに伝えた。「ロッドはいつも正しい判断を下したよ」とドン・ロイは話す。「おかげでインフィニットは軌道に乗ったんだ。彼がチームに来て、ケンのアイデアを実現するのに必要な仕事をしてくれたからね」

ゲーム情報サイト「ポリゴン」とのインタビューで、ケン・レビンは自身の開発方法を彫像に例えている。「僕がビデオゲームを作る方法は、彫刻に近いですね」とレビンは答える。つまり、求める像を形成するには大理石を削り落とさなければならない。レビンは大学で演劇と脚本を学んだ。その分野でよく使われる格言に「書くとは、書き直すこと」がある。最初のドラフトが本番の舞台や映画で使われることはないのだ。ところがゲーム開発では、脚本であるスクリプトを書いている最中であっても、ゲームの他の部分が制作される。また書き直すとは、スタッフの膨大な成果物を捨てることを意味する。「実際に彼はゲームの大部分に関わるわけだから、評価を下せるよね。その点は理解できる」とドン・ロイは言う。「でも、机上でやるのとは違うんだ。現実の人間や時間、予算、あるいは感情や責任、こういったものが絡んでくると、全然話は変わってくる」

レビンは数年後、ロンドンで開催されるユーロゲーマーのイベントで、開発の様子をさらに明かすことになる。「自分が関わったゲームではほぼ全部、時間が足りないと分かってから作り始めるといった感じでしたね」とレビンは述べる。「何年もグズグズしていて（レビン笑い）、『ああ、もうほとんど時間がない』となって、決断を下さざるを得なくなるんです。そうなると不思議なことが起こるわけですね。銃を頭に突きつけられて、覚悟を決めなければならない。やはり誰でも先送りにしがち、延期しがちですから。その時点になると、何を残し、何を破棄し、何に集中し、何を磨くのか、僕は指示を出します。こうして実際にゲームが作られ始めるんですよ」

ケン・レビンの下で働いていた人たちは、この開発スタイルに対して複雑な気持ちや、時には批判的な感情を抱いていた。チャド・ラクレアは、イラショナル社に勤務してアーティストやデザイナーとして大きく成長できたと言う。しかし一方で、バイオショック・インフィニットはこれまでで一番大変な仕事だったとも考えている。「時々『どうやったらこれを公開可能な形にできるのか分からない』と感じましたね」とラクレアは話す。「やることがとてつもなく多いんです」。2012年から2013年にかけての開発終盤、ラクレアは他のイラショナル社員と同様に長時間の残業をこなさなければならなかった。積み上がったタスクの山を消化し、ゲームを完成させるためだ。「バイオショック・インフィニットほどクランチをしたゲームはありませんよ」とラクレアは言う。最後の1年の大半は、オフィスに毎日

12時間いたと彼は推測している。救われる面があるとしたら、ラクレアの妻もイラショナル社で働いていた点だった。少なくとも社員2名は一緒にオフィスで昼食や夕食を共にできたのだ。

フォレスト・ダウリングもひどいクランチに突入していた。開発終盤には週6日勤務していた。「その期間、家の中は散らかってましたね」とダウリングは思い出す。「皿洗いなんてできませんでした。どうにか洗濯はやりましたが、休日は映画か何かを見て、基本的に一日ゴロゴロするだけです。残っている力はその程度でしたね」。ラクレアもダウリングも、年上の同僚より有利な点があった。まだ子どもがいなかったので、この手の生活スタイルが可能だったのだ。「当時、業界の中で自分はまだ若い方だったと感じますね」とラクレアは言う。「今は考え方も大きく変わったと思います」

また、ラクレアは当時が修行期間だったとも考えている。「そのときはまったく分かりませんでしたね」と彼は話す。「まさかすぐに会社が消えてしまうとは」

◆

バイオショック・インフィニットは2013年3月26日に発売された。評論家は大絶賛だった。テイクツー社の決算報告によると、最初の1年に370万本が小売店に出荷された（決算報告にあるのは販売数ではなく出荷数だ。実際の売上を隠そうとゲーム業界でよくやる手法だ）。当初はゲームインフォーマー誌の「これまでプレイした中で最高レベルの一作」というレビューに見られるように、称賛ばかりがあふれていた。ところが数週間あるいは数か月も経つと、ナラティブに問題があると酷評されたり、安易に「どっちもどっち」の展開にしたと批判されたりした[7]。しかしスタート段階としては、バイオショック・インフィニットは広い支持を得たと言える。

一方で、スタジオに残ったベテランたちは文化が変わってしまったと感じていた。イラショナルの社員は200人に増えており、ベテランの士気を奪っていた。ケン・レビンがアイデアを見てほしいと言ってきても、もはや全員が1つの会議室に集まって座れない。それに、多くの社員が互いに誰かを知らない。「意地悪するつもりはないけど、廊下を歩いていて『こいつらは誰だ?』と思っちゃうことがあったよね」とビル・ガードナーは言う。「これは問題だと感じるよ。文化が消滅してしまったんだから」

バイオショック・インフィニットに携わった開発者の中には離職する人もいたし、長期休暇を取った人もいた。一部はDLC(ダウンロード・コンテンツ)の制作に着手した[8]。DLCの第1作「クラッシュ・イン・クラウド」を指揮したのはフォレスト・ダウリングだった。本編の発売後、小さなチームを率いて短いスケジュールで開発に当たった。コンテンツは戦闘モードのみで、敵を撃破してポイントを重ねる。ファンに強い印象は残さなかったが、ダウリングは公開できたことに満足している。続くDLCは「ベリアル・アット・シー」で、2つのエピソードに分けてリリースされた。再び海底都市ラプチャーが舞台となり、プレイヤーは初めてエリザベスを操作して遊べる。面白い方法で初代バイオショックとバイオショック・インフィニットをつなぐ、充実した拡張コンテンツとなった。

DLCを手掛けていた2013年、イラショナル社員は1つの疑問をずっと持ち続けていた。次は何を作るかだ。よくケン・レビンはバイオショック・インフィニットの開発プロセスが気に入らなかったと不満を口にしていた。また、多くの社員を認識できない職場にいるのは違和感があるとも話していた。クローザーのロッド・ファーガソンは、バイオショック・インフィニットの発売直後に退職を発表していた。何か悪い兆候のように思える。社員たちは将来がどうなるのかとおおっぴらに心配し始めたし、幹部も確たる話はしなかった。そろそろ別のゲームに着手しなければならないのではないか？　バイオショックの続編を作るのか？　あるいはまったく新しいゲームか？　イラショナル社員が昼食を取ったり廊下を歩いたりする際の会話は、こういった内容が多くを占めるようになった。次の計画はないのか？

なぜ回答がないのか、ドン・ロイはすぐに理解した。ロイはバイオショック・インフィニットの販売やプロモーションでレビンと一緒に出張して回った。その間に2人は親しくなった。あるときレビンはロイに向かって、仕事にしばらく満足できておらず、あの規模のチームで別のゲームを作りたくないと漏らした。そして、イラショナル社員から少人数選び出してもっと小さいチームを作ったらどう思うとレビンは尋ねた。同じ2013年、2人がレビンの自宅で会話をしている最中に、レビンは会社を辞めて自分で小さいスタジオを設立するつもりだとも言った。「最初は単なる思い付きだった。でもすぐに気持ちが固まっていったよ」とロイは言う。「最後には『よし、どうやって実行しよう』となったね」

退職を考えているとレビンがパブリッシャーの上司に伝えると、思いとどまるよう言われた。ケン・レビンがいなくなれば株価が急落しかねない。ブランドであり、顔であり、ゲーマーに知られて愛されている人物なのだ。どうやったら思いとどまってもらえるのか、上司たちは悩んだ。何度か交渉を重ねた末、従来の企業グループ構造の外でレビンの新会社を設立することに合意した。レビンは何年も口論が絶えなかった2K幹部の部下ではなく、テイクツー社の下で直接働く。テイクツー社は2Kを含む多数の企業を傘下に置く親会社だ[9]。レビンはこの合意に満足し、すぐに新スタジオ設立の計画を立て始めた。新スタジオの社員は20人未満となる。こうして不透明な状況に決着が付いた。後日、レビンはローリングストーン誌のインタビューで「最初は退職したいと伝えました」とジャーナリストのクリス・スエレントロップに述べている。「もっと小さくやりたい、と。実験的なことを考えていたんです。でも会社には残ってほしいと言われました。次のバイオショックを作るのにイラショナル社を維持したいんだなと思いました。結局、そうはなりませんでしたが」

ドン・ロイは知らせを聞いて困惑した。レビンがイラショナル社を退職するだけでなく、スタジオそのものが閉鎖されるのだ。なぜこのような決定に至ったか、はっきりしたことは分からない。ケン・レビンの希望に関係なく、テイクツー社は閉鎖を予定していたのかもしれない。ただし明らかなのは、レビンなしでイラショナル社を継続するつもりはなかった点だ。もちろんイラショナルには有能な社員が多かったが、やはりケン・レビンあってのスタジオでもあった。レビンは社内で絶大な権威と権力を持っていた。バイオショック・インフィニットのときのように、社員は自分のアイデアを提案できる。しかしレビンが気に入らなければボツとなってしまう。最終決定ができるのはレビンなのだ。これには良い面もあった。レビンが間に入るため、社員は2K幹部から直接プレッシャーを受けない点だ。逆に悪い面もある。ケン・レビンなしではイラショナル社は持続できないと、2K社が考えてしまう点だ。

イラショナル社でDLCの「ベリアル・アット・シー」を完成させようとしているとき、ケン・レビンとドン・ロイは一部社員を人目のない場所に連れていってレビンの新構想に参加したいか尋ねた。スタジオは閉鎖されるが、声がかけられた人は次に発足する組織に所属できると伝えられたのだ。しかし、社内の誰にも言ってはいけないと口止めされた。全員の退職手当に影響する恐れがあるからだ。この聞き取りの結果、十数名が参加することになった。多くの人がバイオショック・インフィニットでリードを務めていた。そして全員が絶対に他言できない秘密を抱えることになった。「まだ覚悟が固められなかったね」とロイは言う。「家族を持つ社員が何人もいたから」

バイオショック・インフィニットでワールドビルダーだったマイク・スナイトは、レビンの新スタジオに加わった1人だ[10]。参加できる点はうれしかったが、秘密を守らなければならない点に不安を感じていた。「とても後ろめたい気持ちになりましたね」とスナイトは言う。「良心の呵責がありました。親しい人たちに人生を変えるような出来事が起こると分かっているのに、何も言えないのですから」

２０１３年から２０１４年にかけて退職やレイオフがあった。臨時スタッフには契約が更新されない旨が伝えられた。ＱＡテスターの大部分が対象となった。残った一部スタッフは、次のゲームの準備に向けて規模を小さくしているだけだと考えていた。そしてもうすぐプリプロダクション期間に入り、１年や2年くらいはレビンと一緒にアイデア出しをしてゆったり過ごすのだ。他方、危険な兆候を感じていたスタッフもいた。例えば、以前から計画していたオフィス移転に関する話が急に立ち消えになった。ある日、ＤＬＣのベリアル・アット・シーの完成を祝おうと、１メートルほどの高さがある巨大ケーキが用意された。バイオショック・インフィニットのキャラクターであるソングバードがかたどられていた。これを悪い予兆と見る者もいた。「こういう『大した理由はないけどみんなで集まってケーキでも食べようぜ』ってイベントは、悪い兆候だと言われてたね」とビル・ガードナーは話す。

２０１４年2月18日火曜、ケン・レビンはスタッフ全員を上階の厨房(ちゅうぼう)に集めて全社ミーティングを開いた。ちょうど祝日も合わせた長い週末が明けたところだった。スタッフが集まるにつれて、何かおかしな事態が発生していると分かった。「入ってすぐ、ぞっとしたよ」とガードナーは言う。「不穏な空気が漂ってた」

イラショナルの社員数はこの時点で１００名未満となっていた。そのため、メモを読み上げているレビンの手が震えているのが誰からも見えた。イラショナル社を閉鎖するとレビンは発表した。そして少数のメンバーと新スタジオに移り、残りの社員はレイオフされる旨を伝えた。同社のブログ記事には、レビンがスタッフに伝えた内容と、レビンに決定の全責任がある点が書かれていた。記事にはこうあった。

どのような仕事をするにしても17年は長い時間です。最高と感じる仕事であってもそうだと言えます。イラショナル・ゲームズ社のメンバーと働けたのは、私の人生の中でまさに最高の仕事でした。一緒に成し遂げてきたことには大きな満足感を持っていますが、これまで手掛けてきたものとは違う種類のゲームを作りたい情熱が湧いてきました。これに挑戦するには、もっと小規模なチームの構築に力を注ぐ必要を感じています。組織構造がよりフラットで、ゲーマーとさらに近い関係を築けるチームです。さまざまな面で原点に立ち戻ることになります。つまり、コアなゲーマー向け製品を作る小規模チームです。現在のイラショナル・ゲームズ社は閉鎖に向かいます。そして私はテイクツー社の下で、より小さくベンチャーに近い体制で始動する予定です。

イラショナルの社員は呆然(ぼうぜん)とした。次のプロジェクトに関する通知がなかったのは何かがおかしい兆候ではあったが、多くの社員はバイオショック・インフィニットの開発初期段階と同様に、レビンがどこかの部屋で密かにデザイン資料や提案書を書いているものと思っていた。スタッフの大部分はレビンとロイがこっそりと新スタジオ設立の計画を立てているとは考えもしなかった。「びっくりしましたね」

とダウリングは言う。「でもまったく青天の霹靂というわけでもありませんでした。ケンが不満を持っていたと分かってはいましたから。でも、不満がどういう形になって現れるかは知りませんでしたね。あの日にそんな発表があるとは予想外でした」

レビンが話を終えると、激怒したり動転したりしている社員から質問が飛んできた。バイオショック・インフィニットは成功ではなかったのか？　十分に利益が出せたのではないか？　イラショナル社の力を示せたのではなかったのか？　レビンなしでゲームを作り続けられるスタジオだと認知されていないのか？「そのときはまだクランチの疲労から完全には回復してませんでした」とラクレアは話す。「不信感がありましたね。怒ってもいたと思います。個人的な不安もありました。これから自分はどうしようかと」

イラショナルのベテラン開発者の多くは、レイオフはもちろん、スタジオ閉鎖も経験してきた。ただし大抵は資金問題が原因だった。パブリッシャーがゲームをキャンセルすれば、開発者はそれを見て履歴書の準備を始める。ゲームの売上が芳しくなければ、スタジオが危機に陥る可能性も考慮する。このようにキャンセルがあったり売上が低かったりするなら、決定は理解できる。しかし英語で「不合理」を意味するイラショナルだからかもしれないが、その論理は通用しなかった。これが発売から6年経った今もゲーム史上最高傑作の1つと目されるバイオショックを作ったスタジオの姿だった。バイオショック・インフィニットの開発には苦労も多く費用もかかったが、何百万本も売れてメタクリティックでは

94点を取っている。社員たちは自分の時間も家族との時間も諦めて完成にまでこぎ着けた。犠牲の代償が失業だとしたら、あまりに不条理なのではないか[11]。

レビンの話が終わると、イラショナル社の人事担当者が来て今後の流れを説明し始めた。レイオフ対象者は在籍期間に応じて退職手当が支給される。ある人たちは3、4か月分以上の給料が支給されることになった。またある人たちは手当についての協議も可能だった。例えば2011年にがんが見つかったチャド・ラクレアで（現在は完治）、健康保険の延長が会社に認められた。多くの元イラショナル社員は、閉鎖の手続きは良心的で細かな部分まで配慮されていたと述べている。レビンは再就職先が見つかるよう、自身のツイッターで各スタッフの紹介まででした。

そうは言っても、新スタジオに招待されなかった人たちは、クラスの人気者グループに入れてもらえなかった気分を味わった。なぜダメだったのか？　レビンは自分と一緒にゲームを作ってもらいたい開発者を少人数選び出した。そして何十人もの社員が選ばれなかった。「レベルデザイナーが1人選ばれたのですが、この人は最後のDLCの一部でリードを務めていました。だから人選自体は理解できますね、当時は『ああ、自分は選ばれなかった。選ばれたかったな』と感じましたね」

「要するに、他の人を入れようとしても枠がなかったんですよ。でも、そうです」とラクレアは話す。

ビル・ガードナーはイラショナル社で10年以上も働いており、ケン・レビンとは個人的にも近しい友人だと思われていた。しかし彼も選ばれず、落胆を隠せなかった。レビンとガードナーはバイオショック・インフィニットの開発中、ずっと議論が絶えなかった。「コロンビアのクリエイティブ部分については、もうビジョンがあまり嚙み合わない状況になってたね」とガードナーは言う。そんなガードナーであっても、レビンが去るのはつらかったのだ。「僕に相談したり計画を打ち明けたりする気がなかったと知って、正直ちょっと傷ついたよ」とガードナーは言う。「でも一方で、会社として難しい部分があるとは分かっていた」

　イラショナル社の閉鎖から何日か経つと、数十もの大手ゲーム会社がバイオショックに携わった開発者を獲得しようとボストンに担当者を送った。そしてイラショナル幹部が近くのホテルで転職相談会を開催すると、人材を求めて世界中のゲームスタジオがやって来た。「相談会は狂乱状態でしたよ」とフォレスト・ダウリングは思い出す。「採用担当者が押し寄せてきて、獲得競争みたいになってました」。ある者は有期契約でゲーム開発の仕事をしようと、西海岸に引っ越した。またある者は安定した職に就こうと、ビデオゲーム業界から離れた。ビル・ガードナーのように、これを機会に独立する者も少数ながらいた。イラショナル社の閉鎖から数か月後、ガードナーは妻のアマンダと自宅地下室で事業を始めたのだ。2人は2017年にホラーゲーム「パーセプション」をリリースする。プレイヤーは盲目の女性となり、反響で場所を特定しながら移動する。売上はまずまずだった。「数万本というところだね。小さい会社を続けていくには十分だ」ということらしい。ただガードナーはもっと売れるのではと期待しており、「なかなか厳しい世界だよ」と話す。

一方、社員がいなくなったイラショナル社のオフィスでは、レビンと残ったスタッフが新スタジオの設立準備を始めた。後に「ゴースト・ストーリー・ゲームズ」の名前で知られるスタジオだ。新スタジオでは「ナラティブ・レゴ」とレビンが呼ぶゲームの制作を計画していた。ブロックのようなストーリーをさまざまな順で組み合わせることで、プレイヤーごとに異なる体験ができる。ウォーレン・スペクターが提示したゲームのビジョンはさまざまな可能性を秘めており、ナラティブ・レゴも少なくとも机上では、その発展型の一種となるような野心的なアイデアだ。だが、レビンと仕事をした人なら誰でも予想したかもしれないが、予定よりも大幅に時間がかかった。

ゴースト・ストーリー・ゲームズの立ち上げに関わったドン・ロイは、2017年夏に退職した。レビンとの仲違い（なかたがい）が原因だった。「ずっと彼のために難しい仕事をこなしてきたよ」とロイは話す。「でも、自分がやると言ったことをやらないんだ」。イラショナル社の閉鎖から7年経っても、レビンの新スタジオはゲームについて何も発表していない。同スタジオに勤務している人たちはプロジェクトが何度か延期されたと述べている。また本書執筆時点では、ゲームが発表されるのかも、いつ発表されるかも明らかではない。

最近イラショナルの元社員に聞いたところ、特定の誰かと強く結びついているゲームスタジオへの就職は躊躇すると答える人が何名かいた。特定の人物による意志や思い付きで物事が決定してしまう環境だ。初代バイオショックが成功したり、メディアで詳しく取り上げられたりした結果、ケン・レビンはビデオゲーム業界において数少ない巨匠の地位を確たるものとした。ファンやプレイヤー、さらには2K社幹部に至るまで、レビンはイラショナルでありイラショナルはレビンであるというイメージが出来上がった。同社で働くならそれを許容しなければならなかったし、むしろ進んで大事にする人すらいた。しかし最後にレビンが明かりを消したいと言い出したので、全員が帰宅しなければならなかったのだ。イラショナル社のようなＡＡＡのゲームスタジオで働くとは、こういった現実を受け入れることを意味する。また、高い給料と無償の軽食を受け取りつつ、数百人規模のスタッフと数億ドル規模の予算で、野心的かつ美しい映像のシューティングゲームを手掛けることも意味する。ただし特定の人物と運命を共にする必要もある。スタジオによっては、クリエイティブディレクターの離職は別の誰かが頭角を現すきっかけになることがある。ところがイラショナル社では、離職は終わりを意味した。

注

[1] メタクリティックは集約したレビューの点数を独自スコアとして提示しているウェブサイトだ。欠点はあるものの、評論家による評価を測る指標としてビデオゲーム業界でよく用いられている。

[2] クリストフ・ハートマンはバイオショックのシリーズを少なくとも6作完成させたいとメディアに話していた。これはあの有名なSFシリーズが当時6作出ていたからだ。「スター・ウォーズを見てください」とハートマンは述べた。「バイオショックのように、善と悪との戦いです」(ただしバイオショックは善と悪との戦いではない)

[3] 2K社幹部と頻繁に意見が対立していたケン・レビンは、バイオショックの続編をずっと出し続けるという2K社の計画に不満を持っていたとされる。「バイオショック・インフィニット」と名付けたのは、さらなる続編を巧妙に回避するのが目的だったとイラショナル社員の間では推察されている。要するに「バイオショック・インフィニット2」とは名付けられないのだ。

[4] 決定に関与したCEOはパトリック・ソダーランドだった。彼はDICE社がEA社に買収された後、EAに入社する。同社ではビセラル・ゲームズ社などのスタジオを監督する幹部となるが、この話は後ほど本書に登場する。

[5] ビデオゲーム業界で「AAA」という表記を頻繁に見る。使う人によって何を表すか違いはあるが、ゲーム開発者や経営者は一般的に「高価な」の意味で用いる。

[6] 破産に関するニュース記事の後、ゲーム開発者向け情報サイトGamasutraに次のコメントがあった。「これがスタジオに『トラウマ』や、混沌（こんとん）を示唆する『ケイオス』みたいな名前を付けた報いであるとしよう。もしそうなら、まったく問題なしという意味で、自分の会社名は『エブリシングス・ファイン・スタジオ』にするね」

[7] ゲームに登場するデイジー・フィッツロイは革命を目指す人民グループの黒人リーダーで、コロンビアにおける人種差別や全体主義と戦っている。ところが後半、それまで戦ってきた体制側と同じような悪役として描かれる。結局どちらも悪い奴だったというがっかりする展開は、インフィニットが抱える面白いテーマを台無しにしている。

[8] バイオショック・インフィニットのDLC第1作は、バイオショック2を開発した2Kマリン社の小チームがもともと担当していた。しかしそのバージョンはキャンセルされた。

[9] 「グランド・セフト・オート」を開発しているロックスター・ゲームズ社とテイクツー社との関係も同じだ。ロックスター・ゲームズも2Kも、テイクツーの子会社に当たる。

[10] ビデオゲーム業界で不可解なのは、職種名が会社によって違う点だ。イラショナル社で「ワールドビルダー」とは、レベルのレイアウトやライティングを担当する人だ。アーティストとデザイナーの中間と言える。

[11] 2K社は本書に対し、幹部へのインタビューやいかなるコメントの提供にも応じていない。

第3章　川をさかのぼる

RAFTING UPSTREAM

グウェン・フレイがビデオゲーム業界で働き始めて6か月ほど経った頃、初めてのスタジオ閉鎖を経験した。

フレイは青く明るい瞳の女性で、ややこしい技術的課題を解決できる能力を備えたアーティストだ。子どもの頃は「ワールド・オブ・ウォークラフト」にのめり込んでいた（「やりすぎました。フルタイム勤務です」）ものの、ビデオゲーム開発はとてもできない仕事だと感じていた。その後ニューヨーク州のロチェスター工科大学に進学すると、ゲーム開発者志望者が集まるサークルを見つけた。サークルのメンバーにアートを提供したところ、直感が働いた。「その日までゲームを作れるなんて思ってもいませんでした。すぐにハマってしまいましたね」と彼女は言う。「それから『よし、これを仕事にしよう』と思いました」。卒業を間近に控えた2009年3月、フレイはお金をかき集めてサンフランシスコで開催されるGDC（ゲーム・デベロッパーズ・カンファレンス）に飛行機で向かった。GDCには世界中から開発者が集まり、おしゃべりしたり情報交換したりする。夜は友人宅のソファーで寝て、昼は会場のブースを回り、求人中のゲームスタジオがあれば自分自身を売り込んでいた。

そのかいあって、スリップゲート・アイアンワークスという開発スタジオでの仕事が見つかった。著名なデザイナーであるジョン・ロメロがイオンストーム社を退職してから数年後に設立したスタジオだ。提示された職はジュニアアーティストだった。フレイはすぐに荷物をまとめ、東海岸のニューヨーク州ロチェスター市から、西海岸のカリフォルニア州サンマテオ市に引っ越した。ビデオゲーム業界で初めて得た仕事だ。半年後となる２００９年10月、フレイは自席でキャラクターのアニメーション作業をしていると、上司から全社ミーティングに出席するよう言われた。「私は『ちょっと待ってください。これを仕上げなければならないので』と答えましたね」とフレイは回想する。「すると上司は困った顔をして『いや、グウェン、とにかくミーティングに出てくれ』って」。すると理由が判明した。スタジオは閉鎖され、全社員がレイオフされるのだ。

フレイは怖くなった。突然仕事を失った上、家族は何千キロも離れた場所にいる。「そのときはお金もありませんでした」と彼女は言う。「あまり知り合いもいなかったし、次にすることも決まっていませんでした。呆然自失でしたね」。ただフレイの場合、少なくとも元同僚たちと一緒に悲しむことはできた。「ああいうスタジオ閉鎖があると、おかしなことが起こりますね」とフレイは話す。「ものすごい仲間意識が芽生えましたよ」。その夜、元社員の多くはお別れパーティーに集まり、音楽ゲーム「ザ・ビートルズ／ロックバンド」で遊んだ。楽器の形をしたコントローラーで名曲を演奏するゲームだ。「ウィズ・ア・リトル・ヘルプ・フロム・マイ・フレンズにある『友達から少し助けてもらって何とか生きてる』という歌詞を一緒に歌いながら、泣いたり飲んだりしてました」とフレイは言う。「むしろ、人生の中でも最高に充実した夜でしたね」

新しい仕事はサンマテオですぐに見つかった。フレイは「シークレット・アイデンティティー」というスタジオの開発者たちと知り合いになっていた。スリップゲート・アイアンワークスと親会社が同じスタジオで、オフィスも同じビル内にあった。フレイはこのスタジオにテクニカルアーティストで採用され、マルチプレイヤーのスーパーヒーロー・ゲームを受け持つ。後にゲームは「マーベル・ヒーローズ」のタイトルが付けられた[1]。フレイはキャラクターのリギング作業を担当することになる。リギングとは、アイアンマンやソーといったヒーローの形になる巨大で複雑なモデル（つまり3Dメッシュ）に対し、デジタルに関節や骨を設定して、アニメーターが動かせるようにする作業を指す。キャラクターをリギングすると、動きのない画像が操り人形のようになり、腕や足をさまざまな方向に動かせる。その後、ひもをどう引っ張って操るのか、アニメーターが決定するのだ。

フレイはシークレット・アイデンティティーでの仕事が気に入っていた。しかし時間が経つにつれ、作業内容に飽き始めてきた。リギングするスーパーヒーローのほとんどは二足歩行の人間だ。そのためあまり挑戦のしがいはない。2本の手と2本の足では、関節を設定する場所も限られている。一方でサンマテオ市で働いていると、起業家に会う機会もよくあった。同市内の新興企業には、昼は社員として働きつつ、夜は独立と起業について語り合う人たちが多く、そのような野心に感染しつつあった。

2011年にフレイは別の仕事を探すと決心していた。そして同年6月開催の業界イベント「E3」で、人目を引くトレーラーや発表を残らずじっくりと視聴し、開発に携わりたいゲームを探した。ひときわ目立つトレーラーがあった。バイオショック・インフィニットだ。ゲーム史に残る名作を世に出したスタジオの最新作になる。「暗くて描写が生々しいゲームは数多くありますが、これは明るくて鮮やかな印象でした」とフレイは言う。「開発元で働いている人を何人か知ってました。すごい人たちだと分かってましたね」。フレイの同居人は、イラショナル社のアニメーターとたまたま友人だった。そこでこの人を介してデモ動画をバイオショック・インフィニットのアートディレクターに渡してもらった。すると面接に呼ばれ、ついには採用通知を手にした。こうしてグウェン・フレイは東海岸に戻り、バイオショック・インフィニットのテクニカルアーティストとして働くことになったのだ。

フレイがマサチューセッツ州クインシー市に到着した2011年秋、大部分のイラショナル社員はバイオショック・インフィニットの進捗にストレスを感じていた。その時点でゲームはほとんどできていなかったし、翌年中に完成させるのは不可能だと多くのアーティストやデザイナーは感じていた。すでにクランチと呼ばれる長時間労働を始めている人もいたが、いよいよ週6、7日勤務が間近に迫りつつある状況だった。ところがフレイにしてみたら、夢のような仕事だった。これほど野心的かつ美しいゲームに携わるのは初めてだった。「すごく気に入りました」とフレイは言う。「みんながみんな好きなわけではないでしょうが、私は気に入りましたね」。過去2年間は似たようなアニメーション向けのリギングを繰り返すばかりだった。だがバイオショック・インフィニットではさまざまな技術的挑戦ができたので、フレイには新鮮だったのだ。最終的に、背景キャラクターという大事な要素を任されることになった。

ビデオゲームのＮＰＣ（ノンプレイヤー・キャラクター）は、各自の人工知能で動作する。あらかじめ決めたルールのことで、プレイヤーの行動に応じて振る舞いが変わる。例えば敵ＮＰＣであれば、プレイヤーを見るなり攻撃したり、瓦礫（がれき）の背後に隠れたりするかもしれない。中立的なＮＰＣであれば、プレイヤーが親切にすれば同じように接してくれるし、逆に脅せばナイフを取り出すかもしれない。ＮＰＣが重要になればなるほど、ルールも細かくなる。バイオショック・インフィニットの場合、エリザベスの人工知能が非常に複雑だったため、専任のチーム「リズ・スクワッド」が組織された。プレイヤーと空中都市コロンビアを一緒に歩く際、本物のパートナーと感じてもらえるように開発するのが仕事だ。

当初バイオショック・インフィニットの開発者たちは、精巧な人工知能を備えたキャラクターばかりの世界を作りたいと考えていた。自分で進路を見つけたり物陰に隠れたりといった複雑な判断ができるキャラクターだ。しかし人工知能が複雑化すれば、プロセッサーの処理能力も消費してしまう。多くのＮＰＣが同時に人工知能を動作させると、ゲームの動きは遅くなる。過積載の荷車を引く馬のようなものだ。バイオショック・インフィニットをスムーズに動作させるためには、荷物を車から下ろす必要があった。実際のところ、ほとんどのＮＰＣに高度な人工知能は必要ない。とりわけプレイヤーが街を移動する際、群衆の中や背景に混じっているようなNPCだ。

フレイはそういった高度な人工知能が不要なNPCを担当した。あらかじめ決められた動きを1つか2つするだけの、知能がない背景キャラクターなので、フレイは「木偶の坊」と呼んだ。最初、NPCには短めのアニメーションのループを作成して設定した。例えば、子どもが海岸で砂を一定時間掘り続けるだけのアニメーションだ。しかし何か違うと感じた。「NPCに近づいて行ったのに、こっちに視線を向けなければ不自然ですよね」とフレイは話す。そこでプレイヤーが近づくとNPCが視線を向けるよう、基本的な人工知能を制作し始めた。「とてもシンプルなスクリプトですよ」。乞食やサーカスの客引き、さらには怒り狂った市民の集団まで、さまざまな木偶の坊をコロンビアの至る所に配置していった。イラショナルの他の社員と同様、フレイは長時間労働をしていたが、意に介さなかった。「仕事がはっきりと任されていましたね」とフレイは話す。「そうやって委ねてもらえれば、クランチもさほどつらくはないです」

2014年2月18日にフレイは休みを取るはずだった。翌朝早くの飛行機でボストンからカナダ西部のバンクーバー市に向かい、そこからウィスラー・マウンテンまで車で移動し、週末に友人の結婚式に出るスケジュールだった。そのため1週間に及ぶ旅行の準備をしていたのだ。すると上司から電話がかかってきた。「上司は『大ニュースだ。イラショナル・ゲームズが閉鎖される』って言いましたね」とフレイは思い出す。しばらくすると慰めの電話が次から次へとかかってきた。フレイはケン・レビンが直接社員に語りかけた全社ミーティングに出席できなかった。しかもニュースは今や世界中に伝えられている。イラショナル社はもうないのだ。

フレイは退職関連の書類にサインすると、オフィス近くにある大衆バー「カーマ」に歩いていった。店内にはイラショナルの元社員が何人かで飲んでいた。「いつも一緒に飲む人たちは、さほど驚いていませんでしたね」と彼女は言う。「誰もはっきりとスタジオ閉鎖を知っていたわけではなかったのに、ショックを受けた感じはありませんでした」。その後フレイは退職手当の内容を確認すると、いくら手元に残り、あとどのくらいイラショナル社の健康保険に入っていられるのか、計算を始めた。「怒ったり怖がったりする時間はあまりありません。いろいろしなければならないことがあるので」とフレイは言う。「人は何かひどい状況の真っ只中にいるうちは、アドレナリンみたいなものが出ていて、まだパニックにはならないと言われますね。その後にパニックになりがちなんです」。もともとフレイは結婚式の後もカナダに何日か滞在する予定だった。しかし早めに切り上げて将来に備えることにした。

数週間後、フレイはイラショナル社が近くのホテルで開催した転職相談会に参加した。転職先候補となる大手ゲーム開発会社やパブリッシャーについては、できるだけ偏見を排除して検討したかった。しかし各社の採用担当者と話をするにつれ、不安を感じるようになった。こんな経験は以前にもしたことがあると思い始めた。「会場を回って、いくつもスタジオを見るわけです」とフレイは言う。「すると、こんな風に感じるんですよ。これから人生の何年かをゲーム開発に費やす。うまくいくかもしれないし、いかないかもしれない。そうなったら次に着手し、同じように繰り返す。またうまくいくかもしれないし、いかないかもしれない。でも自分の手元には何も残らない。これが繰り返され、永遠にランニングマシンの上で走り続ける」

フレイは履歴書を採用担当者に手渡して話をしている最中も、この感情に悩まされた。本当にこの道を歩き続けてよいのか？　最終的に自分が所有できないゲームに、人生の貴重な時間をさらにつぎ込んでよいのか？　フレイはベンチャー企業や起業家に囲まれていたサンマテオの時代を思い出していた。「ずっと頭の片隅にありましたね」とフレイは話す。「やはり自分が所有できるゲームを作りたいと思いました」

◆

イラショナル社が閉鎖される日、フォレスト・ダウリングは旧友とランチを共にする予定だった。旧友とはスコット・シンクレアだ。バイオショック・インフィニットのアートディレクターを務め、スタジオの雲行きが怪しくなる数か月前に退職していた。ただしダウリングとは退職後も連絡を取り合っていた。しかしランチ時間より前にスタッフ全員が上階に呼ばれ、ミーティングが開催されたのだ。「彼に携帯メールを送りましたね。『ごめん、ちょっと遅れるかも。全社ミーティングがある。内容は分からない』って書きました」とダウリングは話す。「ミーティングの後は『ええと、そうだ。もし長めのランチがご希望であれば行けるよ』と伝えましたね」

オフィス近くのモールに入っているメキシコ料理店で、2人はバイオショック・インフィニットの開発で楽しかった時間や苦しかった時間を思い出して語り合った。そしてスタジオの閉鎖を悲しんだ。さらにイラショナル後の生活や、各自が個人的に試作してきたアイデアについても話した。まずダウリングは、荒野でサバイバルするミニゲームのプロトタイプを作成していた。一方でシンクレアは「タイニー・ワールド」に関するアートをデザインしていた。タイニー・ワールドとは自己完結した小さな空間のことで、各空間は異なる感性でデザインされている。「2人で『アイデア同士はぴったりはまりそうだね』と言ってましたね」とダウリングは思い出す。「でも、そのときはそのまま帰ったんです」

ダウリングは翌週ずっと、自宅ソファーで「バトルフィールド」をプレイしていた。「気力が抜けてましたね」とダウリングは話す。「その時点では将来どうなるか分かりませんでした。人生が大きく変わるとは理解していましたが、何がどう変わるのかまでは想像できませんから」。ただ、ダウリングはさほど心配していなかった。スタジオ閉鎖に関する報道やツイッターのハッシュタグ、あるいは転職相談会のおかげで、大小問わず多くの企業の採用担当者がイラショナル元社員に連絡を取ろうとしていたからだ。「自分は高校かどこかに通う子どももいなかったので、引っ越せないわけではありませんでした」とダウリングは言う。「ゲーム・オブ・ザ・イヤー品質のゲームをリードとして完成させたばかりです。だから

『働けるだろうか?』ではなく『どこで働こうか?』の状態でしたね」

時間が経つにつれ、ダウリングはシンクレアとのランチで話したアイデアが気になってきた。2人は熱心に携帯メールをやり取りし、各自のアイデアがうまく融合するよう意見を出し合った。手作り感のあるタイニー・ワールドを次々と巡りながら荒野でサバイバルするゲームにしたらどうか? そんなタイニー・ワールドを川でつないだらどうか? ゲームの舞台はアメリカ南部にしたらどうだろう? 「もしかしたら2人で一緒に挑戦できるかもって話になりましたね」とダウリングは言う。「ずっと仕事で良い関係を築けてましたから。互いに尊敬し、相手の仕事を心底気に入っていたんですね」。〝もしかしたら〟はすぐに〝いつ〟に変わった。そして自分たちのインディーゲームの資金調達とデザイン作業について計画を練り始めた。これは2014年春のことだったが、インディーゲーム開発を生業にする選択肢はより現実的になっていた。インディーを選べば大きな経済的犠牲を伴い得る。しかしダウリングは成功への道筋が見えていた。

ダウリングが仕事を始めた時代と比べると、大きな変化だ。ダウリングがニューヨークのケイオス社でFPSを開発していた00年代半ば頃、ビデオゲームを売ろうと思えば、ディスクにデータを書き込み、ゲームストップやウォルマートなどの小売店に置いてもらうのが唯一現実的な方法だった。ディスクをパッケージに入れて売るにはパブリッシャーが必要だ。そうなると、かなりの規模で経営しなければならない。自宅地下室をオフィスにする2人体制であれば、ソニーからプレイステーション3用の開発キットをもらうことすら苦労するだろう。大手スーパーであるターゲットの店内にゲームを置いてもらうなんて夢のまた夢だ。

高速インターネット回線の普及に合わせ、ゲームパブリッシャーが自社のオンライン環境を充実させたため、状況が一変した。ソニーやマイクロソフト、任天堂は自社ゲーム機向けのデジタルストアを設置した。2010年には「ブレイド」や「キャッスルクラッシャーズ」といったダウンロード型のインディーゲームが数百万本も売れる状況になっていた。そういったゲームの開発元は小規模で、大手パブリッシャーからほとんど支援を受けていなかったのにもかかわらずだ。SteamやXbox LIVEといったプラットフォームでは、ゲーム開発者が好きな値段でダウンロード型ゲームを販売できる。誰にでも門戸が開放されたのだ。もはや数千万ドルもかけて開発して1本60ドルで販売し、「何とか百万本売れて倒産は避けられますように！」とビデオゲームの神様に祈る必要もない。ダウリングとシンクレアがバイオショック・インフィニットよりもずっと小さなスケールでゲームを開発し、それを低い価格で販売したとしても、小規模スタジオなら経営していくのに十分な収益を得られる可能性はある。

ただ、開発にもう何人かは必要だった。有力候補だったのはチャド・ラクレアだ。デザイナー兼アーティストで、バイオショック・インフィニットの開発で互いに知り合いになっていた。イラショナル閉鎖の直後、ダウリングはラクレアに独立を検討している旨を伝えた。するとラクレアは興味を示したのだ。「駐車場に通じている渡り廊下で（ダウリングに）出会いましたね。うらやましいと思いました」とラクレアは話す。ラクレアはゲーム業界に入った頃、デイビッド・クシュナーの名著「マスターズ・オブ・ドゥーム」に感銘を受けた。有名なイド・ソフトウェア社の物語を扱った書籍だ。ラクレアは、同社の創業者であるジョン・カーマックとジョン・ロメロの物語が気に入っていた。2人が「ドゥーム」や「クエイク」といった伝説的なゲームを小さなチームで作り出した話だ。チームはロックバンドに近く、現在ゲーム開発で主流となっている大企業の組織とは違う。ラクレアもいつかそんなチームの一員になりたいと思っていた。

もちろん収入面での不安はある。ラクレアも妻もイラショナル社に勤務していたので2人とも新しい就職先を探していた。子どもはいなかったものの、すぐに欲しいと考えていたため、しっかりした給与と健康保険が保障されている安定企業に勤めなければとラクレアは考えていた。イラショナル閉鎖後の何週間かは、大企業をいくつか訪問して面接を受けていた。その同じ頃に、ダウリングとシンクレアからも誘いを受けたのだ。ラクレアは魅力的だと伝えたが、じっくり考えなければならなかった。そしてずっと考え続けていた。「面接に行っても頭の片隅にありましたね」とラクレアは言う。「またAAAのゲームを作りたいのか、あるいは自分たち自身で何か作りたいのかという葛藤です」

ラクレアは大企業との面接で妙な傾向に気付いた。多額の予算が投じられるビデオゲームでは、開発者の役割がどんどん細分化されているのだ。グラフィックスの忠実度は急激に向上しており、その結果、ゲームのキャラクターはポリゴンの寄せ集めではなく、本物の人間そっくりになった。90年代の

「トゥームレイダー」の主人公ララ・クロフトは、ココナッツにメイクを施したような顔をしている。しかし2013年版では実在の女性みたいに見える。グラフィックスが向上するにつれてプレイヤーの目も肥えてくる。バイオショック・インフィニットは細かな写実性というより、独特なスタイルと鮮やかなグラフィックスを目指していた。そうしたゲームであっても、従来ないほど美しくかつ精細に仕上げることが期待されていた。

そのようなきれいな世界を構築しようとして、20名のチームは200名まで膨れ上がった。かつてアーティストの作業リストに載っていた1つのタスクが、今では丸々1人で担当する仕事になった。「ある企業で面接を受けたのですが、僕がレベルビルダーもアーティストもデザイナーもやっていると知っているようでした」とラクレアは話す。「でも相手は『ライティングアーティストで採用したいんだ』と言いましたね」。つまり企業側としては、ゲーム世界全体にわたるライティング効果の設計と配置だけを担当してもらいたかったのだ。「僕は『とても楽しそうですが、それだけやっていると飽きてしまうかも。他の仕事もしたいですね』と伝えました。そうしたら『いや、本当にライティングアーティストが欲しいんだ』って」

元上司のケン・レビンと同様、ラクレアも巨大なチームと巨額の予算に嫌気が差してきた。カーマックやロメロのように少数精鋭の開発者チームで働きたかった。「社員が100人や200人になった後の雰囲気は、イラショナル初期の30人だった頃とは違いましたね」とラクレアは思い出す。2011年にラクレアはがんを患い、勤務後に通院する日が続いた。そのためオフィス内の変化に気付くのに時間がかかった。「ずっと集中して仕事をして、その後に病院でしたね」とラクレアは言う。「あるときオフィスを見回して、知らない人が50人以上もいました」。じっくり考えた結果、ラクレアはダウリングとシンクレアに参加したいと伝えた。「小さいチームの一員となり、自社の命運を自分たち自身で握れる場所で働きたいと思いました」とラクレアは話す。

一方、グウェン・フレイはさほど悩まなかった。またＡＡＡのランニングマシンに戻って走る気力は尽きていた。イラショナル元社員が開くお別れ会で、フレイは独立する計画を周りによく話していた[2]。『インディーにする。決断の時期だから』って言ってましたね」と彼女は思い出す。そんなときにフレイはダウリングとばったり会った。ダウリングもインディーを計画しており、スコット・シンクレアとチームを組む予定で、何と、アニメーターを探しているとも分かったのだ。「私は『それなら大丈夫です。私がアニメーターで入りますから』と伝えました」とフレイは話す。

２０１４年夏にチームは６人になっていた。フォレスト・ダウリング、スコット・シンクレア、チャド・ラクレア、グウェン・フレイ、さらに彼らが誘った2名だ。まずプログラマーでギタリストでもあるブリン・ベネットだ。音楽ゲーム「ロックバンド」の開発元で知られるハーモニクス社でシンクレアと同僚だった。次に、人工知能の専門家ダミアン・イスラだ。バイオショック・インフィニットの開発にも臨時雇用で参加していた。６人は新しいインディー企業に出資し、各人の生活に必要な金額を給与として受け取る。「大手のAAAスタジオでもらっていた給与にはとても届かない金額ですね」とダウリングは話す。「各自でカードに金額を書いてテーブルに置き、『これが自分の生活で必要な金額だよ。確定拠出年金にはお金は出さない。贅沢もしない。本当に必要な最低金額だ』って言いました」。今何かを犠牲にしても、ゲームをリリースして収益が上がれば、将来的に取り返せる希望はあるのだ。

イラショナル閉鎖から4か月も経っていない2014年6月5日、ダウリングは新会社の商標を登録した。「モラセスフラッド」だ。モラセスとは糖蜜のことで、1919年にボストン市内にあった巨大な糖蜜タンクが爆発し、洪水のように街中を流れた事故があった[3]。これにちなんだ名前だ。この日は、公式にインディー開発会社として独立した記念日となった。

◆

よくある夢はこんな具合だ。あなたは優れた想像力を備えた逸材で、歴史に刻まれるゲームのアイデアを持っている。勤務先を退職した後、部屋に閉じこもって一人で仕事をし、貯蓄を取り崩しながら数年間生活する。アート面では一切の妥協を許さない。ビジョンがはっきりしているからだ。しばらくしてサンドイッチの食べかすにまみれた汚い格好で俗世に戻る。手には、数十億ドルを生み出すビデオゲームを携えている。人々はそのビデオゲームを見つけてプレイする。そして数百万本も売れた結果、次の「マインクラフト」や「アンダーテイル」、あるいは「スターデューバレー」となり、一生その収入で生活するのだ。何よりも良いのは、お金がすべて自分に入る点だ。収益の一部を取る上に何かと指示を出してくる大企業と関わらずに済む。

だがダウリングたちはもっと現実的なアプローチを採用した。もちろん自分たちが最高と思えるゲームは作りたかった。しかし開発規模が適正で、マーケティング面に力も入れたゲームにしたかった。「単にアートが優れているだけのゲームは開発しない約束で会社を始めました」とフレイは言う。「良いゲームでありながら、利益も出せるゲームを作ろうと考えていましたね。両面です」。彼らの第1作「ザ・フレイム・イン・ザ・フラッド」は、ダウリングとシンクレアが当初考えていた通り、荒野で生存しつつ冒険する内容になった。プレイヤーは「スカウト」という名前の放浪者だ。プレイするごとに違う形をした川を下っていく。舞台は、ポストアポカリプス的な雰囲気を持ち、大洪水に襲われたアメリカだ。スカウトは材料を収集したり野生動物と戦ったりしながら、荒廃したガソリンスタンドや道具屋で生存者を探す。グラフィックスは漫画風で精細度は低く、斜め方向から見下ろすアイソメトリック型だ。空中都市コロンビアの巨大な飛行船とは別世界と言える。しかし魅力的であることは間違いない。

ゲームの計画が準備できた2014年10月7日、ダウリングたちはキックスターターのウェブサイトでザ・フレイム・イン・ザ・フラッドのプロジェクトを開始した。目標金額は15万ドルだった。開始後すぐにゲームニュースのサイトで「レイオフされたイラショナル社の開発者が新会社を設立！」といった見出しが流れ、話題となった。キックスターターのキャンペーンが終わると、興味を持ち共感を覚えた7000人を上回る支援者から、目標の2倍近くとなる25万ドル超の資金が集まっていた。成功であることは間違いないが、開発に長い時間を割けない点は理解していた。集まった251647ドルを6人で割り算すると、1人あたり約42000ドルだ。AAAのスタジオで1人が上げる収益の半分にも満たない。しかもそこからキックスターターの手数料、支援者への特典制作費、その他経費を払わなければならない[4]。そこでモラセスフラッド社はマイクロソフトと追加資金に関する契約を結んだ。一定期間、マイクロソフトのXbox向けに独占販売する内容だ。しかしそれでも資金が悩みの種だった。資金が足りなければ、開発時間が限られてしまう。その意味でインディー開発会社の経営は、イラショナル社におけるプロダクション期間とそっくりだった。「人が思うほど違いはないですね」とダウリングは話す。「使える金額は決まっています。頭の中で時計の針がカチカチ動いて、時間がどんどんなくなっていくんですよ。単に金額が少ないだけです」

翌年、彼らはザ・フレイム・イン・ザ・フラッドの開発に取り組んだ。作業場はボストン郊外に借りた小さなオフィスだ。勤務時間は長く、給料は少ない。チームをできるだけ小さく保って節約したかったため、社員全員が複数の仕事をこなした。ダウリングはデザイナー兼社長だったが、PRとマーケティングも担当した。また、フレイはゲームキャラクターのアニメーションを担当していたが、時間を見つけて経理をこなしたり、社員の税務処理をしたりした。

小さいながらも熱心なコミュニティーの後押しと、キックスターター開始時に話題になったおかげで、2015年後半にザ・フレイム・イン・ザ・フラッドはSteamの早期アクセスに入った。公式リリース前にプレイヤーが購入してプレイできる仕組みだ。開発者たちはゲームのバグ修正と更新に励み続けた。そして大きな期待を胸に2016年に突入した。公式リリースは2月だ。「うまくいくはずだという自信がずっとありましたね」とグウェン・フレイは思い出す。「(マインクラフトを作った大富豪の)ノッチのようになれるとは思っていませんでした。でも、損益分岐点には到達すると感じていましたね」

2016年2月24日、ザ・フレイム・イン・ザ・フラッドはPC向けとXbox向けに発売された。しかし損益分岐点には到達しなかった。「その数字まで行きませんでしたね」とフレイは言う。「むしろ全然足りないくらいです」

多額の予算が付くゲームを長年開発してきた人間にとって、リリースがこれほどまでに白けるのはショッキングだった。イラショナル社にいた頃は注目されるのは当然で、バイオショック・インフィニットの発売後は世界中が目を向けた。テレビコマーシャルが流れたし、ニューヨークタイムズ紙で特集されたし、派手な大型広告が至る所に掲示されていた。バイオショック・インフィニットがリリースされた2013年3月、イラショナル社員の多くはサンフランシスコ中心部で開催されたGDCに参加した。そして近くのゲームストップの店舗で、深夜にもかかわらずゲームを買おうと集まった熱心なファンに向けてサイン会を開催した。これに対し、ザ・フレイム・イン・ザ・フラッドは毎週Ｓｔｅａｍで発売される何十本ものゲームのうちの1本にすぎなかった。「インディーゲームのリリースを例えるならこうですね。ある男が1人だけで椅子に座り、頭に三角形のパーティーハットをかぶっていると します」とダウリングは言う。「そして紙吹雪が1枚だけ、天井から降ってくる状況です」

販売につながる話題作りや名前を知ってもらう努力が足りなかったのかもしれない。あるいは、2016年は優れたインディーゲームがたくさん発売されたのかもしれないし、評価するユーザーがあまり多くなかったのかもしれない（レビューは悪くないが際立つほどではなかった）。理由が何であれ、ザ・フレイム・イン・ザ・フラッドはモラセスフラッド社の開発者たちが期待していたほど、売上面で成功しなかったのだ。もはや、かかったコストは取り戻せないし、この2年間で犠牲にしてきた給与分を支払うこともできない。さらに数日経つと、ゲームスタジオとして続けるのに十分な資金もないのではと気付き、6人は憂鬱になった。ある日、フレイはチャド・ラクレアの隣に座り、ラクレアが受け取らなかった分の給料は払えそうにないと伝えた。彼の妻は第一子を出産した直後だった。「彼の顔を見て、『不足分すらも払えなさそう』と伝えなければなりませんでした」とフレイは話す。「本当に心苦しかったです。あの失敗はレイオフなんかよりもずっとひどかった。自分たち自身で責任を負うわけですから」

すぐに6人は緊急時対応計画について話し合った。万が一、モラセスフラッド社を閉鎖しなければならなくなった場合に備えてだ。ブリン・ベネットは転職を選んだ。会社の不安定さもあるが、自身の担当職務を楽しめていない点も理由だった[5]。残りの5人は、他社から仕事を請け負うことも考えなければと思い始めた。

ザ・フレイム・イン・ザ・フラッドの発売から3か月後となる2016年5月、ダウリングはダブルファイン社の求人ページにいくつか仕事が掲載されているのに気付いた。サンフランシスコにあるインディー開発スタジオだ。何の偶然か、ダブルファイン社はモラセスフラッド社員のスキルにぴったり合う人材をまさに5人募集していた。ダウリングは会社の経営を安定させようと、メールで問い合わせた。各ポジションの候補者を何十人も面接して採用するより、5人を一度に採用したらどうかという提案だった。ダブルファイン社が同意したため、モラセスフラッド社は資金難から逃れる助け舟を思いがけず差し出されることになった。今後数か月間、ダウリングたちは「サイコノーツ2」に携わる。長らく続編が待ち望まれていたダブルファイン社の傑作ジャンプアクションゲームだ。「少なくとも当面生き延びるのに必要な資金が得られました」とダウリングは言う。

夏の終わり、サイコノーツ2の契約が終了すると、ダミアン・イスラも退職した。「そのときは『社内にエンジニアがいない。これは良くない』という話になりましたね」とダウリングは話す。残った創業者たちは財務状況がひどい点を理解しており、スタジオ閉鎖も頭の片隅にあったものの、まだ諦めたくはなかった。そこで、じっくり考えたり英気を養ったりする目的で、6週間の休暇を取ると決めた。ダウリングはスペインに向かった。ここ数年の間で初めて取ったまともな休暇だ。「クランチの結果として燃え尽きるとよく聞きますね。でも私は、想像力が枯渇した結果、燃え尽きるのではとも思っています」とダウリングは話す。「ゲームを作ってばかりの生活から少し離れ、何を求めているのか各自で考える必要があったんです」

休暇から戻ってきた2016年秋、モラセスフラッド社の創業者たちは生き残りをかけて戦い続けようと決めた。AAAのスタジオでもらえる何分の一か程度の給与を全員に支払える資金はまだ残っていたが、妙な事態が発生していた。ザ・フレイム・イン・ザ・フラッドが今も売れ続けているのだ。彼らが開発してきたバイオショック・インフィニットなどの予算規模の大きなゲームと同様、ザ・フレイム・イン・ザ・フラッドも発売後の数週間で収益の大部分が上がるはずだと予想していた。しかしそれは1本60ドルで売るゲームの話だったのだ。ゲームストップの店頭に大きなポスターを掲示したり、ベストバイの店舗入口の一番良い場所に陳列したりするようなケースだ。この場合、売上が一気に落ちるのが普通だ。ダウリングもフレイも、ザ・フレイム・イン・ザ・フラッドの売上が同様に落ちると予想していた。ところがこのインディーゲームは売れ続けていた。もちろん経営が楽になるほどの収益にはならなかった。しかし増えたり減ったりしつつも、着実に売上があった。ゲームに登場するキャラクター「スカウト」が激突を避けながら川を下り続けているような状況だった。

彼らは小さなパブリッシャーと契約し、ザ・フレイム・イン・ザ・フラッドをXbox以外のゲーム機向けにも配信できるようにした。そして2017年1月にプレイステーション4向けが発売されると、収益は少しだが伸びた。「ゲームを市場に出した後にどう売れるかは、AAAでの経験でしか知りませんでした。AAAの場合、リリース後の1か月が総売上の大部分を占め、以後は一直線に下がり続けてゼロになるんです」とダウリングは話す。「マーケティング予算が4000万ドルのような規模でない場合、そうはならないわけです。というのも、リリースしてもマーケティング予算が2万ドルだったら、誰も知りません。知ってもらうには長い時間がかかりますね」

経営を続けられる資金が新たに得られたため、モラセスフラッド社は次に作るゲームを決めなければならなくなった。休暇後、メンバーたちはマルチプレイヤー・アクション・ゲームのプロトタイプを作成していた。80年代の漫画本の巻末広告に載っていたようなエックス線メガネやホバーボードをアイテムにして、高校生同士が戦うゲームだ。漫画本の広告に載っていたアイテムはちゃちな模造品だったが、ゲーム内のものは実際に動作する本物だ。「面白いアイデアでしたが、チーム内で本心から気に入っていたのは私だけだと思います」とダウリングは言う。「作りたいという情熱はあまり感じられませんでしたね」。2017年春、このアイデアは破棄し、ザ・フレイム・イン・ザ・フラッドの続編の開発を始めると決定した。直後にスコット・シンクレアが退職したため、モラセスフラッド社は4人のチームになった。ダウリング、フレイ、ラクレア、それに新たに採用したエンジニアのアラン・ピラーニだ[6]。

「ザ・フレイム・イン・ザ・フラッド2」の開発も長続きしなかった。すぐに続編からまったく別のゲームに変わってしまったのだ。「チームとして強みでもあり弱みでもあるのは、チャレンジする姿勢ですね」とダウリングは言う。「とにかく続編を作ろう。前に気に入らなかった部分を直そう」と始めたのに、前作ザ・フレイム・イン・ザ・フラッドの全面見直しになってしまう。「『本当に川が必要なのか？』って言い出したんです」。最終的にプロジェクトは「ドレイクホロウ」と名付けられるマルチプレイヤーゲームになった。プレイヤーが力を合わせて居住地を作り、人間の形をした野菜を敵モンスターから守るゲームだ。

その夏、ドイツで毎年開催される大規模ゲームイベント「ゲームズコム」で、モラセスフラッド社の創業者たちはドレイクホロウをパブリッシャーに売り込み始めた。しかし営業は手間のかかるプロセスだった。何度となくミーティングを設定して派手なプレゼンテーション資料を見せる。ところが相手からははっきりと回答をもらえない。「ストレスでしたね」とグウェン・フレイは思い出す。「約束はしてくれるんですよ。でも、みんな『はい、はい、関心はあります。でも今すぐではなく、半年後かもしれませんね』みたいに言うんです。どこに行ってもそうですね。たまにノーとすら言わず、『また後日でいかがでしょう』って」。その後の数か月間、フレイたちは開発と営業を続けた。どこかのゲームパブリッシャーが新作に賭けてくれないかと期待していたが、望みは薄くなりつつあった。資金が減った上に気力も尽きてしまったため、モラセスフラッド社はパートタイムで運営すると決定した。各社員は週何日かフリーランスで他社の仕事をしたり、自分自身のプロジェクトに取り組んだりする。ダウリングは元上司のケン・レビンが経営するゴースト・ストーリー・ゲームズ社からレベルデザインの仕事を請け負っていた。同社はイラショナル社の閉鎖を受けて設立されたスタジオだ。一方、フレイは自分自身で小さなゲームを開発したいと考え始めた。

すでに何か月も売り込み続けた後の2017年秋、モラセスフラッドの社員たちは、本当にドレイクホロウの開発資金が調達できるのかと疑問を持ち始めた。終わりの見えない営業活動は、川の流れに逆らってボートを漕いでいるようだった。しかも最後に「また後日」と回答が返ってくると、これ以上ないほどやる気が奪われた。資金が得られる日は来るのだろうか？　そこで期限を設けようと決めた。12月までに契約が結べなければ、会社を畳むと全員で合意したのだ。つい3年前、彼らはスタジオ閉鎖の犠牲者だった。今や、自分たち自身のスタジオ閉鎖が目前に迫りつつあるのだ。

すると、予想もしていない救世主が現れた。

さかのぼること1年前、ダウリングたちはザ・フレイム・イン・ザ・フラッドを各家庭用ゲーム機向けにリリースする契約を結んだ。ニンテンドースイッチ版も予定していたが、あまり重視していなかった。任天堂がそれ以前に販売していたゲーム機「Ｗｉｉ Ｕ」は失敗で、スイッチが大化けする気配はほとんど感じられなかった。ところがスイッチは2017年3月にリリースされると、大成功を収めた。優れた携帯性や「ゼルダの伝説／ブレス・オブ・ザ・ワイルド」といった素晴らしいラインアップのおかげで、スイッチの販売数はすぐに数百万台に上った。たった1年間でＷｉｉ Ｕの通算販売数を超えたのだ。そしてスイッチの所有者が新しいゲームを求めるようになっていた2017年10月12日、ザ・フレイム・イン・ザ・フラッドのスイッチ版が発売された。タイミングとしては完璧だった。かつてはあまり重視されていなかったスイッチ版のザ・フレイム・イン・ザ・フラッドだったが、今や会社を救命するAEDとなった。「営業がしやすくなりましたね」とダウリングは話す。「ザ・フレイム・イン・ザ・フラッドの販売本数情報が更新できましたから。数十万本を追加できたのでうれしかったです」

12月の期限が迫っていたが、ダウリングたちはドレイクホロウの開発資金を調達できていなかった。しかしスイッチ版が売れていたため、時間に猶予ができた。そこで以前決めた日付を先延ばしにし、2018年3月を新たな期限とした。同月に開催されるGDCでパブリッシャーが見つからなければ、会社を畳むことにしたのだ。さらに、モラセスフラッド社でフルタイム勤務に戻るとも決めた。週に数日のパートタイムでは、ドレイクホロウの開発を実質的に進めるのは難しくなっていたからだ。また、全員に適正な給料を支払うだけの収益が上がるようになっていた事情もある。「フルタイム勤務に戻すなら、生活できるようにする必要があります。そこで全員が最低限の給料をもらえるようにしました」とダウリングは話す。「『結局、何の意味もなくなるかもしれない』とは思いましたね。でも『職務経験に見合った金額を自分たちに払ってもよいのではないか。わずかばかりの給料がもらえる栄光を』って」

2018年3月、ゲーム開発者たちがGDCの会場であるモスコーニセンターに集結すると、サンフランシスコは活気にあふれた。一番話題になっていたゲーム機はニンテンドースイッチだ。一方でマイクロソフトもソニーも、次世代のＸｂｏｘとプレイステーションに関する計画を一部のデベロッパーにだけアナウンスした。どちらも２０２０年に発売予定だ。そして、ある別の巨大企業が密かにミーティングを開き、業界を一変させるべく新たなゲーミング・プラットフォームの売り込みに力を入れていた。グーグルだ。

グーグルは密かにゲーム開発者や幹部を採用し、後に「ステイディア」と呼ばれるストリーミング・プラットフォームを新たに立ち上げようとしていた。ステイディアは既存のゲーミング・プラットフォームとは異なり、自宅に設置するゲーム機やパソコンではない。ステイディアのゲームは、世界各地にあるグーグルの拠点に置かれた多数のコンピューター上で実行される。そしてユーザーは処理後のデータを好みのデバイスにストリーミングしてプレイする。これなら従来ビデオゲームをプレイできなかった数多くの人にも届けられるだろうとグーグルは期待したのだ。野心的なサービスである。グーグルはステイディア専用のゲームを制作できるデベロッパーを探していたのだが、同社プロデューサーの１人がイラショナル社でフォレスト・ダウリングの同僚だった。ぴったりの組み合わせだった。グーグルはゲームが必要で、ダウリングは資金が必要だった。

ダウリングはグーグルの幹部と会い、ドレイクホロウを提案した[7]。グーグル側が興味を示したため、ダウリングは期待を胸に帰途に就いた。しばらくすると契約を結びたいとモラセスフラッド社に連絡が入った。その後の数か月間、両社は条件についてやり取りした。「企業規模が大きくなると、交渉内容が増えますね」とダウリングは話す。「保険をどうするとか、面白くない内容です」。こうして両社は合意に至り、ついに資金が確保できた。モラセスフラッド社は漕げども漕げどもずっと立ち往生の状態だったが、ついに前進を始めた。

しかしグウェン・フレイは落ち着けなかった。社員全員がパートタイムになった頃、フレイは自分自身のビデオゲームを検討し始めた。その後全員フルタイムに戻ったが、彼女は平日夜や週末はその開発に打ち込んでいた。ゲームの名前は「カイン」で、空間パズルゲームだ。空中に浮いた足場がステージとなる。プレイヤーは、一緒にバンドを組みたいと考えている楽器型ロボット3体を操作する。各ロボットを足場や障害物の上で動かし、ステージを次々と突破する内容だ。フレイはチームにプロジェクト化を打診したものの、あまり乗り気ではなかった(「スタジオとしてやりたい雰囲気ではありませんでした」とダウリングは言う)。加えて、フレイ自身も音楽ナラティブ・パズル・ゲームはビジネス的にリスクがある提案だと分かっていた。モラセスフラッド社が創業時から重視してきた現実的なアプローチとは矛盾してしまう。結果としてカインは彼女の副業プロジェクトとなった。

当初、フレイは何か月かかけてカインを開発し、オンラインで無償公開しようと考えていた。しかし時間をかけるにつれて、どんどんと開発にのめり込んでいった。入浴中も夕食の料理中も、カインが頭から離れなかった。日々の生活ストレスで精神的に疲れたときや、トランプ大統領の最新ツイッター投稿内容を耳にしたときは、いつも現実を遮断してカインの制作に没頭した。多くの人にとってゲームのプレイは現実逃避する格好の手段だ。一方フレイの場合、ゲームの開発がさらに有効な手段となった。「帰宅しては制作に取り組んでましたね。幸せでした」と彼女は回想する。すぐにモラセスフラッド社での仕事より、カインに対する情熱が大きくなり始めた。「(ドレイクホロウが) 心から好きにはなれませんでしたね。理由は分かりませんが」とフレイは話す。「申し訳なく感じていました」

グーグルの案件が現れる前の2017年末、フレイはモラセスフラッド社の資金が尽き、その後フルタイムでカインの開発に専念する想定で仕事を進めていた。「ずっとこの予備計画を温めてましたね。恐らく会社は畳むことになるだろう。そうしたらこれを個人開発で進めようって」とフレイは言う。「でも、会社は畳まないという想定外の状況になり、ちょっとパニックになりました。というのも、このカインのプロジェクトに取り組む心構えができてましたから」。2018年3月にグーグルとの商談が進むと、フレイは同僚を集めて退職したいと申し出た。「自分が作っていたカインがただただ好きでしたね」とフレイは言う。「でもそれだけを作っていられる場所がなかったんです」

ダウリングは落胆した。会社を救えるかもしれない取引交渉の真っ最中なのに、テクニカルアニメーターが辞めたいと言い出すのか？　フレイはアーティストとして有能なだけでなく、チームに不可欠の人物だ。ダウリングは同時に、フレイの離職で資金調達のチャンスがついえてしまうのではとも心配した。「商談がうまくいくかいかないかの瀬戸際だったので、不安を感じましたね」とダウリングは話す。「4人のチームということで契約するつもりでした。ちょっと考えると笑ってしまいますよね。スタッフが少ないわけですから。もしパブリッシャーとデベロッパーが契約交渉をしていて、デベロッパーが『社員の25パーセントが退職しました』と言い出したら、パブリッシャーは『ああ、そうですか。分かりました。お話できてよかったです。では失礼します』って答えるかもしれませんよ」

退職ができるだけ円満に進むように、フレイは契約が完全に成立するまでパートタイムで残ることに合意した。もしかしたら何か月もの期間になるかもしれない。モラセスフラッド社が条件についてグーグルと交渉を重ねている間、フレイは新人アニメーターを教育したり、業務を他の社員に引き継いだりしていた。しかし心中は冷えていた。「あるときフォレスト（・ダウリング）が『グウェン、最悪の時期に退職するね』と言ったんです」とフレイは思い出す。「対して私は『フォレスト、もしずっと前に退職していたら、会社は畳むことになっていたはずですよ。客観的に見て最悪の時期に退職している？』と聞きました。すると彼は『いや、客観的に見れば一番良い時期の退職だよ。でもそもそも、君には辞めてほしくないんだ』って」

一方で、フレイは多額の報酬を放棄しているかもと感じて苦悩していた。「なかなか分かってもらえないでしょうが、退職はとても頭が痛かったです」とフレイは言う。「メンバーが何を作っているわけですから。『会社は買収されて、みんなお金持ちになるだろうな。私も他のメンバーと同じだけ会社の株があるわけだから、私もお金持ちになれるかも。でもつまらないゲームを作るために辞めるんだ。自分はバカだ』って思い悩みましたね」。しかし完全に独立することでしか、フレイはクリエイティブ面での満足感が得られなかったのだ。「最後の数年は本当にストレスが大きかったです」とフレイは話す。「自分が好きで幸せを感じられるものに没頭できるのは、値段が付けられませんね」

退職後、程なくして、フレイはカインを取り扱ってもらえないかパブリッシャーに持ちかけ始めた。ある大手パブリッシャーから魅力的な条件を提示されて受け入れる直前まで行ったが、社内アートチームが大幅に手を入れて大衆向けにアピールしたいと相談されたため、考えを変えた。フレイは代わりにエピック・ゲームズ社に持ち込んだ。同社は今では「フォートナイト」でよく知られているが、それまでの主な収益源は「アンリアルエンジン」だった。大小問わず、ゲーム開発会社で利用されている汎用ツールだ。エピック・ゲームズ社はパソコン向け配信プラットフォーム「エピック・ゲームズ・ストア」をオープンしたばかりだったため、カインを同ストア専用で契約したいと伝えた。この結果、フレイはミュージシャンの他、アートやテクニカルな作業を補助する外注スタッフを雇えた。2018年末になると、かつては趣味で取り組んでいたプロジェクトが壮大なパズルゲームに変貌していた。そしてフレイは公式に自分のインディー開発会社を立ち上げた。社名は「チャンプスクワッド」だ。

◆

初めて大きな取引が成立したり、心から望んでいた契約が取れたりすると、成功は確実だと信じたくなる。安泰を手中に収め、ようやく不安から逃れたと感じてしまう。ところがビデオゲーム業界に安定という言葉はない。確実なものは何もないのだ。

2018年9月、グーグルと正式に契約が結ばれた。ドレイクホロウはグーグルのステイディア専用となり、翌年秋のプラットフォーム公開と同時にリリースされる。ついにモラセスフラッド社は世界最大規模の企業とパブリッシャー契約を締結したのだ。当面は資金について悩む必要はなくなる。2か月後、社員はマサチューセッツ州ニュートン市にあるきれいなオフィスビルの1階に引っ越した。そして2019年には4人から11人にまで社員を増やした。スタジオの低迷期に退職した共同創業者のダミアン・イスラまで連れ戻していた。モラセスフラッド社は次に着手する極秘プロジェクトを新規に計画しており、イスラはそのクリエイティブディレクターを担当するのだ。「今のプロジェクトが終了する場合に備えて、社員が着手できる何かを始めておきたいと思ったんです」とフォレスト・ダウリングは説明する。

これこそイラショナル社で社員たちが期待していた方策だった。あるゲームの開発が終わっても、全員に何かしらの仕事がある状態だ。ビデオゲーム業界では、企業が何百人とスタッフを雇用してプロジェクトを進めるものの、いったんゲームが完成したら仕事がなくなってしまい、レイオフが発生するケースがよく見られる。モラセスフラッド社は異なる開発ステージにあるゲームをいくつか抱えておくことで、その問題を回避できる。

しばらくは順調だった。しかし4年間も資金難が続いていたため、経営状態に関する不安がダウリングの心から消えることはなかった。新たに雇えば、面倒を見る社員が増えるし、その家族の心配もしなければならない。なぜケン・レビンが数百人ものチームを率いるのにストレスを感じたのか分かり、共感を覚えるようになった。「この業界にいて気楽に感じることなんてないでしょうね」とダウリングは話す。イラショナル社では少なくとも安定は感じられた。何と言ってもバイオショックの開発元なのだ。ところが、現在ではただのインディー開発会社にすぎない。「閉鎖されたスタジオ2社に勤め、その後5年間自分で会社を経営しました」とダウリングは言う。「胃薬の必要度で表すなら、最近5年間の方がそれ以前の10年間よりはるかに高いですね」

不安を感じる理由はあった。2019年の春、モラセスフラッド社とグーグルとの間に亀裂が生じつつあった。そして夏になると、ダウリングが言うところの「ビジョンの違い」が明確になってきた。ドレイクホロウは当初売り込んだ形から離れてはいなかった。またテストでプレイして若干のバグは見つかったものの、ダウリングは開発は順調だと考えていた。しかしグーグル側の興味は弱まっているようだった。「パートナー企業と協働していて、その企業内に中間管理や承認の階層が新たに導入されたとしましょう」とダウリングは説明する。「提供するゲームにさほど興味のない人が就任したのかもしれませんね。もちろん想像するしかありません。でも、私たちとしては最後までがんばったと思います」

ドレイクホロウのビルドの納期が2019年9月に設定されており、モラセスフラッド社はグーグルに送付したが、すぐに返事がなかった。何日か経ち、ダウリングは代理人から取り急ぎの連絡を受けた。グーグルが撤退するのだ。「基本的に、『このプロジェクトに関してはパートナーシップが成功しそうにありません。ですから解消するのが良いのではと考えています』という話でしたね」とダウリングは話す。「とても親切なやり方でしたよ。不快でもありませんでしたし、冷酷といったこともありませんでした」

またもやモラセスフラッド社は、ビデオゲーム業界というジェットコースターの下り坂に差し掛かっていた。ただし今回はダウリングはそれほど心配していない。財務は健全で、別の新しいパブリッシャーを探す必要もない。グーグルなしでもゲームを完成させられるほどの蓄えができていたのだ。しかも、実はパートナー解消のタイミングは悪くなかった。ダウリングはカリフォルニアに出張するために飛行機のチケットを予約していた。ダミアン・イスラと一緒にもう一方のプロジェクトを各大手ゲームパブリッシャーに提案する計画を立てていたのだ。「突然、『あれ、売り込むゲームが2つになったぞ』みたいな感じでしたね」とダウリングは言う。出張の結果、マイクロソフトとマーケティング契約を結んだ。そして2019年11月14日のXboxカンファレンスでドレイクホロウが公式に発表された。人間の形をした小さな野菜を守るというかわいらしいマルチプレイヤーゲームを、ザ・フレイム・イン・ザ・フラッドの開発元が出すと予想している人はあまりいなかった。しかし間違いなく楽しそうな雰囲気はある。ドレイクホロウは2020年6月19日にリリースされた。レビューは上々だった。ダウリングは後日、売上は「びっくりするほどではないけれども、まずまず」と述べている。

フォレスト・ダウリングとグウェン・フレイはもう同僚ではないが、友人のままではあった。定期的に一緒に飲みに行ったり、ボストンのゲーム開発者の集まりに出かけたりした。そして2人ともスタジオ経営がどういうものかについて、自分自身の考えを持っている。「スタジオ閉鎖を2度も経験しましたが、自分はとても幸運だったと思います。どちらも退職手当を出すだけのお金を残していたし、きちんと手続きもしてくれました」とフレイは言う。フレイは2019年10月にカインをリリースしており、すぐに利益が出たようだ。「私は今は経営者ですし、前に（モラセスフラッド社の）経理担当をしていましたから、赤字になるのはすぐだと分かっています。ある程度の売上が得られるまではマイナスに陥るものです」

現在、モラセスフラッド社の経営は安定しているように見える。少なくともインディー開発スタジオとしては上出来だ。これは社員の才能や忍耐、あるいは幸運の賜物（たまもの）だろう。しかしイラショナル・ゲームズ社から生まれた別のスタジオは、悲惨な道を歩んだ。ゲーム業界でも屈指の奇妙な物語だとも言える。謎めいている点ではアガサ・クリスティーの小説にも匹敵するだろう。音もなく消えてしまったスタジオの話を次にしよう。

注

[1] シークレット・アイデンティティーの親会社はガジリオン社だった。ディズニー社がマーベル・ヒーローズの契約を打ち切ってゲームを終了させると、ガジリオン社は2017年末に閉鎖された。

[2] 元社員たちが共に嘆き悲しんだお別れ会の多くは、マサチューセッツ州ケンブリッジ市にある「ミードホール」という素敵なバーで開催された。「もうミードホールには行けない気がしますね」とフレイは言う。「みんなが別れを告げ、旅立った場所ですから」

[3] なぜ21人が亡くなった痛ましい事件を新スタジオの名前にしたのだろうか？　「端的に言うと、誰も使っていないからです」とダウリングは話す。「誰も産業事故から社名を取りませんよね。ただ本当は自分たちに重要な含意があると思ったからです。あの事件は、初めて聞くと冗談かと思って笑ってしまいそうな話です。でも事実を知ると、奥が深くて興味が尽きません」

[4] キックスターターの手数料は5パーセントで、さらに決済費用として3〜5パーセントかかる。ザ・フレイム・イン・ザ・フラッドの支援者特典はポスター、アートブック、Tシャツだった。この制作でさらにお金がかかる。

[5] 「僕の経歴はほぼグラフィックス関連なんだ」とベネットは話す。「社内で本当に興味を持てる作業はできなかったね。求められていたのはゲームプレイに関するプログラミングだったと思う。それは良いのだけど、僕が興味のある仕事じゃなかった。要するに、スキルがぴったりマッチしなかったんだ」

[6] シンクレアはカリフォルニア州ノバトの2K社に転職した。ぐるっと一周しバイオショック続編の開発に携わった。

[7] ダウリングはゲームのパブリッシャーがグーグルだと言わなかったし、グーグルかと尋ねても回答しなかった。理由はすぐに明らかになる。グーグルである点は筆者が別の情報源から確認した。

第4章　消えたスタジオ事件

THE CASE OF THE MISSING STUDIO

　ジャンクションポイント社やイラショナル社が閉鎖されたとき、ビデオゲーム業界は即座に反応した。採用担当者はテキサス州やマサチューセッツ州に駆けつけ、転職相談会に参加した。ツイッター上では「#IrrationalJobs」のような覚えやすいハッシュタグも流行した。ビデオゲーム情報サイトも、各社の歴史を紹介したり、失敗の原因分析記事を載せたりした。当事者の友人や同業者は心配して連絡をしてくれた。

　では、ゲームスタジオが閉鎖されたのに誰も知らないままだったらどうなるのだろうか？　しかも閉鎖なんてなかったかのような態度を親会社が取ったとしたら？

　２０１３年10月17日、パブリッシャーである２Ｋの子会社であるゲームスタジオ、２Ｋマリン社が消えた。カリフォルニア州ノバト市にある航空機格納庫をリノベーションしてオフィスにしていた会社だ。存続していた6年の間に2本のゲームを出したものの、スタジオ名はあっさりとなくなってしまった。その日の朝、社員は２つの部屋に分けて集められた。怪しげなクイズ番組に出てくる勝者と敗者のようだった。第１の部屋に入った人たちは仕事を続けられると告げられた。２Ｋ社が内々に設立を進めており、後に「ハンガー13」と呼ばれる新スタジオでの仕事だ。第2の部屋では、人事担当者が前方に立ち、不運なクイズ参加者たちにレイオフを伝えていた。そして全員の事務手続きが終わるまで室内で待つようにとも指示した。

しかし「閉鎖」という言葉は決して使われず、社員は当惑した。当日、ビデオゲーム情報サイトのポリゴンとロック・ペーパー・ショットガンは、2Kマリン社が大規模なレイオフを実施し、閉鎖したかもしれないと報道した。この報道に対し、2K社の広報は反論するような声明を出した。「2Kマリンでは確かにスタッフが削減されました」と声明に書かれている。「難しい判断ではありましたが、定期的な実績評価をした結果、クリエイティブ人材の異動を決定しました[1]。世界レベルのビデオゲームを作るという当社の目標に変わりはありません」

単に表現上の問題だったのかもしれない。第1の部屋に入った社員は、結局2K社の別オフィスで働き続けられたからだ。あるいは、2K社が印象の悪い報道を避けたかっただけなのかもしれない。理由はどうであれ、幹部の姿勢が2Kマリン社で働いていた人たちに大きく影響した。というのも、スタジオが閉鎖されるとファンや同業者が支援の手を差し伸べるのが通例だ。突然閉鎖に追い込まれた会社に希望の光が見えるとしたら、まず手掛けてきた作品に対するファンの感謝という形で現れる。有名人が死去すると、追悼のツイートやユーチューブ動画が山のように投稿されるのと同じだ。スタジオの閉鎖を受けて、関係者に感謝の気持ちが表明され、そして次の就職先につながることもあるのだ。2Kマリン社で働いていた社員にとって、スタジオ名は単にブランドを示すだけではなかった。素晴らしいゲームを作る優れた集団であることも示していた。「まさに2Kマリンの元社員たちが不満を感じていた点だよ。スタジオは正式に閉鎖されなかったんだ」と2Kマリン設立当初に入社したスコット・ラグラスタは言う。「閉鎖とは表現しなかった。組織再編だと言っていたよ。その結果、『残念ながら、一部社員をレイオフせざるを得なくなりました』って」

数か月後、ニューヨークで開催された投資家向け説明会で、2Kの親会社であるテイクツー社のストラウス・ゼルニックCEOに「バイオショック」の状況について質問した人がいた[2]。説明会は2014年5月に開催され、イラショナル・ゲームズ社はすでに閉鎖されていた。もうバイオショックの続編は作られないのかという質問だった。いいえとCEOは答えた。バイオショックは大黒柱のシリーズとして継続し、「2Kマリンが責任を持って推進するゲーム」になると続けた。

不可解な発言だ。2Kマリンの社員は7か月前に全員いなくなっている。評論家は困惑した。単なる言い間違いなのか、CEOなのに2Kマリンがもう存在しないことを知らなかったのか。あるいは、カリフォルニア州ノバト市にある2K社のパブリッシャー部門を指していたのかもしれない。同部門で新しいバイオショックの世話をすることになっていたためだ[3]。はたまた、対外イメージを損なわないように言っただけの可能性もある。さらに2015年6月まで、2K社が出したプレスリリースには「2Kマリン」の名前が記載されていた。実際はスタジオが存在しないのにもかかわらずだ[4]。現在では2

Kマリンがまだあるような素振りを2K社は見せていない。しかしスタジオ閉鎖を認めたことはなく、いまだに説明しようともしない。

2K社の幹部にとって名前は重要ではなかったのだろう。まだノバト市のオフィスには2Kのゲームを制作している社員がいる。「2Kマリン」が存在しているかどうかで大騒ぎする必要なんてない。しかし2Kマリンで働いた人にとって、名前は重要な意味を持つ。自分たちは2Kというタコの足の1本ではない。自分たちだけの特別な何かを作り上げたと考えていた。

◆

バイオショックのような名作の続編はどう作ったらよいのだろうか？　2007年夏にイラショナル・ゲームズ社がバイオショックを作った後、当初ケン・レビンは続編制作を考えていなかった。しかし親会社である2K社は続編の制作を求めた。そこでイラショナル社のスタッフ数名がマサチューセッツ州からサンフランシスコのベイエリアに転任し、バイオショック2を担当する新スタジオが立ち上げられた。

リーダーには初代バイオショックに携わり、周囲からの評価も高いプロデューサー、アリッサ・フィンリーが就任した。そしてカリフォルニア州ノバト市の旧空軍基地にある航空機格納庫をリノベーションした2K本社の一角にオフィスを構えた。ノバト市はマリン郡にあったため、新スタジオは「2Kマリン」と名付けられた。こうしてゲーム史上最高傑作の1つに数えられる作品の続編開発が始まった。初代と同様、バイオショック2は海底都市ラプチャーが舞台となる。ただしプレイヤーが操作するのは初代バイオショックで至る所に出現した凶暴なビッグ・ダディだ。そして多くのプレイヤーの夢にまで出てきたオブジェクティビズム思想的ディストピアであるラプチャーは、別の顔を見せることになる。

バイオショック2のライター兼ディレクターはジョーダン・トーマスだ。面長で髪はいつもボサボサ、そして早口でしゃべる。ウォーレン・スペクターを信奉しており、00年代前半にイオンストーム社で一緒に働いたことがある。ビデオゲームのストーリーに関する感性も似ている。ホラーが大好きで、イオンストーム社で最初期に携わった作品は「シーフ／デッドリーシャドウズ」だった。同ゲームでは、廃墟になった孤児院が舞台の「クレイドルを襲撃せよ」という印象的なミッションをデザインした。PCゲーマー誌でこのミッションが「PCゲーム史上で最も素晴らしく、かつ恐怖を覚えさせるレベルの1つ」と評価されたため、トーマスは喜んだ。しかし2005年にイオンストーム社が閉鎖されると、しばらくはスタートアップ企業で働くが、そこも倒産してしまう。その後、2K社に所属する旧友から、マサチューセッツ州にあるイラショナル・ゲームズ社への転職に興味はないかと尋ねられた。システムショック2の精神を受け継ぐ企業だ。もちろん興味はあった。彼自身の職業人生でこれほど影響を受けたゲームはなかった。「面接に行ってチームと会って、すぐに意気投合したね」とトーマスは思い出す。

「ゲーム作りの師匠を同じくする人たちだったから。突然、同門の弟子たちに遭遇した気分だったよ」
翌年、トーマスはマサチューセッツ州ボストンのイラショナル社でバイオショックの開発に携わった。プロダクション期間の過酷な最終年だった(「睡眠時間を削って遅れを取り戻したよ」)。そこでも高い評価を受けたレベルを作り出した。ネオン輝く劇場が舞台の「フォート・フロリック」だ。頭のおかしい芸術家によって、この劇場でホラーショーが演じられる。劇場の至る所に石膏像があり、最初はただの置物のように見える。ところが目を逸らした瞬間、突然プレイヤーの脇に立っていて、殺そうとしてくるのだ。バイオショックの開発が終わると、トーマスはオーストラリアのキャンベラにある2Kのスタジオで数か月ほど働く。あるプロジェクトの初期バージョン開発に参加していたのだが、これは後に人生の災禍となってしまう。そして２００８年、彼はアリッサ・フィンリーからの電話を受ける。２Ｋマリン社でバイオショック2のディレクターを務めないかという誘いだ。

バイオショック2の開発は過酷だったと誰もが証言する。2年で完成させるべく、２Ｋマリン社は急ピッチで増員して制作を進めた。この規模のゲームで2年の開発期間は短い。２００９年にノバト市のオフィスでは数十人が働いていたが、トーマスたちはさらなる人員が必要だと感じ始めた。そこで初代バイオショックの開発でしたのと同様に、２Ｋオーストラリアから人を借りることにした。現在携わっているゲームの制作を中断し、バイオショック2の手伝いに来てほしいと要請したのだ。これは２Ｋ社のような大きなゲームパブリッシャーではよく見られる慣習だ。スタジオや開発者は貸し借り可能なリソースと考え、次に出す予定のゲームにリソースを割り当てる。しかし2Kオーストラリアの社員が不満を表明したので、幹部は交換条件を出した。バイオショック2が完成したら、次のプロジェクトは2Kオーストラリアが主導し、2Kマリンはサポート役に回る条件だ。「借りを作っていることはよく理解していましたよ」とバイオショック2でリード・レベル・デザイナーを務めたJ・P・レブレトンは言う。「だからそのうち返さなければならないと」

クリエイティブ面での指揮の執り方について、ジョーダン・トーマスはバイオショック2での失敗から学んだ。トーマスは「クレイドルを襲撃せよ」と「フォート・フロリック」で高評価を受けたので強い自意識も自信も持って現場に乗り込んできた。ケン・レビンの仕事ぶりを丸一年見てきたため、今度は自分が強いリーダーシップを発揮する番だと考えた。クリエイティブ面における壮大なビジョンを披露するのだ。ところが、プレイヤーがバイオショック登場人物の精神世界を冒険するストーリー（ジャンプアクションゲームの名作「サイコノーツ」に似ている）は、あまりに壮大すぎた。そのため開発終盤で作り直さざるを得なくなり、遅延を招いた上に社員に大きなストレスを与えてしまった。

この間、ゲーム史上でも指折りの名作の続編を作るプレッシャーにトーマスは押しつぶされ、恐怖を覚えていた。続編を完成させる唯一の方法は、先人をまねることだとずっと信じていた。つまり、自分自身のビジョンに全員従ってもらう方法だ。「バイオショックの続編は、基本的に初代の制作手法を踏襲しなければ作り上げられないと、心の底から考えていたんだ。専制型だね」とトーマスは話す。「バイオショックは、少数精鋭のグループが1人の天才を支えて生まれた。バイオショック2開発の初期段階ではよく議論をしたよ。これこそバイオショックを作り出した方法だって。でも、自分たち自身のやり方を見つけなければならなくなった。もっと民主主義的な形だね。それが分かるまでに大きな犠牲を払ったよ」

犠牲とはチームメンバーとの人間関係だったとトーマスは言う。デザイン、アート、あるいはプロダクションといった担当者との関係だ。「僕のところに何人かで来て文句を言ったり、共同リードのところに行って僕への不満を漏らしたりね」とトーマスは話す。「一緒に働いた人は、僕が狂信者のようだと思ったんじゃないかな。僕がアートばかりを見て人間を軽視し、それを改めさせる方法なんてないってね」。2Kマリン社はバイオショック2の開発経験から、対立とリーダーへの服従ではなく、協働と歩み寄りの文化を根付かせる方針に切り替えた。トーマスが失敗から学んだ点だ。「すぐ気付くこともあるし、気付くまでに時間がかかることもある」と彼は言う。「アートと人間のどちらを重視するのか？　もし直感で人間の方を選んだとしたら、運が良いよ。でも選ばなかったとしよう。その場合、人間を犠牲にしてまでアートを高めることが職場にも精神にも良くないと気付くまでに、長い時間がかかるよ」

バイオショック2は2010年2月9日にリリースされ、好評を博した。初代ほど革新的ではないかもしれないが、続編としては十分だという点で評論家の意見はほぼ一致した。開発中はストレスを感じていたものの、評価を聞いて2Kマリンの社員は元気になった。2Kマリンはスタジオの成功に欠かせない2つの要素を持ち合わせていた。才能と推進力だ。バイオショック2の開発が完了した今、次に手掛ける作品を考える時が来た。

スタジオにデザインやアートの部門責任者は4人いた。ジョーダン・トーマス、ザック・マクレンドン、ホガース・デラプランテ、ジェフ・ワイアだ。彼らは集まってブレインストーミングを始めた。バイオショック2での苦い経験から、トーマスはクリエイティブ面で専制型リーダーシップを排除したかった。次は4人全員が発言権を持つのだ。そして彼らは2K社幹部に何件かの提案を行なった。うち1件が気に入られて選ばれ、4人はしばらくその案を推進することになった。プロジェクトはサンフランシスコの近隣都市にちなんで「リッチモンド」と名付けられた。そしてリッチモンドをどうするか、想像を巡らせる日々が始まった。

設計書や関係者によると、リッチモンドはオンラインのロールプレイングゲームとして構想されていた。プレイヤーが友人とチームを組んで楽しむマルチプレイヤー型のイマーシブ・シムだ。つまりさまざまな選択肢が用意され、解き明かすべき秘密は無数に存在する。開発者たちは「フォールアウト」と映画「トゥルーマン・ショー」を合わせたようなゲームだとアピールしていた。プレイヤーはドーム型建物からスタートするが、謎のエイリアン集団に監視されている。プレイヤーはドームから脱出し、神秘のテクノロジーがあふれる未踏の荒野を目指す。ゲームを進めるにつれ、プレイヤーは別の党派に遭遇したり、他のドームを探索したり、クエストをこなしたり、アイテムを収集したり、他プレイヤーと交流したりする。

ディレクターたちはありとあらゆるアイデアを夢想していた。実際の開発が始まれば、半分はカットしてしまうのにもかかわらずだ。例えば、プレイヤーは他の党派と仲良くなったり、裏切ったりできる。また、一度戦った敵はプレイヤーの顔を覚えている。あるいは、キャラクターを引退させて新しいキャラクターでプレイできるが、後日、古いキャラクターの様子を見に訪問できる。こういったアイデアだ。リッチモンドはこれから開発の冷酷な現実に直面しなければならない。しかしプリプロダクション段階のゲームによくあることだが、野心と刺激にはあふれていたのだ。リッチモンドの噂がスタジオ中に流れると、社員は制作開始を待ちきれなくなった。

しかしまだ時期尚早だった。2Kマリン社はバイオショック2を完成させた後、ダウンロード型の大型拡張コンテンツ「ミネルバズ・デン」を小チームで開発し始めていた。ジョーダン・トーマスたちはリッチモンドの夢を見続けるしかなかった。さらにそれ以外の社員は、数年も開発が続いている、あるプロジェクトに入ることになった。2010年になってようやくきちんとしたプロダクションを始められる状態になったからだ。つまり借りを返す時が来たのだ。

◆

「ＸＣＯＭ」は単語の頭文字を並べた頭字語に見えるが、実は「extraterrestrial combat」の短縮である。「地球外生物との戦闘」を意味し、秘密武装組織がエイリアンから地球を守るゲームだ。長寿のシリーズになっている。初代ＸＣＯＭでは、ターン制のミッションを通じてさまざまな色のエイリアンと戦う。イギリス人デザイナーであるジュリアン・ガロップが率いる小規模なチームによって開発された。１９９４年に発売されるとすぐに高い評価を受け、大ヒットを収めた。よく売れたのでパブリッシャーのマイクロプローズ社は続編や外伝を次々と出した。１９９４年から２００１年までの間、ＸＣＯＭのゲームは６本リリースされ、出来はまちまちだった。ところが経営難や所有権移転が原因で、シリーズはしばらく出なくなる。マイクロプローズ社はハズブロ社に買収され、その後アタリ社となった。しかしどの会社もゲーム制作に積極的な姿勢を見せなかった。結果、ＸＣＯＭシリーズは２００５年まで休眠状態となる。そしてＸＣＯＭを現代のゲーマー向けに再生しようと、２Ｋ社が権利を購入したのだ。

その年、ケン・レビンはオーストラリアのキャンベラにあるイラショナル社の第2オフィスで、新しいＸＣＯＭのプロジェクトを立ち上げた。マサチューセッツ州ボストンのオフィスではバイオショックの開発に注力していたためだ。開発者たちはＸＣＯＭのコンセプト全体を再構築しようとしていた。ストラテジーゲームから、主人公の視点がカメラとなるＦＰＳ（ファーストパーソン・シューティング）への転換だ。プレイヤーは武器を操ったりリソースを管理したりしつつ、地球に侵略してきたエイリアンを排除する。オーストラリアのチームが作った最初のプロトタイプではガソリンスタンドが舞台だった。

プレイヤーはエイリアン集団の裏をかき、銃で撃ち倒すのだ。さしずめ宇宙人版の「コール・オブ・デューティ」だった。別のプロトタイプでは、地球の大気圏で周回しているXCOM基地から話が始まる。プレイヤーは降下船に乗り込み、基地から一直線に戦場に向かう。映画「プライベート・ライアン」の空挺(くうてい)部隊による急襲場面のようだ。

ケン・レビンはボストンに居ながらXCOMのクリエイティブディレクターを務めた。しかし数か月もするとバイオショック開発で忙しくなったため、あまり注意が払われなくなってしまった。2006年になると、ボストンのスタッフはオーストラリアのスタッフに手伝わせてバイオショックを完成させた。そのためXCOMのチームは小さくなりすぎて仕事が進まなかった。バイオショックが2007年夏にリリースされると、レビンは再びXCOMに力を入れた。イラショナル社員には自社で手掛ける次の大作になると伝えた。チャド・ラクレアが採用されたのもこれが理由だ。レビンはオーストラリアのチームが出した成果物を見ると、全部変えるよう指示を出した。「ケンが来て、『こうやりたいんだ』って言ったんだよ」と2Kオーストラリアで働いていた開発者の1人が明かした。「それまで作ったものと全然違うんだ。だから捨てるしかなかったね」

同じ頃、2K社内で組織再編が実施された。子会社であるイラショナル社の2つのオフィスは別々の法人になった。2Kボストン社と2Kオーストラリア社だ。2Kボストンは数年後にイラショナルの社名を取り戻すが、一方の2Kオーストラリアはそのままだった。そして2008年、レビンとマサチューセッツ州の社員たちはＸＣＯＭを捨て、後にバイオショック・インフィニットになるゲームに集中した。ＸＣＯＭはオーストラリアに投げ返したのだ。この時点で社内政治やいさかい（多くはレビンと2Ｋ幹部との間）が会社全体をむしばんでいた。さらにレビンと2Ｋ社長クリストフ・ハートマンが対立しているという噂も飛び交い、これが2Ｋの全スタジオに悪影響を及ぼしていた。「スタジオとしてしばらくボストンと連絡を取ってはいけないと言われましたね」とオーストラリアのメンバーの1人は証言する。よくささやかれるのは、2Ｋ幹部は没個性的な名前を各スタジオにわざと付けたのではという点だ。2Ｋボストン、2Ｋオーストラリア、2Ｋマリンといった具合である。こうすることで、各スタジオのアイデンティティー確立を阻み、2Ｋのビデオゲーム製造マシンの歯車のままにするのだ。

2Ｋオーストラリアのスタッフがとりわけ不満に感じていたのは、自分たちのゲーム制作を進めようとすると、いつも上司から手を止めて他のスタジオをサポートしろと指示されることだった。しかしそれも2010年の初めに終わった。バイオショック2が完成したため、2Ｋオーストラリアと2Ｋマリンが次に仕上げるプロジェクトはＸＣＯＭになるからだ。バイオショック2ではオーストラリアのスタッフが2Ｋマリンのディレクションに従っていた。しかし役割も逆になる。2ＫマリンがＸＣＯＭのサポートスタジオになり、2Ｋオーストラリアがリードとなるのだ。

2Ｋマリンでは不平が並べられた。自分たちには才能があるため、単純作業はしたくないと考えるスタッフが数多くいたのだ。ただしその役割も長くは続かない点に慰めを感じていた。どうにか2011

年までにＸＣＯＭが終われば、リッチモンドに取り掛かれる。スタジオ内で期待が高まっていたプロジェクトだ。なぜＸＣＯＭのシューティングが存在するのか、誰もよく分かっていなかった（ＸＣＯＭはストラテジーゲームではないのか？）。ましてや、素晴らしいアイデアがあふれたゲームが目の前にあるのに、なぜ2ＫマリンがＸＣＯＭに関与しなければならないのか、納得できなかった。ただ役割分担については理解していた。何としても2ＫマリンはＸＣＯＭの完成までサポートしなければならない。それが終われば本当に作りたいゲームに着手できる。「リッチモンドは僕たちの夢のプロジェクトだったね」とスコット・ラグラスタは話す。2Ｋマリン初期からの社員だ。「ＸＣＯＭは当座の仕事になるはずだった。完成まで手伝ったら、リッチモンドに移るんだ」

2Ｋ幹部はＸＣＯＭについてかなりの期待を抱いていた。本格的なシングルプレイヤーモードとマルチプレイヤーモードの両方がある。これにより、1度プレイしただけでゲームストップに売られてしまうのを避けられる。2Ｋオーストラリアの社員は約30人だった。単独でその規模のゲームを作るには少なすぎるため、シングルプレイヤーモードのデザインを担当する。一方、2Ｋマリンには80人近くが在籍していた。そこでマルチプレイヤーモードをしばらく担当し、その後にリッチモンドに移る。すっきりした役割分担に思える。

しかし当然だが、いくら入念に計画してもうまくいかないことがある。2010年春、2Ｋマリンと2Ｋオーストラリアが協力しても、シングルプレイヤーとマルチプレイヤーの両モードを作るには人員が足りないと判明した。そのため2K社はマルチプレイヤーモードを破棄した。「対応するための増員をどちらのスタジオにもしたくないようでした」と2Kマリンのデザイナーだった J・P・レブレトンは話す。「結果、何か月かかけて作っていたマルチプレイヤーが廃止になったんです」

2Kマリンと2Kオーストラリアは分担する必要がなくなり、両スタジオでXCOMのシングルプレイヤーモードだけを開発すればよくなった。つまり緊密な連携が必要になるのだ。そのため19時間の時差など以前は大きな障害にならなかった点も、突如として問題化し始めた。カリフォルニア州ノバトとオーストラリアのキャンベラとを結ぶビデオ会議は予定が立てづらいし、XCOMのように複雑なゲームで求められる頻繁なコミュニケーションはさらに難しい。

数か月前からくすぶり続けていた緊張は、ここに来て一気に高まった。自信に満ちあふれた2Kマリンからすれば、自分たちの仕事を2Kオーストラリアが把握していないように見える。一方、疲れ果てて怒りをため込んでいる2Kオーストラリアからすれば、2Kマリンは自己中心的で、XCOM開発へのやる気もないように見える。さらに2Kオーストラリアのデザイン担当リードは、権限を持っているのにずっとないがしろにされていると感じていた。他方で2Kマリンのデザイン担当リードは、バイオショック2のような良作を作った自分たちが海の向こうの連中にこき使われたくないと感じていたのだ。

「敵対的な関係がずっと続いていたよ」と2Kオーストラリアのデザイナーだったクリス・プロクターは話す。「リーダー同士は折り合いが悪かった。ひどい状況になることもあったよ」

事態はさらに悪化した。2K幹部による迂闊な決定の結果だ。2010年4月14日、2K社はFPSのXCOMを開発中だとプレスリリースを出した。その末尾に違和感を覚える一行があった。

カリフォルニア州ノバトとオーストラリアのキャンベラにスタジオを有する2Kマリン社は、2Kの開発スタジオとして新しい知的財産を生み出すとともに、2Kゲームズで実績あるシリーズをさらに発展させます。

要するにオーストラリアのオフィスは、かつてイラショナル・オーストラリア、そして2Kオーストラリアと名前が変遷したが、ついに2Kマリンの一部になったのだ。名前の変更ではあるものの、これまで2Kにおける名称変更がそうだったように、大きな意味を持つ。キャンベラの社員はすでに二級市民のように扱われていると感じていたが、とうとう名前すらも失ってしまった。厳密に言うと、彼らは「2Kマリン社のオーストラリア・キャンベラ・オフィス」となる。良く解釈するなら、2K社は緊張関係にあった両チームを和合させたかったのだろう。しかしむしろマリンの社員を怒らせ、オーストラリアの社員に屈辱感を与えてしまった。「衝撃的だったね」とキャンベラで働いていた人が話す。「不愉快極まりなかったよ」

XCOMの開発中、プロジェクトは常に変わっていった。まるで伝言ゲームのようだった。実際に制作していた人であっても、どのような形を取ったのか、今ではすべてを覚えていない。ある時期は非対称型マルチプレイヤーゲームだった。プレイヤーは人間とエイリアンの両方の役割を選べる。また別の時期には、不可解な現象を調査したり、エイリアンに捕縛されることなく写真撮影したりするゲームだった。プロトタイプも、主人公視点のファーストパーソン型があったり、主人公後方にカメラがある第三者視点のサードパーソン型があったりした。2010年夏頃になるとプロジェクトは破綻し始めた。どちらのスタジオにもゲームの完成形を想像できる人はほぼいなかった。「プロジェクトは不安といった状態から、完全に悲惨な状態に陥りましたね」とJ・P・レブレトンは話す。「提示しようとしていた全体デザインの方向性が、まるで伝わってきませんでした」

2Kマリン社はバイオショック2の開発を通じて調和や協働の文化の醸成を目指していたが、1年も経たないうちにすっかり消えてしまった。2K社長のクリストフ・ハートマンと幹部たちは2Kマリンと2Kオーストラリアを合わせれば必要な人員数を確保できると考えていた。しかしどちらのスタジオのスタッフも取り替え可能な部品ではなかった。意欲に満ちたクリエイターであり、自尊心や向上心、さらには独自の文化も持っている。そのため同じビデオゲーム製造マシンに詰め込むのは不可能だった。「半分の規模のゲーム開発チームが2つあり、それをくっつけたら完全なチームが1つ出来上がって野心的な大作も出せると幹部は思っていたみたいですね」とレブレトンは言う。「バンドみたいなものですよ。調和が欠かせないんです」

その間ジョーダン・トーマスらリッチモンドのリードは、プリプロダクションで創造の悦楽に浸っていた。夢の作品になるであろうゲームのデザイン資料を書いたり、コンセプトアートを描いたりしていたのだ。XCOMに関する悪い噂を同僚から聞くたびに罪悪感を覚えていたものの、騒動から距離を置けて幸運だと感じていた。しかしあるとき2K幹部から連絡を受け、夢の時間は終わってしまったと気付いた。「リッチモンド担当チームに『XCOMを立て直せ』と指示が出たんだ」とトーマスは話す。「だからクリエイティブ面での指揮は再度2Kマリンの主力が執ることになった。現場のやる気を取り戻させようとしたんだ」。こうして、XCOMは2Kマリンが一時的に開発サポートする作品ではなく、次の一大プロジェクトに変わった。

2K幹部は両スタジオが敗者の状況を作ってしまった。2KマリンのスタッフはXCOMに携わりたくなかった。大多数は作りたいとも感じていなかった。「その段階ですでに出来上がっていた部分は多かったね。でもデザインで下されていた決定がバラバラだったんだ」とトーマスは言う。「着手の時点から危機的な状態だったよ」。同じ頃、2Kオーストラリアのスタッフは主体性がどんどん奪われていると感じていた。まずはスタジオ名がなくなってしまった点だ。それから、自分たちが主導できるはずだったゲームでサポートスタジオに戻されてしまった点だ。2Kオーストラリアでデザインディレクターだったエド・オーマンとアートディレクターだったアンドリュー・ジェームズは退職を決断した。その後の数週間でさらに退職者が出た。

2K社は数か月後に再び組織再編を実施した。「ある日の深夜、ミーティングの案内が来たんだ」とオーストラリアオフィスのデザイナーだったクリス・プロクターが話す。「朝10時に駐車場に集合って」。翌朝プロクターが出勤すると、幹部の1人がリストに書かれた名前を読み上げた。この人は下の階、この人は上の階といった具合だ。プロクターは下の階に行くよう言われた。そしてすぐに悪い知らせを聞く。XCOMを2Kオーストラリアから完全に取り上げると2K社が決定したのだ。残った仕事は、バイオショック次作でイラショナル社のサポートをするだけとなる。「上の階に行った連中は会社に残ってバイオショック・インフィニットの開発を続けるんだ」とプロクターは言う。「下の階はレイオフされたよ」。プロクターはその場に座って呆然としていると、ある2K幹部がプロクターら数名のデザイナーを呼び寄せた。そして、実はレイオフされずにXCOM開発を続ける方法があると告げた。サンフランシスコに引っ越すという条件だった。「本当に怒りを感じたよ」とプロクターは回想する。

プロクターはしばらく悩んだ。友人や家族と離れるのはつらい。しかし多くのゲーム開発者と同様、世界各地を転々とするのに慣れてはいた。オーストラリアのメルボルンで生まれ育ったプロクターは、デザイナーとして国内の開発スタジオをいくつも渡り歩いたが、何もリリースできずにレイオフされたことが何度かあった(「手掛けていたゲームがキャンセルされた経験は何度もあるよ。本当に嫌だったね」)。その後はノルウェーのオスロに行き、ファンコム社に勤務した。「ザ・シークレット・ワールド」というオンラインのスパイゲームを制作した会社だ。そこでさらに何度かレイオフを経験した後でオーストラリアに戻り、ビデオゲーム業界から足を洗おうと考えた。「やっぱり不安定すぎるし、国内の離れた場所や海外に転職を繰り返すことはできないからね」とプロクターは話す。

その頃、昔の同僚がキャンベラにある2Kオーストラリアを勧めてくれた。母国でゲーム開発を続けるのに魅力を感じ、プロクターは2KオーストラリアでXCOMの開発に加わった。しかし何か月もしないうちに下の階に呼ばれ、悪い知らせを聞いた。こうして再び、厳しい決断を迫られることになったのだ。「何人もの友人や家族に相談したけど、みんな『この機会を逃さずにアメリカに行くべきだよ』と言ってくれた」とプロクターは話す。2K社が引っ越し費用や新居が見つかるまでの一時滞在費を出してくれたこともあり、結局プロクターはアメリカでの勤務に満足した。「結果的に良い選択になったね」とプロクターは言う。

とうとう2KオーストラリアがXCOMから外されることが正式に決まった。残るスタッフはイラショナル社をサポートし、バイオショック・インフィニットを完成させる。一方で2Kマリンは単独でXCOMのシューティングを担当する。またもや、誰も幸せにならなかった。2Kオーストラリアのスタジオは縮小された。また2Kマリンのスタッフは、やり直しや方針変更の結果として変わり続けたゲームを引き受けなければならなかった。そもそも作りたいとも思っていなかったゲームだ[5]。加えて、ファンが真に望んでいたXCOMゲームのプロジェクトが別途進んでいた。オリジナルのXCOMにより近いターン制ストラテジーゲームで、「シヴィライゼーション」開発元のフィラクシス社が制作していた。なぜ存在するかがよく分からないゲームを作り続けるのは、不安が募るばかりだった。

2Kマリンが2010年と2011年にイベントで公開したXCOMのトレーラーは派手でエネルギーに満ちていた。並行世界の60年代アメリカを舞台に、エイリアンを撃ち倒すFPSが披露されていた。ところが社内の実態は違っていた。2Kマリンが引き継いだ後、XCOMはさらに作り直され、FPSからTPS（サードパーソン・シューティング）に変わっていた。発売は2012年3月から2013年初頭に延期され、さらに2013年夏に延びた。当初2Kマリンのスタッフにとって穴埋めプロジェクトだったはずが、すでに数年も関わっているのだ。「チームの士気は下がってたね」とXCOMでシニア・システムズ・デザイナーを務めていたジェームズ・クラレンドンは話す。「これから何かをリリースしようという雰囲気はなかったよ」

この段階になってもなぜXCOMのシューティングがキャンセルされないのか、開発者たちはいぶかしんだ。なぜ幹部、つまりクリストフ・ハートマンは負担を削減して別のプロジェクトに注力しないのか？　ジャーナリストのクリス・プランテがゲーム情報サイトのポリゴンに寄稿した詳細レポートで表現したように、まさに「金食い虫」だった。自分でプレイしたいと思うスタッフはほとんどおらず、開発を続けたい人はさらに少なかった。「ゲームがキャンセルされればとても傷つくよ。でも、迷走したゲームを作り続け、創造する力を奪ってしまうのも良くないね」とジョーダン・トーマスは話す。「遅効性の放射能中毒みたいなものだよ」

結局、トーマスは開発の途中でプロジェクトを抜けた。イラショナル社に戻ってきてバイオショック・インフィニットを一緒に完成させないかとケン・レビンが連絡してきたのだ。さらに、XCOMプロジェクトの状態に嫌気が差し、2012年から2013年にかけて他のベテランが何人も2Kマリン社を辞めた。スタジオにとってポジティブな成果は何も出ないだろうと感じている人もいた。リードがXCOMの担当に回ったにもかかわらず、一部のデザイナーはなおもリッチモンドに取り組んでいた。しかし2012年になると、全員が退職するかXCOMに引き込まれるかした。その結果、リッチモンドのプロジェクトは静かに立ち消えようとしていた。不満を抱いている2Kマリン社員の多くは、そもそもバイオショックのようなイマーシブ・シムを作ろうと入社した。環境を用いたストーリーテリングや、実験的な要素に満ちたゲームだ。これ以上、人生の貴重な時間をXCOMのシューティングに費やしたくはなかった。「『プレイヤーを尊重する』のがバイオショック2で掲げた大きなテーマだったね」とスコット・ラグラスタは言う。「ところが、XCOMでは『いや、プレイヤーは座ってストーリーを追ってくれ。カバー動作を駆使してシューティングを楽しんで』って感じだった」

2Kマリン社でリードAIプログラマーを務めていたデイビッド・ピットマンは、そうした不満を抱えていたベテランの1人だった。ゲーム出荷の数か月前となる2013年3月に退職した。ゲームやスタジオの状況に失望したからだ。「いろいろな理由で難しいプロジェクトだった」とピットマンは思い出す。「目指す方向もリーダーも変わり続けたんだ」。他のベテラン社員と同様、ピットマンが2Kマリンに留まり続けたのは、いつかリッチモンドを手掛けられると期待していたからだ。しかし2013年にはリッチモンドのプロジェクトが消滅するのは明白になっていた。「あのゲームが作りたいからと、長く留まりすぎたんだね」とピットマンは話す。「そうするうちに気付いたんだ。いつか制作したいと思っているこのゲームは、たぶん実現することはないだろうって」

人材流出以外にも悪い兆候はあった。XCOM開発終盤の2013年、2Kマリン社のオフィスは旧空軍基地にある別の航空機格納庫に移転した。ジェームズ・クラレンドンは新オフィスがとても蒸し暑かったことを覚えている。「意欲は低いし、陰謀論が広まり始めたんだ。わざと蒸し暑くして追い出す気だとか、我々を無視しているとかね」とクラレンドンは回想する。「でっかいクモを何度も見たよ。毒のある黒いやつ」。しかもランチのケータリングやエスプレッソマシンなど、それまで享受してきた福利厚生サービスを使おうとすると、以前のオフィスまで歩いて行かなければならなくなった。「明らかに二級市民に転落しつつあったよ」とスコット・ラグラスタは言う。

そうするうちに、2K社は旧オフィスに別のスタジオを入れる計画を立てていると噂が流れた。旧オフィスをリノベーションしてきれいにしていたからだ。そして噂は現実になった。2K社はイラショナル・ゲームズ社でバイオショック・インフィニットを出し終えたばかりのロッド・ファーガソンを連れてきて、新しいゲーム開発スタジオを立ち上げようとしていた[6]。その後の何週間かファーガソンは2Kマリンの開発者とこっそり面接をし、後に「ハンガー13」と呼ばれる新スタジオにふさわしい人材を探し始めた[7]。

2013年8月20日、とうとうXCOMのシューティングが発売された。タイトルは「ザ・ビューロー／XCOMディクラシファイド」と長たらしい。評価はほどほどであまり売れなかった。外部の人間からすると、なぜ作ったのかと怪訝に思うほどだった。2012年にフィラクシス社がXCOMのストラテジーゲームを出し、高い評価を受けて堅調に売り上げていたため、なおさらだった（その後フィラクシス社はXCOMの続編や外伝を何年にもわたって作り続けることになる）。もちろん2K内部の人たちもその疑問はずっと抱いていた。「リリースした後はスタジオの士気はとても低かったね」とクリス・プロクターは言う。「DLCを制作していたのだけど、やる意味が分からなくなっていたんだ。明らかに誰もあまり欲しがっていなかったから」

以後何週間にもわたって、2Kマリンに残ったスタッフは次の担当プロジェクトが何であるのか探り続けた。しかしはっきりした答えは得られなかった。ビデオゲーム業界の閻魔大王の前にいる気分だった。次に行くのが良い世界か悪い世界か、審判を待っているのだ。開発者の中にはプロトタイプやプレゼン資料を作り始める人もいた。2K社に何か新しいプロジェクトを始める許可を出してもらうためだ。一方で、席に座ったままリンクトインのプロフィールを更新し、他社の求人に応募しようとしている人もいた。この光景を奇妙と表現したのでは言葉足らずかもしれない。「みんな勤務時間中に仕事を探していただけなんだ」とプロクターは言う。「上司たちも認めていたようだったよ」

◆

2013年10月17日はスコット・ラグラスタにとって良い日になるはずだった。彼と妻はもう何か月も中古不動産を探していたが、高給取りのシリコンバレーのエンジニアが現金払いを提示するため、いつも買い負けていた。しかし、とうとう取引成立目前までこぎ着けた。そんなとき2Kマリンが全社会議を開催し、社員は2つの部屋に別々に呼ばれることになった。ラグラスタは悪い部屋に呼ばれた。そして他の同僚とともに、2K社の人事担当にレイオフを告げられた。「妻からメッセージを受け取っていたんだ。『売り主がこっちの提示を受け入れたよ。家が持てるね』って」とラグラスタは話す。「すぐに妻に携帯メールで返信したよ。『いや、提示は取り下げないと。今さっき無職になった』ってね」

ラグラスタは、今後どうなるか推測できる程度にはビデオゲーム業界にいた。以前はサンディエゴ市にある、アクティビジョン子会社のハイ・ムーン・スタジオにいたがレイオフされ、2008年に2Kマリン社に入社した(このレイオフも似たような流れだった。良い部屋と悪い部屋に分けられた)。バイオショック2のデザイナー職には大満足していたものの、XCOMは違った。「きつかったよ」とラグラスタは思い出す。「できるだけのことはした。確かに作りたいゲームを作っていたわけではないよ。でも、自分では出来に納得している部分なのに、それまで捨てられるかい?」。XCOM開発の初期、ラグラスタは緊張感とホラーに満ちたレベルの制作を楽しんでいた。もともと構想した通りの出来上がりだった。「その後に2Kの指示で方向性を見直したんだ」と彼は言う。「それですっかり変わってしまった。『指示を出してくれれば、それに従います。私に創造力を求めていないようですね。ビジョンを提示してくれれば、それを実現します』って感じにね。こうやって完成。もうやってて楽しくないよ」。とうとうラグラスタは勤務後に小さなゲームを作り始めた。発揮できない創造力を自分自身のプロジェクトにつぎ込んでいたのだ。

XCOMは不人気で、新規プロジェクトはなく、隣で別スタジオの新設工事をしている。こういった事実からラグラスタはレイオフが間近に迫っているのではと感じた。残酷だったのは、開発者自身の決断で3年もXCOMに関与したわけではなかった点だ。開発者自身が大きなリスクを取った結果として失敗に終わったり、素晴らしいゲームを作ったのに売れなかったりといった理由でスタジオが閉鎖されていたら、まだ良かった。悲しくはあるだろうが、少なくも自尊心を持ったまま退職できる。ところがXCOMは不要な仕事だった。2K社のそろばん勘定の結果、キャンセルされずに残ったものだ。これが2Kマリンの最終作となったため一層痛々しかった。

結局ラグラスタは家を買わなかった。2Kマリン閉鎖後の数年、彼はサンフランシスコのベイエリアにあるビデオゲーム会社を何社か渡り歩いた。そして「ゲーム・オブ・スローンズ」や「ウォーキング・デッド」といった有名シリーズをベースにしたナラティブ・アドベンチャー・ゲームを手掛けるテルテイル社に転職する。しかしそこでも不満は高まるばかりだった。「ずっと火消しをしていたよ」とラグラスタは話す。「オフィスで8時間働いて帰宅する。子どもが寝た後、仕事でどこかに火種が残っていないか、見回るんだ」。彼が転職先を探している時期だった。夫婦で座って話をしていると、ゲーム業界に残りたいなら、現実的には別の街に引っ越さなければならないかもという流れになった。「妻が確か『ヨーロッパかどこかに行けないかな?』と言い出した」とラグラスタは当時を思い出す。「妻の方を向いて『冗談じゃなくて? ああ、そう』って答えたよ」

2017年秋、ラグラスタ夫妻は荷物をまとめてスウェーデンのマルメ市に引っ越した。ユービーアイソフト傘下のマッシブ・エンターテインメント社に入り、ジェームズ・キャメロン監督の映画「アバター」をベースにしたゲームの開発に加わることになった。ここ10年間サンフランシスコ近郊に住んでいたアメリカ人にとって、カルチャーショックは大きかった。さまざまな点でスウェーデンとライフスタイルが違うのだ。例えば、まず給料がとても低い。ラグラスタは求職活動をしていた際、それまでの給与に基づいて額を提示した。しかしそれはスタジオのリードがもらうような金額だと告げられた。次に、スウェーデン政府はアメリカ人が理解できないような社会福祉を提供している。税金の補助を受けた健康保険や教育、さらには乳児を持つ親に与えられる480日もの有給休暇だ。労働組合の影響が強いスウェーデンの文化は、組合のあるビデオゲーム会社が皆無のアメリカとは正反対だ。

「ユービーアイソフトは大規模レイオフを回避するのがうまいね」とラグラスタは話す。「だから居心地は良いんだ」。こういった特長に加え、ドナルド・トランプ政権下のアメリカはディストピア的様相が強くなりつつあったため、ラグラスタはスウェーデンに留まることにした。「生活で重視する点を変えないと」と彼は言う。「カリフォルニアにいた頃と比べたら、中の下みたいな生活に感じてしまうよ。もし、ぜいたく品に手を出しづらくなった側面しか見ない場合はね」。恐らくマルメで暮らす最大のメリットは、機能不全に陥ったアメリカの健康保険制度に起因する不安から解放される点だろう。「仮にバスにひかれても大丈夫という安心感があるよ」とラグラスタは話す。「アメリカのベイエリアだと、ひどい事故に遭ったら破産してしまう人が大部分だから」

◆

スタジオ閉鎖後に「極めて有能なスタッフばかりでした」と伝えるのは、ある意味、決まり文句になっている。しかし決まり文句になるのには相応の理由もある。数年の間に2Kマリン社から離れた人材の多くは、給料の高いAAAのゲーム開発ではなく、友人や家族に後押しされてインディーゲーム開発に向かった。そして印象に残るゲームをいくつか作り上げている。一番有名なのは「ゴーンホーム」だろう。スティーブ・ゲイナー、ヨンヌマン・ノルドハーゲン、そしてカーラ・ジモンジャが制作したが、3人はバイオショック2の拡張コンテンツ開発で一緒だった。ゴーンホームは短いが心に刺さるゲームだった。主人公である十代の女の子が旅先から実家に戻ると、誰もいない。そこで家族がどこに行ったのかを探し始める。ストーリー全体は環境を使って展開する。冷蔵庫に貼られたカレンダー、留守番電話の録音メッセージ、あるいは捨てられた手紙や日記だ。いわば、バイオショックからシューティング要素を抜き取ったゲームだ。ゴーンホームは2013年8月15日にリリース（XCOMのたった数日前）されると、非常に高い評価を受ける。そしてゲーム開発者の文化に影響を与えた。2Kマリンに在籍する多くの開発者が奮起し、インディーゲーム開発に挑戦し始めたのだ。

2Kマリン閉鎖後に生み出されたインディーゲームは他にもある。まず、ナラティブ・アドベンチャー・ゲーム「ザ・ノベリスト」だ。2Kマリンのリードデザイナーだったケント・ハドソンがディレクターを務めた。次に、ヒマラヤ山脈を舞台にした探検ゲームの「ワイルド・エターナル」だ。QAテスターだったケイシー・グッドロウがリーダーを務めた。それから、アメリカの民話を題材にした「ホウェア・ザ・ウォーター・テイスツ・ライク・ワイン」である。これもゴーンホーム発売の後、ヨンヌマン・ノルドハーゲンが一人で制作した。海を渡ったオーストラリアのオフィスからは、バイオショックの開発ディレクターだったジョナサン・シェイがカード型ストラテジーゲーム「カードハンター」と、続けてSFローグライクの「ボイド・バスターズ」のディレクションを担当した。また、XCOM開発途中で退職したエド・オーマンとアンドリュー・ジェームズはインディー開発スタジオを立ち上げ、ポストアポカリプス的な探索ゲーム「サブマージド」を開発した。

プログラマーだったデイビッド・ピットマンは、リッチモンドのプロジェクトはもう無理だという現実を受け入れて、２０１３年初めに2Kマリンを退職し、自分でゲーム開発を始めた。彼自身の貯金に加え、妻がゲーム関連の仕事でかなりの額のボーナスを得たため、年末までは経済的に問題はないと考えた。「ずっとインディーゲームを作りたいと思っていたんだ」とピットマンは言う。「だから『少しは貯金もあるし、８か月か9か月あれば何か1つは作れる』って考えた。最悪な結果でも『9か月休暇を取って好きなことして楽しんだ』で済むからね」

ピットマンは数か月かけ、ＦＰＳの「エルドリッチ」を制作した。マインクラフトのようなブロック形状のグラフィックスと、作家ラブクラフトのクトゥルフ神話に影響を受けた世界観を特徴としている。短いがやりがいのあるゲームで、レベルはランダムに自動生成される。またイマーシブ・シム的に能力を使ってプレイする。例えば不可視化、テレポート、催眠といった魔術を習得すると、敵と遭遇した際にさまざまな手段で対処できる。ＸＣＯＭの開発で苦しんだピットマンにとって、一人で小規模なゲームを作るのは、自由が感じられたし、心も洗われた。

かつて在籍していた2Kマリン社の閉鎖と同じ２０１３年10月、ピットマンがエルドリッチをリリースすると、ユーザーからは好評を受けた。「投資額を回収できた上に、次の2作分の資金も得られたよ」とピットマンは話す。

その2作というのは、政治的陰謀がテーマのステルスゲーム「ネオン・ストラクト」と、吸血鬼が登場するテレビドラマ「バフィー」をヒントにしたシューティングの「スレイヤー・ショック」だ。どちらも第1作ほど成功はしなかった。そして2016年になると、ピットマンはもっと安定した仕事を探すようになった。収入面だけではなく、他人とのコラボレーションを懐かしく感じたからだ。たまに双子の兄弟で同じくゲーム開発者のJ・カイル・ピットマンと共同作業することもあったが、十分とは感じていなかった。

ピットマンは資金が潤沢な企業数社の求人に応募した。しかしインディー生活を何年も続けていたため、再びAAAの巨大プロジェクトに加わるのに大きな不安を感じた。2Kマリン閉鎖の後に設立されたハンガー13の面接を受けたものの、部屋に入るだけで冷や汗をかいた。「あの環境に何時間かいただけで、もうクタクタだったよ」とピットマンは思い出す。「ソロのインディー開発者でクリエイティブな決断を一から十までやってきた後だったから、AAAの開発で細かな作業に戻るのは本当にストレスだったね」。そのため、実のところピットマンが望んでいたのは、かつての同僚との再会だったと自身で考えている。

バイオショック2でディレクターを務めたジョーダン・トーマスは、昔の同僚たちがインディーでがんばっているのをうらやましく見守っていた。マサチューセッツ州でバイオショック・インフィニットを完成させようとしていた2013年、ピットマンや「ゴーンホーム」開発者たちといった元同僚の活躍を目の当たりにして、トーマスは自分もインディー開発をやってみようと決意した。まず、同じくバイオショックのアーティストで、何年も親しくしているスティーブン・アレクサンダーに声をかけた。そしてバイオショック・インフィニットが完成したら一緒に何か新しいことをやろうと相談し始めた。「2人ともAAAの歯車として働くのにうんざりしてたね」とトーマスは話す。「どちらも、収入があってサポートしてくれる配偶者がいる有利な環境だったよ。その点で、あの年齢で独立するよりも怖くなかったんじゃないかな」

これこそが秘訣(ひけつ)だった。誰かに経済的に支えてもらえれば自由が得られる。2Kマリン閉鎖の影響を受けた人の多くが持ち合わせていなかったものだ。2013年夏、トーマスとアレクサンダーはイラショナル社を辞め、アレクサンダーの両親の家を仕事場にしてアイデアを出し合った。トーマスは残酷ホラーが大好きなので、暗い雰囲気のゲームをいくつか提案した。しかしアレクサンダーは気乗りしなかった。バイオショックの世界に長くいたため、もう少し明るい雰囲気にしたかった。するとトーマスの頭に、あるイメージが浮かんだ。2人のゲーム開発者が何か決めようと議論をしている。カメラは彼らではなく、使用中のホワイトボードを映している。アイデアが口から出るのに合わせ、ペンで文字が書かれたり消されたりするのだ。

このイメージから、2人は最終的にゲーム「ザ・マジック・サークル」を思い付いた。現実世界とゲーム世界が交錯する超現実的な内容で、プレイヤーは未完成のまま放り出されたゲームのテスト担当者を操作する。ゴールはゲーム世界からの脱出だ。開発者が残したツールを使って世界を修正しながら進み、レベルをデザインしたり、敵のＡＩのプログラムを作り直したりする。プレイ中、不満の絶えないエグゼクティブプロデューサーであるメイズ・イーブリンと、妄想に取りつかれた身勝手なクリエイティブディレクターのイシュマエル・ギルダーとの間で交わされる議論をずっと聞くことになる。トーマスがこの2人のモデルとしたのは、トーマス本人だったり、一緒に働いた経験がある独裁主義のディレクターだったりする。（ゲーム内でギルダーはこう言う。「良い人材が見つかれば部屋に監禁だ。そうなれば……奇跡と言える。奇跡がないのなら俺たちは殺し合うだけ。どっちに転んでも問題は解決だ」）

2年後、働き者の配偶者とアレクサンダーの両親から借りた資金で、トーマスらはザ・マジック・サークルをリリースした。開発費はどうにか賄えた（借金も利子を付けて返した）ものの、次の作品を出せるほどの収益は上げられず、トーマスとアレクサンダーは厳しい状況に置かれた。2人はインディー開発を続けたかったが、資金が必要だった。そこで業界の知り合いに声をかけて感触を探っていると、システムショック3の開発に携われるかもという興味深い話があった。しかし結局、実現はしなかった（最終的にはウォーレン・スペクターが関わることになる）。その後、トーマスは業界の知り合いで何億ドルも資金を持っていそうな人物に連絡を取った。アニメ「サウスパーク」の共同制作者であるマット・ストーンだ。以前トーマスはサウスパークのＲＰＧでコンサルティング業務をしたことがあった。テレビ業界の人と開発者との間で橋渡しをし、そのときにストーンと、もう1人の制作者であるトレイ・パーカーと知り合いになったのだ。トーマスは新しいビデオゲームの開発資金を募っていると伝えた。すると、ストーンから返事が来た。金持ちの友人からぜひとも聞きたい回答だった。ストーンとパーカーが共同出資するのはどうかという提案である。

トーマスらのチームは「ザ・ブラックアウト・クラブ」と名付けたゲームの紹介資料をまとめた。これまでになかった仕掛けを組み込んだオンラインのホラーゲームだ。そして2017年、ストーンとパーカーのおかげで、他に何人も開発者を雇うのに十分な資金を準備できた。参加する開発者にはデイビッド・ピットマンもいた。ソロでのゲーム開発をやめ、トーマスと一緒に働ける機会を何か月も待っていたのだ。2Kマリンの小さな同窓会のようだった。「予算が獲得できるまで待たなきゃならなかったんだ」とピットマンは話す。「開発予定のゲームは楽しそうだと思ったよ」

ザ・ブラックアウト・クラブは2019年夏に発売された。舞台は謎の病気が蔓延（まんえん）している街だ。夜になると住民が夢遊病のように歩き回る。プレイヤーはティーンエージャーのキャラクターとなり、なぜ大人たちが病気の蔓延や超常現象の原因を隠そうとするのかを解き明かす。一連のミッション中、他のプレイヤーと協力して情報を収集したり、街に現れるモンスターから逃れたりする。

ゲーム自体はもちろん楽しいが、何よりも特徴的なのは仕掛けだ。プレイ中に突然、本物の人間が動かすキャラクターがゲームに登場するのだ。このために開発元は演者のチームを雇った。夜間の特定時刻にザ・ブラックアウト・クラブにログインし、プレイヤーたちのミッションにランダムに参加する。神秘的な存在で、「DANCE-FOR-US」や「SPEAK-AS-ONE」といった名前が付けられている。つまり、ザ・

ブラックアウト・クラブをプレイしていると、演者と奇妙な出会いを果たしたり、開発者から気味の悪いメッセージを受信したりする可能性がある。いわば、ビデオゲームの中で繰り広げられるインタラクティブな演劇なのだ。「ユーザーがこの仕掛けを知ると、見たことがないほどに喜んでいたね」とトーマスは話す。「あれほどの反応があった作品を手掛けたことはなかった」

ゴーンホーム、エルドリッチ、ザ・ブラックアウト・クラブ。こういった革新的なゲームを見ると、スタッフを疲弊させた失敗作「ザ・ビューロー／XCOMディクラシファイド」に2Kマリン社がはまり込んでいなかったら、今ごろどうなっていたのかと誰もが思うだろう。2Kマリンで働いていた人たちは、作りたくないゲームを作らずに済んだ、もう1つの現実世界を夢想していた。いまだにリッチモンドという死んだ子の年を数えているのだ。もし2K経営陣がもっと賢明な判断を下していたら、2Kマリンはザ・ブラックアウト・クラブのように創造性豊かなゲームを作れていただろうか？　もし奇跡でも起こって2Kマリンが消滅を免れていたら、リッチモンドは「デウスエクス」や「バイオショック」のように愛されるイマーシブ・シムになっていただろうか？

しかし別の見方もできるはずだ。もし2Kマリンが閉鎖されていなかったら、スタッフはAAA開発の泥沼にはまり込んでいた。AAAはコストも予算も多額になるため、開発者はゲームにインタラクティブな演劇を組み込むといった奇抜な実験はできなくなる。幹部がゴーンホームのようなゲームを見たらどう反応するか、容易に想像できる。もっと爆破場面を入れろと指示するはずだ。またザ・ブラックアウト・クラブのインタラクティブな演劇に対しては、一部のプレイヤーしか神秘的な存在に会えないので不公平だと言うはずだ。何百人ものスタッフを抱え、何千万ドルもの予算があると、人はすでに判明している公式を当てはめがちだ。付け加えるなら、マルチプレイヤーモードの作成を要求する傾向もある。

結局のところ、デイビッド・ピットマンとジョーダン・トーマスは幸運だったのだ。皆が皆、家族や配偶者、それに著名な大金持ちから経済的支援を得られるわけではない。2Kマリン閉鎖後にクリエイターとしての夢を自由に追える人は多くはなかった。近くの大手スタジオに転職した人も、違う土地に引っ越した人も、どうにかこうにか新しい仕事を見つけた人もいた。

ケネス・レーニャはゲーム業界で10年以上働いてきたレベルデザイナーだ。2Kマリン社の閉鎖後、半年近くも就職先が見つからなかった。同じベイエリアにあるサンマテオ市で「コール・オブ・デューティ」開発の仕事を臨時雇用契約で見つけたが、通勤に2時間は長すぎた。

そして2014年末、彼はビデオゲーム業界を離れた。不安定な雇用、クランチ、さらには低賃金が相まって、ゲーム業界の仕事はもう難しいと考えたのだ。「ゲーム業界以外で似たような仕事をしている人は、もっと給料が高いだろうね」とレーニャは話す。「レベルデザイナーに戻って、何か大規模なシリーズもので週54時間も働くのは、もううんざりだよ。ゲーム会社に戻って働くのは、お金を捨てるようなものだね」

ビデオゲーム業界の課題として、頭脳流出が決算報告会やインターネット掲示板で頻繁に取り上げられているわけではない。しかしレーニャのように考えている人が珍しいわけでもない。特にサンフランシスコのベイエリアではそうだ。ビデオゲーム業界で10年以上働いて何本かゲームを完成させている人であれば、待遇のひどさは痛感し始めているかもしれない。とりわけ、同じビルにいる人間が年に３５００万ドルももらっていると分かれば、一層強く感じるはずだ。

注

[1] 人の仕事を奪うことを「クリエイティブ人材の異動」と表現するアメリカのビジネス慣習は極めて残忍だ。

[2] この発言はビデオゲーム情報サイトのゲームスポットが伝えた。記者のエディー・マクチが説明会に出席していたのだ。

[3] このバイオショック第4作には「パークサイド」というコード名が付けられ、当初はテキサス州にあるサートゥン・アフィニティーという会社が開発を担当した。しかし同社のバージョンはキャンセルされ、ノバト市の2K社に戻された。そして後にクラウド・チャンバー社と呼ばれるスタジオが引き継ぐことになった。

[4] 2Kマリン社が閉鎖されて2年近く経つ2015年6月1日のプレスリリースにはこうある。「現在2Kは世界トップクラスの開発スタジオを擁しています。フィラクシス・ゲームズ、ビジュアルコンセプツ、2Kマリン、2Kチェコ、2Kオーストラリア、キャット・ダディー・ゲームズ、2Kチャイナです」

[5] 後に2Kオーストラリアは「ボーダーランズ／プリシークエル」のプロジェクトを主導する。ギアボックス・ソフトウェア社が開発するルーターシューター型ゲームのシリーズ新作で、2014年10月に発売された。しかしその6か月後、2Kオーストラリアは完全に閉鎖された。

[6] しかしファーガソンはスタジオが公式に立ち上げられる前に退職した。代わりに、ルーカスアーツ社でディレクターを務めていたヘイデン・ブラックマンが2014年に着任した。

[7] 旧空軍基地で働いていた人からすると、ひねくれた冗談に聞こえるだろう。英語でハンガーは航空機格納庫の意味だが、全部で10個しかなく、13番は存在しなかった。

第5章　仕事中毒者たち

WORKAHOLICS

　ザック・ムンバックがビデオゲーム業界に入ったのは、彼自身が言う「すごい間抜けな話」からだった。ムンバックはパンクロックが大好きな少年としてカリフォルニア州サンノゼ市で育った。そしてスケートボードを楽しみ、いつかプロのゲーム開発者になることを夢見ていた。高校生のときゲームデザインにも手を出した。FPS「デューク・ニューケム3D」のMODを作ってカスタマイズし、レベルのレイアウトを変更したりキャラクターをスター・ウォーズの登場人物に入れ替えたりした。MOD制作がうまくいったため、ゲーム開発者の道も現実に思えてきた。そして高校卒業直後の2000年夏、好きなゲーム会社の住所をインターネットで調べた。エレクトロニック・アーツ（EA）だ。

　最近でこそEA社と聞くと、代わり映えしないシリーズ作品を出したり、マイクロトランザクションと呼ばれる少額課金を果てしなく要求したりと良くない印象があるかもしれない。しかし長い間、EA社はビデオゲームのプレイヤーから尊敬され、愛されてきた。80年代から90年代にかけて、スポーツゲームのシリーズ（「マッデンNFL」や「FIFA」）では一人勝ちの状態だった。さらには創造力豊かな天才が率いるチームに賢い投資をした。ウィル・ライト（「シムシティ」）、ピーター・モリニュー

（「テーマパーク」）、そしてもちろんリチャード・ギャリオットとウォーレン・スペクターだ。

ザック・ムンバックが好きだったゲームの多くはＥＡ社が開発して発売していた。そのＥＡの本社はレッドウッドショアーズという地区にあった。自宅から車でたった30分ほどの距離だ。「襟がある一番良いシャツを着た。そんなのを持ってたんだよ。そうしてＥＡまで運転して行ったんだ」と彼は思い出す。「正面入口から入って警備員室に歩いて行き、『こんにちは、就職の話で来ました』と言ったんだ」。するとムンバックの記憶によれば、人が大勢いる部屋に警備員が案内してくれた。偶然にも新規スタッフの入社日だったのだ。人事担当者が必要書類を手渡す際、ムンバックに名前を尋ねた。「『はい、ザック・ムンバックです』って答えたよ」と彼は回想する。「そうしたら担当の人が『すみません、リストにお名前がないですね』と言って、僕の名前をリストに加えて書類をくれたんだ。別にだましたわけじゃないよ。それで書類に記入して、当日からＱＡ部門でテスターとして働くことになった。要するに、勘違いで入社しちゃったんだ。そんなすごい間抜けな話があるかと思うかもしれないけど、実際に起こったんだよ[1]」

ムンバックが採用予定者ではないとＥＡの上司たちが気付いていたとしても、頓着しなかったかもしれない。ＱＡ、つまり品質保証は、ゲームの欠陥やバグ、エラーを発見する専任部門だ。部外者からしたら最高の仕事のように思える（一日中ゲームができる！）が、実際はつらい作業もある。テスターは普通の人のようにはゲームをプレイしない。何週間にもわたって何度となく同じレベルをクリアしなければならないこともあるし、カメラの向きを変えたり壁に突進したりといった面白みのない作業を繰り返さなければならないこともある。2000年頃のEA社では、ゲームのテスターになるのにさほど経験は必要なかったし、給料も高くなかった[2]。当時EAのQA部門に勤務していた人は、そこの雰囲気を「大学生の寮みたいだった」と表現している。高校を卒業したばかりの人がふらりと入っても、しっくりくる場所だったのだ。

ムンバックはこのチャンスに大喜びした。彼ら新スタッフは「ロードラッシュ／ジェイルブレイク」の旧バージョンが入ったゲーム機の前に座らされた。数か月前に発売されたEA社のレーシングゲームだ。旧バージョンにはすでに報告済みの欠陥やバグがいくつもあった。そこで上司は、やる気に満ちたムンバックたちテスターにも同じく発見してもらいたかった。今後2週間、新スタッフはできるだけ多くのバグを発見する仕事をする。ゲームの新しいビルドを受け取るたびに、毎日それを繰り返すのだ。

しかし全員がうまく2週間を乗り切れたわけではなかった。コミュニケーション能力が低い人もいたし、発見したバグ数が基準に満たない人もいた。うまく乗り切れた人はEA社のテスト部門に移された。ここで1年間の臨時スタッフとして働いた後、フルタイムで雇用される。ムンバックは2週間を乗り切り、ついにはフルタイムで職を得た。「信仰心があるわけではないけど、天命か何かで守られている感じがしたよ」と彼は言う。「あるいは定めだったのかも」

向上心を持つゲーム開発者の多くはそうだが、ムンバックもQA部門を足がかりと考えていた。ここから最終的に別のゲーム開発部門に異動するのだ。ムンバックはあまたの人が憧れる仕事を手に入れたように感じ、この先にプロのビデオゲーム開発者になる道があると考えた。そのため仕事にのめり込み、残業をしては次から次へとゲームをテストした。「007／ワールド・イズ・ノット・イナフ」のようなシューティングから「ノックアウト・キングス2001」のようなスポーツまでだ。こういったゲームの多くはムンバックの趣味というわけではなかったが、毎日遅くまでオフィスに残って大きなバグも小さなバグも見つけた。EA社内で目立つには熱心な社員であると示すのが一番だと彼は考えた。もし目立てるなら、テストの仕事から制作の仕事に移れるはずだ。

ムンバックはオフィスに居残る理由もあった。他に行く場所がなかったからだ。高校時代、彼は窃盗の共犯容疑がかけられた。閉店後のスケートボード店に侵入した友人を車に乗せたのだ。「基本的には友達のアリバイを作ったんだ」とムンバックは話す。「一晩中、僕と一緒にいたことにした。実際は違うんだけどね。その後に友達が自白したんだ」。ムンバックは捜査妨害の疑いで告発された。裁判はEA社で働き始めてから数週間後に始まり、彼は罪状を認めた。

そして3か月間自宅で拘置という判決が下された。ムンバックが裁判所から出る際には監視用デバイスが足首に付けられ、滞在できるのは自宅と職場の2か所だと告げられた。両親との関係は良好とは言えなかったため、レッドウッドショアーズにあるEA本社が新しい居宅となった。「EAで働き始めてから最初の3か月間は、基本的にそこで暮らしていたね」とムンバックは話す。「朝の9時に出社して夜中の1時まで退社しなかった。家には寝に帰るだけで、すぐにまた出社したよ」

自宅での拘置期間が終わった後もムンバックは働けるだけ働いた。上司はその姿に感心し、粘り強さに驚いた。2001年、彼はマクシス社の「シムゴルフ」のリードテスターに昇進した。プレイヤーが自分でゴルフコースを設計して遊べるシミュレーションゲームだ[3]。EA子会社であるマクシス社は80キロほど北に行ったウォールナットクリーク市にあった。そこで数年ほど「ザ・シムズ/バスティンアウト」や「ザ・シムズ2/ゴージャスパック」といったゲームのテストに携わった。その後にEAの組織再編があり、彼は大幅に昇進してレッドウッドショアーズのスタジオに戻った。

ムンバックはマクシス社で、プロダクション部門と緊密に連携して仕事をしていた。スケジュール、予算、その他の支援業務を引き受ける部門だ。素人的な言葉で説明すると、プロデューサーはすべてがうまく回るよう取り仕切る人物だ。プロデューサーが担うプロダクションの仕事は、テストよりも給料が高いし華やかだ。しかも開発で重要となる意思決定も下す。ムンバックはリードとして、すでにこういった組織に関わる仕事を一部こなしていた。すでに5年近くQAテスターとしての実績があり、ムンバックはプロダクションの仕事を担当する準備ができていた。「会社は『プロデューサーが必要なんだ。君はQAとしてプロダクションもしてきたね』と言ったんだ」とムンバックは思い出す。「それから『プロデューサーをやりたいか?』って」

プロデューサーとしての初仕事は2007年発売の「ザ・シンプソンズ・ゲーム」だった。ゲームの慣習を無視し、常にゲームの内と外の世界が入り乱れるふざけた作品だった。終盤にはシムシティ開発者のウィル・ライトやシンプソンズ作者のマット・グレイニングがキャラクターとして登場したり、神とダンス・ダンス・レボリューションで勝負したりする。ストーリーはしっかりしていたものの、評価はあまり高くなかった。「ザ・シンプソンズ・ゲームは、ファンが望むであろう要素すべてが詰まっている」とゲーム・インフォーマー誌で評論家が書いている。「しかし楽しいゲームに求められる要素すべてが入っているわけではない」

EA社の開発スタジオであるレッドウッドショアーズには大ヒット作がなかった。スタジオのアイデンティティーとなるゲームだ。ビデオゲーム業界を見回してみると、大ヒットシリーズで名前が知られるスタジオがある。まず、マクシス社は「シムシティ」と「ザ・シムズ」で愛されている。バイオウェア社は「マスエフェクト」のようなRPGで有名だ。イラショナル社は「バイオショック」で世界の耳目を集めた。また、ブリザード社や任天堂といった大企業は複数のジャンルやシリーズを出しているが、どの作品にも磨きをかけて完成度を高めている。「ディアブロⅡ」や「ゼルダの伝説／風のタクト」を購入したことがあれば、その素晴らしさを知っているはずだ[4]。

EAレッドウッドショアーズと聞いて連想するものは何もなかった。特色のないゲームスタジオで、タイガー・ウッズのゴルフゲームやロード・オブ・ザ・リングの映画とタイアップしたゲームなど、四半期の計画に合わせてEA幹部が制作を指示したゲームなら何でも作った。EAレッドウッドショアーズのゲームの大部分は社外からライセンスを受けて開発された。ジェームズ・ボンドやゴッドファーザーなどだ。外部から見ると、同スタジオの開発者はアーティスト集団というより、ＥＡ社に収益をもたらす仕事なら何でもこなす傭兵集団のようだった。しかもスタジオ独自の名前すらなかったのだ。

ところが２００８年に状況は好転する。ＥＡレッドウッドショアーズにマイケル・コンドリーとグレン・スコフィールドの２人が率いるチームがあり、ＳＦホラーゲームをデザインした。主人公はアイザック・クラークという技術者で、宇宙船からの救難信号を受けて捜索に向かう。宇宙船に入ると、乗組員の死体はエイリアンのウイルスに侵されており、醜悪な変異生命体として蘇る。クラークは古い採掘工具や火炎放射器代わりの溶接機を武器に変異生命体と戦ったり、恐ろしい幻覚に耐えたりしながら先に進まなければならない。この「デッドスペース」と名付けられたゲームが２００８年10月に発売されると高い評価を受けた。大ヒットとまでは行かなかった（後にＥＡ社は発売後の数か月間で約１００万本売れたと述べている。しかし同社の期待には届かなかった）が、プレイヤーたちには受け入れられた。長年他社からライセンスを受けてゲームを作ってきたが、とうとうＥＡレッドウッドショアーズにも自社コンテンツでヒット作が生まれたのだ。

翌年、ＥＡ幹部はＥＡレッドウッドショアーズの名称を「ビセラル・ゲームズ[5]」に変更し、オフィスを２つ新設すると発表した。カナダの「ビセラル・モントリオール」と、オーストラリアの「ビセラル・メルボルン」だ。変更されたのは名称だったが、これまで２Ｋのブランド名変更でも見られたように、働いている人には大きなインパクトがあった。「EAレッドウッドショアーズ」から独自の名前に変えることで、スタジオにアイデンティティーが生まれた。サードパーソン視点のアクション・アドベンチャーを作り、世界各地に開発スタジオを有する。これこそが「ビセラル」となった。

ビセラル社はデッドスペースの続編も制作する。第1作は評論家の評価も口コミの評判も良かったので、EA幹部はもっと売れるのではと期待していた。ビセラル社の開発者たちは初代デッドスペースの制作を通じて、一本道なストーリー展開のホラーゲームに関する知見を得たり開発手法を学んだりしていた。そして次はもっとうまく作りたいと考えていた。ザック・ムンバックは初代デッドスペースには関与していなかった（ダンテの「神曲」を翻案した「ダンテズ・インフェルノ」という奇抜なゲームの制作に携わっていた）。しかし「デッドスペース2」のアソシエイトプロデューサーに抜擢（ばってき）されて興奮していた。

デッドスペース2に携わった人たちは、開発は平穏に進んだと述べている。それまで経験した中では最高のプロジェクトだったと口にする人もいる。ヤラ・クーリーは2010年夏、インターンとしてデッドスペース2の制作に参加した。ビセラル社での仕事が気に入ったためインターンシップ期間を延長してもらい、最終的にはフルタイムで採用された。「現在でも、制作した人に聞いてみたら、デッドスペース2は自分の代表作に入ると全員が答えるでしょうね」と彼女は話す。「会社全体がプロジェクトをよく支えてくれました。チームはとても自由に仕事ができましたし。権限を与えてくれたのでオーナーであるという意識が生まれ、結果としてみんなのやる気が出ましたね」

デッドスペース2は2011年1月にリリースされ、評価は上々だった。EA社は数週間後に開かれた株主向け説明会で、販売数は初代デッドスペースの2倍だったと報告している。どの面から見ても成功だったように思える。しかし成功は相対的なものである。かつてウォーレン・スペクターが経験したように、EA社のような上場企業は単打や二塁打では満足しない。本塁打が要求されるのだ。EA幹部は株主に対し、毎年大幅に利益が増加していると示さなければならない。「あれがEAで一番悪い点だね」とムンバックは言う。「例えば、今年1千万ドル売り上げたとしよう。成功だ。でも翌年も1千万ドルだったら、成功ではない。株価は下がる。成長していないと見なされるんだ」

2011年はビデオゲーム市場が大きく変化していた時期だった。ゲームの開発コストは上昇し続けていた。とりわけサンフランシスコのベイエリアにはテクノロジー企業が集まってきたため、住居費が高騰していた。一本道な展開のシングルプレイヤーゲームは高リスクで低リターンの企画だと考えられるようになった。この理由で、2K社のようなパブリッシャーは「ザ・ビューロー／XCOMディクラシファイド」や「バイオショック・インフィニット」にマルチプレイヤー機能を盛り込もうとしたのだ。当時、業界内で嫌われていたのは中古ゲーム市場だった。その大部分を担っていたのは、北米最大のゲーム小売チェーンであるゲームストップだった。ゲームストップは60ドルでゲームを販売し、1週間後に30ドルで買い取る。そして中古として55ドルで販売するのだ。差額はすべて小売店の利益になる。

ビデオゲーム会社からしたら違法コピーの流通と似たような仕組みに見えるため、経営者たちは激怒していた。例えば中古のデッドスペース2をゲームストップが販売しても、EA社には1円も入らない。

数年後に普及し始めるデジタル配信でこの問題が緩和されるが、デッドスペース2の時代はゲームストップがビデオゲーム販売を独占していた。EAなどの大手パブリッシャーは、いくら要請してもゲームストップの中古取引を止められなかった。一方で、世界最大のゲーム小売チェーンをボイコットする選択肢もなかった。そこで別の戦略を思い付いた。中古ゲームの価値を下げてしまうのだ。新品にしか特典がないなら、中古を買う人は減るかもしれない。

もっと狡猾(こうかつ)な方法は2010年にEA社が広めた「オンラインパス」だ。新品のゲームを開封すると、ケース内にはディスクや広告以外に、固有のコードが印刷された小さな紙が入っている。ゲームをロードしてそのコードを入力すると、何か特別なものを入手できる。追加のDLCかもしれないし、マルチプレイヤーモードの利用権かもしれない。ポイントはコードが1回しか使えないところだ。コードを使用した後にゲームスポットに売ると、中古を買った人はオンラインパスに10ドルくらい払わなければならない。デッドスペース2はこの仕組みを採用した最初期のゲームだった。初代デッドスペースはシングルプレイヤーモードのみだったが、デッドスペース2には4対4のマルチプレイヤー戦闘モードが追加された。購入後に長期にわたってプレイしてもらいたいとEA社が考えたからだ。マルチプレイヤーモードをプレイするにはオンラインパスが必要だった。

デッドスペース2のリリース後、ビセラル社内はやる気に満ちていた。まだEA社が期待したほどにはシリーズは成長していなかったが、開発者はあまり気にしていなかった。デッドスペース3を手掛けられると聞いて喜んでいたからだ。今度こそ市場で一定の地位を固めようと、EA社はマルチプレイヤー機能の拡充を目指した。そしてストーリーモード全体を2人でプレイ可能にするようビセラル社に指示した。デッドスペース3はタウ・ボランティスと呼ばれる氷の惑星が舞台だ。技術者のアイザック・クラークを操作してエイリアンと戦う点は変わらないが、別のプレイヤーと一緒にプレイできる。別のプレイヤーは本作で新しく追加された巨漢のジョン・カーバー軍曹を操る。ゲーム全体を1人でプレイすることも、誰かと一緒にプレイすることも可能だが、2人なら特別な何かを入手できる。ただし例の煩わしいオンラインパスが必要だ。「協力プレイはチームの提案ではなかったよ」とムンバックは言う。「パブリッシング部門の要望だった。『このゲームを出すなら協力プレイの機能が必要です』って」

EA幹部もビセラル社に対し、ホラー要素を減らしてアクション要素を増やすよう求めた。前作よりも幅広いプレイヤーにデッドスペース3をアピールしたいからだ。デッドスペース3の開発が進行中だった2012年6月のE3で、EA幹部のフランク・ギボーはゲーム情報サイトCVGのインタビューに応じ、大きな期待を寄せていると述べた。「どうすればもっと多くの人に受け入れてもらえるシリーズになるのか考えているところです。というのも、デッドスペースのようなIP（知的財産）を継続しようとすれば、最終的に500万人くらいのプレイヤー層が必要だからです」

同じ頃、ビセラル社を多国籍企業にしようとする構想も消えていった。まず2011年にEA社がオーストラリアのビセラル・メルボルンを閉鎖したのだ。ザック・ムンバックは「ダンテズ・インフェルノ」の続編に少し関わっていたが、キャンセルされてしまった。2012年にはカナダのビセラル・モントリオールに出張し、「アーミー・オブ・ツー／ザ・デビルズ・カーテル」というシューティングゲームが完成するまで手伝った。当初2、3週間と考えていたものの、結局1年間の滞在となってしまった。そして2013年2月、アーミー・オブ・ツー／ザ・デビルズ・カーテルの発売まで1か月を切った時期に、EA社はビセラル・モントリオールを閉鎖した。

まさに同じ月に「デッドスペース3」がリリースされた。しかし500万本は売れなかった。ビセラル社のスタッフはよくやったと考えていたが、ここまでリリースした3作は、EA社が予測するほどの数字には到達していなかった。「初代デッドスペースは多少は儲かったという理解だよ。大儲けではないけどね」とムンバックは話す。「デッドスペース2でも同じだった。続くデッドスペース3でもだ。そうなると『大人気ではないな』と思われるよね」。EA社からしてみると、もしデッドスペースが大幅に成長しないならニッチ製品と判断でき、ニッチ製品に留まるなら仮に利益が出るにしても関与は避けたい。「300万本売れるなら、次は500万、それから1000万と期待は高まる」とムンバックは言う。「成長しなきゃならないんだ」

デッドスペース3のリリース後、間もなくEA幹部からシリーズを凍結すると通知があった。デッドスペース3は開発費がかさんだため、デッドスペース4の制作許可は出せないと結論付けられたのだ。加えて、サンフランシスコのベイエリアはフェイスブックやグーグルといった巨大テクノロジー企業が立地するため、オフィスを維持するのが年々厳しくなっていた。エンジニアは確保が難しく、家賃は高額だった。ビセラル社の元社員の試算によると、給与を含め社員1人あたりにかかるコストは毎月約16000ドルだった。これで計算すると、スタッフ100名で年間1900万ドル以上も必要になる。

ビセラル社オフィスはEA幹部オフィスのすぐ隣だった。そのため、十分働いているか常に上司に監視されているような感覚があった。もちろん逆にビセラル社スタッフも、そういった幹部2、3人の給与でビセラル社全体の費用を賄えると知っていた。(米国証券取引委員会に提出された資料によると、2012年にEA社CEOのジョン・リッチチェロは950万ドル、フランク・ギボーは980万ドルの報酬を得ている)

取り巻く状況は厳しかったが、ビセラル社には自社の力を証明できる手立てが1つあった。2012年に社内の小チームで「バトルフィールド」の続編に取り組んでいた。FPSの大人気シリーズだ。最終的に「バトルフィールド・ハードライン」となるゲームで、現代のマイアミとロサンゼルスを舞台に警察と犯罪者が登場する。2013年にデッドスペース3が完成すると、ビセラル社の開発者の大部分はバトルフィールド・ハードラインに移った。期待したいのは、バトルフィールド・ハードラインが商業的に成功して経営が長期間安定し、社員がオリジナルのゲームを手掛けられる自由を獲得できる展開だろう。実はすでに社内の小規模なグループが独自にオープンワールド海賊ゲームのプロトタイプを作成している途中だった。喉から手が出るほど成功が必要だったスタジオにとって、バトルフィールドの続編は願ったりかなったりだった。

問題だったのは、ビセラル社スタッフの多くがマルチプレイヤーのシューティングを作りたくなかった点だ。同社はデッドスペースのスタジオというイメージを確立しており、多くの新入社員はデッドスペースのようなゲームを作りたいと入社した。ゲーム開発のスキルも専門分野もアクション・アドベンチャーであり、シューティングではなかった。サードパーソン視点のデッドスペースからファーストパーソン視点のバトルフィールドへの転換は、表面上は簡単なように思える。しかしその転換ですらデザインの考え方を大きく変えなければならない。撮影を広角から接写に切り替えた映画監督のように、頭を切り替えてレベルや遭遇シーンを作成しなければならないのだ。ところがビセラル社内には切り替えたいと考える社員ばかりではなかった。そういった社員の多くは2013年中に会社を離れてしまった。少し北にいった場所にオフィスを構える2Kマリン社と同様に、アイデンティティーの問題に悩んでいたのだ。「一部の人は『いいね。違うものを作りたい。気分転換だ』と乗り気だったよ」とムンバックは話す。彼は当時、バトルフィールド・ハードラインのマルチプレイヤーモードのプロデューサーとなっていた。「でも一方で、優秀な社員が何人も退職したんだ」

この時点でムンバックはEA社に13年以上も勤務していた。仕事中毒はずっと抜けず、後に結婚するリサ・ジョハンセンと出会って付き合っている間も変わらなかった。「開発者はデスクで働く必要がありますからね。彼はずっとそうしてました」とリサは話す。「毎日14、16時間くらい働いていたこともありました。そんな時期は2人でランチだと言って、夕方5時にEAから高速道路を渡ったところにあるハンバーガーショップのウェンディーズで会うんですよ。数か月間はそんな風にしか会いませんでしたね」。リサは仕事中毒者には慣れていた。彼女の母親は弁護士、父親はコンサルタントで、子どもの頃は両親ともに夜も週末も働きづめだった。加えて、サンフランシスコでは起業したり上司にアピールしたりするために、誰もがずっと働いている雰囲気だった。「伝染病みたいなものです」と彼女は言う。「好きではありませんが、すっかり慣れましたね」

バトルフィールド・ハードラインの開発が最終年に入った2014年3月、ザックとリサのムンバック夫妻に息子が誕生した。自宅は改築中だったため2人はリサの両親宅に住んでおり、家族関係に難しさも生じていた。ザックは息子の誕生後に1週間休暇を取ったが、その後にバトルフィールド・ハードラインの開発に戻った。どうしても人手が必要だったのだ。「改築が終わるまで8週間、第一子の誕生、自分の両親と同居、夫はクランチの真っ最中。理想的な状況ではないですよね」とリサは言う。

ザック・ムンバックにはクランチに終わりがないように思えたし、EA入社初期に形成された仕事第一の考え方を変えるのも難しいと感じていた。ほぼ毎日、オフィスから帰宅して家族と一緒に夕食を取ると、また仕事に戻る生活を続けていた。「ハードラインの開発で、特に誰かに会社に遅くまで残れと言われたわけではないよ」とムンバックは話す。「残ったのは、あのゲームに取りつかれていたのかもしれないし、時間を忘れていたのかもしれないし。あるいは、家族よりも何よりも優先していたのかもしれない。これが良いこととは言わないけど、事実としてそうしていたんだ。会社では『バトルフィールド・ハードラインのマルチプレイヤー開発責任者』という職務があった。だから責任重大だと感じていたんだ」

この仕事中毒は自宅拘置の処分を受けていた入社直後の頃から始まっており、最近は特にひどくなりつつあった。夜帰宅するときも、車を運転しながらバトルフィールド・ハードラインに最適なマップや銃の数について考えてしまう。食卓で妻と話している最中も、プレイヤーが死んでからリスポーンするまでの時間は何秒にしたらよいか議論してしまう。映画を鑑賞したり他のビデオゲームをプレイしたりしようとしても、バトルフィールド・ハードラインが頭から離れない。「そんな思考回路の人はたくさんいるんじゃないかな。僕はその1人だよ」とムンバックは話す。「そういう連中で労働問題を作ってるんだろうね」

ムンバックの仕事中毒はウイルス感染したかのようにスタジオ中に広まった。ムンバックを尊敬して見習おうとしている社員は、ムンバックが朝から晩まで働いているのを見て、退社するのに罪悪感を覚えた。「『ああ、自分は職務が果たせていない。みんなずっと仕事をしている』って感じるんだろうな」とムンバックは言う。「同調圧力がかかってしまうんだよ」。このように知らず知らずクランチが広まるのはビデオゲーム業界では日常茶飯事だ。結果として多くの会社は、頼みもせずに社員に残業をさせられるのだ。「賢い経営者だったら、こういう思考回路の人を雇って上層部に据えるだけでいい」とムンバックは話す。「残業を要請しなくて済むんだから。後は知らんぷりするだけだよ」

加えて、仕事があるだけでも幸せという雰囲気がある。ムンバックはできる限り働かなければ職を追われると感じていた。ビデオゲーム業界で閉鎖やレイオフが繰り返されるのを見てきたからだ。閉鎖は直接ＥＡ社内でも、ビセラル社でも目の当たりにした。コスト削減策で友人や同僚が解雇される場面に遭遇したのだ。レイオフから逃れるには周りの誰よりも働くのが一番だとムンバックは考えた。「ザックはＥＡ社内をいつも早足で歩いていたね。どこかに急いでいるかのようだったよ」と同僚だったルーク・ハリントンは思い出す。「走って階段を上ったり下ったりね」

よくムンバックはビデオゲーム業界をプロスポーツに例える。実績を残す人間ほど、長い時間をつぎ込んでスキルを高めているのだ。例えばバスケットボール選手のコービー・ブライアントは、異常なほどの執着心で高みを目指していた。毎朝ジムに来るのは一番だったし、帰るのは最後だった。けがをしていてもシュート練習を欠かさなかった。しかも、まだできると言って暗くなっても続けた。そして練習をしていないときは試合の録画を見るのだ。

もちろん、そういった時間はコービー・ブライアントの２５００万ドルという年俸に入ってはいる。「その点は考えたこともなかったな」とムンバックは言う。「ポジションを巡って激しい競争がある点しか考えていなかった。それと、みんな死ぬ気で努力する点だね。努力を続けるかやめるかしか選択肢はないんだ」。もしレイオフが身に降りかかってきた場合、上司は残す社員に優先順位を付けるだろうとムンバックは考えていた。朝10時に来て夕方6時に帰る社員より、1日12時間、週6日働く社員だ。「ちょっと冷酷だよね」と彼は言う。「AAAのチームで働いていると、周りに自分のポジションを狙っている人間がいる。ポジションを奪われるプレッシャーは、年を取ったり、結婚したり、子どもを持ったり、生計を支えたり、そういうことを始めると特に感じるようになるよ」

バトルフィールド・ハードラインは3年間のプロダクション期間を経て、2015年3月に発売された。売上はEA幹部を十分満足させられるほど上げられた。同ゲームの完成後、ビセラル社の開発者は2つのグループに分けられた。最初のグループは次のプロジェクトに移った。コード名「ラグタグ」のプロジェクトだ。もう一方のグループはバトルフィールド・ハードラインのマルチプレイヤー拡張コンテンツの開発に携わることになった。ムンバックは後者のグループに入ることができてうれしかった。バトルフィールド・ハードラインはデッドスペースほどの人気はなかったが、毎日プレイする人が一定数おり、ムンバック自身も頻繁にプレイした。ツイッターでハンドル名を公開し、マルチプレイヤーのマッチでファンが彼を見つけられるようにもした。ムンバックらバトルフィールド・ハードラインのグループに所属する社員は、続編の提案資料やプロトタイプを何か月かかけて作成して会社に提案したものの、却下されてしまった。2016年から全社体制でラグタグのプロジェクトに臨む必要があったからだ。結局、これがスタジオ史上で最も規模が大きく、かつ最も刺激的なプロジェクトとなる。

◆

ザック・ムンバックがバトルフィールド・ハードラインに携わり始めた2013年4月、隣のオフィスにいるフランク・ギボーらEA幹部は重大な契約の交渉をしている最中だった。ディズニー社が大人気のスター・ウォーズ・シリーズを含めてルーカスフィルム社を買収したため、メディア産業の状況は大きく変化した。その後、ディズニー社は有名なゲームスタジオだったルーカスアーツ社を閉鎖して150名をレイオフし、制作途中だったゲームをすべてキャンセルした（この決定はジャンクションポイント社閉鎖のわずか数か月後だった）。ルーカスアーツ社が抱えていたプロジェクトの1つに「スター・ウォーズ1313」があった。まだ1年も経っていない前回のE3イベントで大きな反響があったゲームだ。このスター・ウォーズ1313の制作をEA社が引き継ぐ交渉が行われていた。真剣な交渉だったため、スター・ウォーズ1313の開発チームはビセラル社を訪問し、作っているゲームのプレゼンテーションもした。しかし交渉は成功せず、結局スター・ウォーズ1313はキャンセルされた[6]。

その代わり、EA幹部はスター・ウォーズのゲーム機向け作品で独占契約を結び、2013年5月6日に公式に発表した。他社もスター・ウォーズを題材にソーシャルゲームやモバイルゲームを作れるが、

「コアな」プレイヤー向けゲームを作れるパブリッシャーはEA社だけであるとプレスリリースに記載されている。またプレスリリースにはスター・ウォーズに携わるスタジオが3社掲載されていた。DICE、バイオウェア、そしてビセラルだ。

ビセラル社にとって渡りに船だった。社員の大部分はバトルフィールド・ハードラインに関わっていたものの、小さなチームが独自にスター・ウォーズのゲーム開発に取り組んでいたからだ。ゲームの形やコード名が何度か変わった後、人気シリーズ「アンチャーテッド」のディレクターとして有名なエイミー・ヘニングがプロジェクトのリードに就任した。ザック・ムンバックがバトルフィールドの仕事を終え、スター・ウォーズのチームに加わったのは2016年春だった。その頃にスター・ウォーズはサードパーソン視点のアクション・アドベンチャー・ゲームに変わっていた。ちょうどデッドスペースと同じだ。そしてストーリーに登場するのは泥棒たちだ。遠く離れた銀河を舞台にする、映画「オーシャンズ11」を想像してほしい。主人公は口ひげを蓄えたハン・ソロっぽい盗賊ドジャーや、拳銃使いの相棒ロビーたちだ。さまざまなキャラクターで構成される盗賊団であることから、プロジェクトのコード名は英語で「寄せ集め」を意味する「ラグタグ」に決まった。

ほとんどのビデオゲーム開発者は、ラグタグのようなゲームに関われると聞けば喜ぶだろう。しかしムンバックは落ち込んでいた。ビデオゲーム業界の人間であれば誰でもそうだが、彼ももちろんスター・ウォーズの大ファンではあった。そもそもゲーム開発は「デューク・ニューケム」のスター・ウォーズ用MODを作るところから始めたのだ。しかしスター・ウォーズのゲームはプレイしたいのであって、作りたいわけではなかった。ムンバックが作りたかったのはバトルフィールド・ハードラインの続編だった。そのため今バトルフィールドから離れ、成長する姿を見る機会がなくなってしまうのは残念だと感じていた。

しかし少なくとも仕事の保障はされている。デッドスペース3がEA社の期待に応えられなかったため、ビセラル社では多くの人が不安を感じていた。なぜこんなコストのかかるスタジオをずっと抱えておくのかと、隣のオフィスにいる幹部たちが思っているのではという不安だ。ところが、ビセラル社は世界屈指のコンテンツでゲームを作ることになったのだ。しかも親会社であるEAがそれを公にしている。ビデオゲーム業界でレイオフやスタジオ閉鎖と一番縁が遠いのは、無論スター・ウォーズのゲームを作っている人たちだろう。「率直に言うとね」とムンバックは話す。「長い期間を見渡しても、このときが一番安心感があったよ」

しかしラグタグの開発は混乱の様相を呈し始めた。そもそも同規模の開発をしている他スタジオと比べ、ビセラル社は人員が不足していた。また、ビセラル社がゲームのビルドに使っているエンジンであるフロストバイトには技術上の問題があった[7]。さらにエイミー・ヘニングと他のスタッフとの間に確執が発生していた。その上、新しいゲームプレイ手法からスター・ウォーズ要素の採用に至るまで、あらゆる点でディレクターたちはEA幹部と対立した。開発チームはジェダイもチューバッカもなしで、生々しく現実的にスター・ウォーズを描きたかった。ところがEA社の市場調査部が、ファンはスター・ウォーズから有名なキャラクターを連想すると報告したため、幹部は開発チームに「チューバッカはどこに出る?」といった質問を投げかけていたのだ。

ビジネス面についても対立があった。EA幹部はデッドスペース3のときと同様に、ラグタグにマルチプレイヤー機能を搭載するよう求めた。また幹部は「FIFAアルティメットチームはどこにある?」という質問もした。これはEA社のサッカーゲームに搭載されたトレーディングカード機能のことで、毎年多額の収益を生み出していた。かつての「オンラインパス」は評判が悪かったので、EA社は2013年に廃止していた。しかし会社としてはゲームが中古市場に流れるのを防ぎ、できるだけ収益を上げることを優先させていた。リリース後も可能な限り長くお金を稼げるゲームを望んでいたのだ。(大人気の言葉が「サービスとしてのゲーム」を意味する「GaaS」だった)

またもやビセラル社はアイデンティティーの危機に直面していた。かつて長い間ライセンスを受けてゲームを開発していたが、ついにデッドスペースのシリーズで自社独自の境地を開拓できた。そこに来たのがFPSのバトルフィールド・ハードラインだった。結果として、サードパーソン視点のアクション・アドベンチャーを作りたかった開発者の多くが退職してしまった。ビセラル社はバトルフィールド・ハードラインを完成させようと、FPSの開発経験がある人材を新規に雇った。そして3年後、社内はFPSに詳しい開発者ばかりなのに、またサードパーソン視点のアクション・アドベンチャー・ゲームであるラグタグの開発を任されてしまったのだ。「3年前のスタッフはラグタグに適任だっただろうね」とムンバックは言う。「でもマルチプレイヤーのFPSを作る決定が下り、それに合わせて準備した。ところがまた準備し直さなければならないんだ。そのうち行き詰まってしまうよ」

2017年に入ると、ラグタグが苦境に陥っているのは誰の目にも明らかだった。EA社はカナダのバンクーバー・オフィスからチームを派遣し、プロジェクトに参加させた。このバンクーバーのチームに制作を引き継がせるのがEA社の本心であると、ビセラル社のスタッフは感じた。そのためすぐに両スタジオのスタッフは衝突し、プロセスやデザインを巡って言い争いが発生した。結果としてレベルやデモの開発スピードは低下してしまった。他の同僚と同じく、ムンバックは何かしらの対応が必要だと考えていた。例えば、エイミー・ヘニングが退任する、EA社がプロジェクトをバンクーバー・オフィスに委ねる、別のサポートチームが参加するといった対応だ。しかし誰も予想しなかったことが実際に起こることがある。「まさに青天の霹靂だったね」と別のビセラル社員が言う。「あんなことが起こるなんて想像できなかったよ」

2017年10月15日の日曜日の早朝、ザックとリサのムンバック夫妻に次男が誕生した。翌日、病院

から自宅に車で移動している最中、あるＥＡ幹部から少し話したいと連絡が来た。「もちろんです」と寝不足で倒れそうなムンバックは答えた。「お越しください」。幹部は到着すると夫妻にあいさつし、赤ちゃんを見て微笑(ほほえ)んだ。そして少し場所を移動すると、重大な情報を伝えた。ビセラル社が閉鎖されるのだ。そしてラグタグはキャンセルされる。火曜日に会社でミーティングが開かれ、全スタッフに伝えられる。

　幹部は話を続けた。ゲームがスケジュールより遅れている状況、サンフランシスコでの経営コストが高すぎる問題。しかし説明はムンバックの右の耳から左の耳に抜けていった。頭の中を巡っていたのは、昨日生まれたばかりの息子、長年勤めていた会社、そして毎日ずっと顔を合わせていた同僚たちと突然もう一緒に働けない現実だった。ムンバックは再就職先についての不安はなかった。幹部もＥＡのどこかにポジションを用意すると確約してくれていた。しかし、同僚の何人かは厳しい状況に陥るのではと心配した。「あのゲームについて諦めはつくよ」とムンバックは話す。「完成させられなかったのは残念だけど、スタジオが閉鎖されたから。残酷だよね」

　２０１７年10月17日、ムンバックはカリフォルニア州レッドウッドショアーズにあるビセラル社のオフィスに出社した。最後になるはずの全社ミーティングに出るためだ。他の同僚はミーティングの目的を知らなかったが、ムンバックが来たのを見て驚いた。男性産休中じゃなかったのか？　なんで出社してる？　「僕がいたので、何か悪いことが起きたのではと身構えた人もいたよ」とムンバックは回想する。

「でも特に気にしない人もいたね。会議室に向かう途中、仲の良い同僚がハグしてきたんだ。僕に子どもが生まれたのを知っていたから喜んでくれてね。『おめでとう!』って言ってくれたよ」

スタッフはEA社内にある大会議室の前方数列に詰めて座った。幹部のパトリック・ソダーランドとジェイド・レイモンドがスタジオ閉鎖を告げると、室内は呆然とした様子で静まり返った。理由はいくつもあると幹部は続けた。まず、ビデオゲーム市場が変化し、もう会社は一本道な展開のシングルプレイヤーゲームに大きな予算を割けない点が挙げられた。そういったゲームはプレイヤーが1回通しで遊んだらすぐゲームストップに売ってしまうからだ。続いて幹部は、最近大人気になっているバトルロワイヤル型ゲームである「PUBG」を挙げ、EA社もこれに倣う予定だと説明した。またビセラル社スタッフに対し、素晴らしいチームであるという称賛や、勤勉に対する感謝の念も伝えられた。そして最後に退職手当についての説明があった。

ミーティングが終了して大会議室から退出すると、数十人に上る社員は現実と向き合わなければならなくなった。EAグループ内あるいは外部の会社で新しい仕事を探すことになる。もしビセラル社出身というブランドで大企業で働きたいなら、家族全員で別の街に引っ越さなければならないケースだってある。ただし退職手当が十分に出たので、経済面での支援は手厚かった。とは言っても、人生が一変したのも事実である。「みんな動揺してたね」とムンバックは言う。「でも反応は少しずつ違ってた。怒っている人もいたし、単に悲しんでいる人もいた。うんざりって感じの人もね。『クソっ、こんな所は消えちまえ』って」。一方でムンバックはただ帰宅するだけだった。「さあ帰ろう、産休中だしと思って。それですぐに帰宅したよ」

ビセラル社の閉鎖は、ラグタグのクリエイティブ面でのずれが原因だったとEA社は示唆した。同プロジェクトは「一本道なストーリー展開のアドベンチャーゲームになりつつあった」が、「もっと多彩で、プレイヤーの行動に応じた体験ができるようにする」ゲームに変える予定だとウェブサイトには掲載されていた。要するに「アンチャーテッド」的な要素を減らし、もっとオープンワールド的な要素を加えるのだ。「開発中にはゲームのコンセプトをプレイヤーに確認してもらい、どのようなゲームをどうプレイしたいのかフィードバックをもらいました。また市場の重要な変化も丹念に追跡していました」とEA幹部のパトリック・ソダーランドは閉鎖を告知するブログ記事に記している。「その結果、長期にわたって何度でも遊びたくなるような体験を提供するには、デザイン変更が必要だと分かったのです[8]」

こういったコメントはビセラル社閉鎖についての憶測や邪推を次々と引き起こした。ビデオゲーム業界にとってどういう意味があるのか？ シングルプレイヤーのゲームは死んだのか？ EA社は、終わりがなく延々とプレイできるGaaSにゲームを完全に移行させ、デッドスペースのようなシリーズは終了させようとしているのか？

ビセラル社閉鎖の数週間後、さらに別の憶測が湧き出てきた。EA社は2017年11月9日、ゲームスタジオのリスポーン社を4億ドル以上で買収したと発表した。リスポーン社は「コール・オブ・デューティ／モダン・ウォーフェア」の開発元だったインフィニティー・ウォード社から大量離職した人たちが2010年に設立した。設立後、EA社とは「タイタンフォール」と「タイタンフォール2」の開発で取引があった。2017年当時、EA社はタイタンフォール3の計画を立てていた[9]。一方でリスポーン社とは、スター・ウォーズの世界を舞台とするサードパーソン視点のアクション・アドベンチャー・ゲームを開発する契約を結んでいた。後に「スター・ウォーズ・ジェダイ／フォールン・オーダー」として発売されるが、ビセラル社が手掛けていたラグタグとは発想が大きく異なっていた。社会不適合者や悪党の一団ではなく、ライトセーバーを操るジェダイのヒーローを主人公にしたゲームだったのだ。そこで、2つのゲームがEA社のラインアップでうまく共存できるのか疑問が持たれていた。

ビセラル社の閉鎖は、リスポーン社買収と関連があるのだろうか？　EA社は明らかにしていないが、この憶測を支持する証拠は多い。買収の1週間前、ビデオゲーム情報サイトのコタクは、夏に韓国パブリッシャーのネクソン社がリスポーン社に買収オファーを出したという文書を入手した。リスポーン社とのパブリッシャー契約で、EA社はリスポーン社に対する買収オファーを拒否できる優先権があった。そのため、EA幹部は難しい決断を迫られることになった。タイタンフォール・シリーズの権利はリスポーン社が持っているため、ネクソン社に買収されると、それまでの投資が無駄になってしまう。しかしこれを防ぐには十分な資金を用意してカウンターオファーを出さなければならない。

最終的に後者を選んだのだ。恐らくその結果として、ビセラル社は閉鎖された。

◆

ビセラル社の閉鎖後、元社員たちは悲嘆に暮れていたが、次の職場も探し始めた。一部はEAグループ内に残り、「ザ・シムズ」開発元のマクシス社で仕事を見つけたり、EA社の巨大オフィスがあるバンクーバーなど別の都市に移ったりした。また一部はサンフランシスコのベイエリア近辺にある別のゲームスタジオに就職した。あるいは、近隣のフェイスブックやアップルといったIT企業が好条件を出すので、ビデオゲーム業界から去る人もいた。

ザックとリサのムンバック夫妻は、閉鎖直後の数日は慌てふためいていた。平穏な状況であっても子どもが生まれると苦労がある。しかも失職が重なれば大変だ。3歳児と新生児のために収入や健康保険を確保できるかという心配があったのに加え、人間関係が突然崩壊してしまった。ビセラルの社員たちは永遠に離れ離れになる。中には10年以上も机を並べた人たちもいた。「生まれたばかりの子どもがいたので特に大変でした」とリサは言う。「会社との関係には満足していましたよ。友達のほとんどはEA関連でしたし。人間関係がEA経由でできたので、1つの時代の終わりでしたね」。夫妻は毎年EA主催のホリデーパーティーに参加していたし、子どもたちをEAサマーフェアも連れていくつもりだった。この基盤がなくなると生活がどうなるのか、まったく想像がつかなかった。

幸運にもザック・ムンバックには選択肢がいくつもあった。ビセラル閉鎖の直後、「ザ・シンプソンズ・ゲーム」を担当していた時代から友人だったスコット・アモスから電話を受けた。当時アモスは近くのクリスタル・ダイナミクス社で責任者を務めていて、「アベンジャーズ」のゲームを開発中だった。「彼はすぐ仕事をオファーしてくれたよ」とムンバックは思い出す。「『詳細は詰めなければならないけど、来る場所はあると知っておいてもらいたくてね』って言ってくれた」

ビセラル社の退職手当は1月までだった。そこでムンバックは2か月間を家族と一緒に過ごすことにした。いろいろと考えるには十分な時間だ。彼は17年もEAに尽くしてきた。待遇は良かったものの、ビセラル社員と隣のオフィスにいる幹部との間の収入格差はどうしても頭をよぎる。米国証券取引委員会に提出された資料によると、EA社CEOのアンドリュー・ウィルソンは2018年度（2017年4月から2018年3月）に3500万ドル以上も稼いだ。パトリック・ソダーランドは会社に留まった場合にもらえる株式保持ボーナスを合わせると、4800万ドル以上を手にする可能性があった。結局ボーナスは出なかったが、それでも多額の報酬を得ている。

ムンバックや同僚がバトルフィールド・ハードラインなどのゲームでクランチを続けている最中、彼はEA幹部たちが毎日5時に帰宅するのを見ていた。コービー・ブライアントのようなエリートになるには長時間がんばらなければならないと常に考えていた。しかしスーパースターのアスリート並みに収入を得ている人間は、実は週40時間労働だったのだ。ビセラル社でクランチをしていた人間は、今仕事を探している。

年収10万ドルの高給取りでさえ、物価が高いサンフランシスコでは苦労する。「パトリック・ソダーランドのような人の新車購入を支えるために、週80時間勤務するのはもううんざりだね」とムンバックは言う。「悪くない収入を得ていても、裕福なわけではないんだ。生きるのに精一杯だよ」。ムンバックの同僚だった開発者たちは現状維持がせいぜいだった。家賃や生活費はどうにか払えるが、それ以上の余裕はない。ほとんどの人にとって家の購入は夢のまた夢だった。「2、3年がんばって働いて、もらえるボーナスはいくらだろう。2、3万ドル?」とムンバックは話す。「EAやアクティビジョンの経営者がいくらもらっているかは公開情報だからね。彼らはゲーム開発者じゃないよ。その間には大きな格差があるんだ」

失職した今、ムンバックには社内政治や策謀について考える時間がたっぷりあった。彼はEA社が傘下のスタジオをいくつも閉鎖するのを見てきた。まずはビセラル本社に加え、モントリオールとオーストラリアにあったオフィスだ。さらにはブルフロッグ社(代表作は「ダンジョンキーパー」)、オリジン社(「ウルティマ」)、ウェストウッド社(「コマンド&コンカー」)といった有名企業だ。投資家対応や四半期決算が最優先のEA幹部からすれば、社員の生活はスプレッドシート上の数字にしか見えない。「自分の仕事をずっと続けられるか考える必要すらないから」とムンバックは言う。「1年で2000万ドルだよ。一生暮らせる。だから2年後に株価が大暴落すると分かっていても、今日株価が3倍になる決定を下せるなら、躊躇せずにするだろうね」。ムンバックからすると、ＥＡ経営陣は素晴らしいビデオゲームを作ることより、可能な限り短期間で収益を最大化することの方を優先させているように思えた。「彼らはゲームをしているみたいだよ」とムンバックは言う。「予算のゲーム、収益のゲーム、それから経費のゲームだ。社員をクビにした後にまたすぐ雇い直すんだ。四半期ごとの決算が良く見えるからね」

そんな状況でムンバックに次男が生まれた。ビセラル社閉鎖後の数か月間、ムンバックは妻を手伝って世話をしたが、長男のときは何もしていなかったと気付かされた。長男誕生後はしばらくバトルフィールド・ハードラインでクランチを続けていたのだ。今回は妻が実際に何をしているのかを目にした。授乳やおむつ交換など、子どもの誕生で発生する、喜ばしくも世話が焼ける仕事だ。「気付くんだよ。ああ、前回はしくじったなって」とムンバックは話す。「自分はその場にいなかった。妻は本当に苦労しただろうね、手助けがなくて」

しかし今回は手助けできた。子どもたちと一緒にいる時間も持てたのだ。「毎日、夫は家族と長い時間一緒でしたね」とリサ・ムンバックは話す。「一度それを経験してしまうと、もうやめられませんね」

◆

ビセラル社閉鎖から３か月後となる２０１８年１月、ザック・ムンバックはクリスタル・ダイナミクス社に新しいプロデューサーとして迎えられた。しかし入社後の何日かで不安を感じ始めた。「アベンジャーズ」のゲームは楽しいが、つらいビデオゲーム開発を本当にまたやりたいのか？ ムンバックは子育てにかかるお金や家族の健康保険が必要だったため、慌てふためいた状態で仕事を選んだ。だが間違った選択をしてしまったのではと、入社してから思い始めたのだ。クリスタル・ダイナミクス社での仕事はビセラル社での仕事とあまり変わらなかった。「クランチは要求されなかったね」とムンバックは話す。「でも職場にいると、こう感じるんだよ。『チームのみんなはわくわくしながらゲームを作っていて、すごく一生懸命働いている。でも僕は毎日夕方6時に帰宅だ。申し訳ないな』って」。かつてビセラル社でラグタグやバトルフィールド・ハードラインといったゲームの開発中にもあったが、ムンバックは罪悪感のようなものを覚え始めていた。夕飯を食べたり子どもを寝かしつけたりしている間も、ぼんやりした状態になることがあった。アベンジャーズに登場するマイティ・ソーが使うハンマーのアニメーションや、協力プレイの動作が気になるのだ。クリスタル・ダイナミクス社で残業している同僚がいると思うと、夜中でもオフィスに戻る衝動に駆られ始めた。

ムンバックは徐々に気分が落ち込んできた。体が同時にあらゆる方向に引っ張られているような感覚だった。仕事に没頭もできないし、家族に尽くすこともできない。オフィスに出社すると自分は何をしているのだろうかと考えるようになった。ムンバックがEA社で働き始めた2000年、周りで一番若いのは彼だった。今では36歳だ。「社内を見回すと、自分より年上はあまりいないね」とムンバックは言う。「この仕事を始めたときはみんな年上だった。18年前だね。あのとき30歳とか28歳とかだった人は、今どうなっているんだろう?」

この質問に対する答えは、日に日に明らかになった。

クリスタル・ダイナミクスに入社してから1か月が経過した2月、ザック・ムンバックはスタジオ長のスコット・アモスに退職を申し出た。アモスはムンバックの状況を理解した。そして代役が見つかるまで少し待ってほしいと頼み、退職日は2018年4月4日に決まった。入社から3か月後だ。「自分も偽善者だったよ」とムンバックは話す。「ずっと仕事場で言っていたんだ。いったん開発を始めたら、そのゲームから離れてはいけないと思う。完成させるべきだってね」。いったんゲーム開発という巨大なマシンの歯車になったら、プロジェクトから離れると他のメンバーの作業を増やしてしまう。「チームに半年だけいるくらいなら、最初から入らない方がいいんだ」とムンバックは言う。「でも、家族か仕事かって状況になったんだよね」

その後の数か月の間にムンバック夫妻は大きな決断を下した。サンマテオ市にある自宅を手放し、サンフランシスコのベイエリアから離れる。そしてワシントン州シアトル市のすぐ対岸にあるベインブリッジ・アイランド市に引っ越すのだ。ムンバックはEA時代のコネを頼り、建築事務所でデスクワークの仕事を見つけていた。新しい職場では世間並みの勤務時間帯で働けた。毎日退社すると、家族と一緒に夕飯を食べる。その後、子どもたちが寝るまで一緒に遊ぶ。ザック・ムンバックは徐々にだが確実に、仕事と家庭を分けられるようになってきた。18年のゲーム開発で身に付いてしまった悪習を取り除く訓練を続けた。「ゲーム開発は楽しかったし興味も尽きなかったけど、子どもの頃に夢見た仕事ではなかったね」とムンバックは言う。「だからずっと頭から離れないというわけでもないんだ」

生活の変化は顕著だった。以前は毎朝渋滞の中を運転していたのに、今はベインブリッジ・アイランド市からシアトル市にフェリーで移動し、そこから自転車で中心街のオフィスに向かう。キッチンの窓から隣家が見えるサンマテオ市の家に住んでいたのに、今は自然豊かで静かな木立の中に住んでいる。周りにあるのは木ばかりだ。「ここに来られてとても幸せですね」とリサ・ムンバックは話す。「引っ越しは家族にとって本当に良い決断でした。残念なのは友人や両親と離れた点ですが、生活のペースが全然違います。木も自然も豊富で、車も通りません。素晴らしいですよ」

しかしザック・ムンバックの生活には何か欠けているものがあった。普段の生活やツイッターのプロフィール上では自分自身をゲーム開発者だと名乗っていた。誰か新しい人と出会って仕事を聞かれると、建築関係だと答えるのにずっと抵抗を感じていた。「心がちくちくと痛み、自尊心が傷ついたのはショックだったね」とムンバックは話す。「プライドの問題だよ。ＡＡＡのビデオゲーム開発者になろうとがんばって働いてきた。14歳の頃からの夢だったから。だから『いや、もうゲーム開発者は辞めたんだ』と言うのは、自尊心の面できつかったね」

一方で、ムンバックはビセラル社時代に同僚だったベン・ワンダーの活動を畏敬の念を持って見守っていた。ワンダーは「ア・ケース・オブ・ディストラスト」という禁酒法時代のカリフォルニアを舞台にした探偵ゲームを開発し、公開していた。EA社のゲームほど大型でもないし話題になったわけでもない。しかし印象に残るゲームではあった。すっきりしたアナログ調の影絵を使い、1920年代の密造酒業者を巡ってハードボイルドで意外なストーリーが展開する。ワンダーは休暇には世界中を旅行し、ビセラル社の元同僚たち数人と次のプロジェクトについて考えている最中だった。「みんなでデモを作っていたんですよ」とワンダーは言う。「それで友人たちにフィードバックしてもらいました。『これで十分? どう思う?』って聞いて」

その友人の1人がザック・ムンバックだった。ムンバックはプロジェクトの詳細や、元同僚たちがここ数年どうしていたのかを尋ねた。そしてある提案をした。「最初、僕は『ねえ、投資できる? みんなを信頼しているんだ。手元に少しお金がある。みんな資金が必要だろう。ゲームに投資できる?』って聞いたんだ」とムンバックは回想する。「そうしたらみんなが『どういうこと? リターンはどうしたらいい?』って。だから『何も要らないよ。みんなを支援したいだけなんだ』と答えたよ」

もちろんムンバックが本物の投資家になろうとしているわけではない。本当に求めていたのはアイデンティティーの回復だった。本当に尋ねていたのは、再びゲーム開発者になれるのかという点だった。ベン・ワンダーらの次のプロジェクトは「エアボーン・キングダム」だった。プレイヤーが空に浮かぶ都市を運営するストラテジーゲームだ。ムンバックはどうしてもこのプロジェクトを手伝いたかった。

「ザックは最初から夢中みたいでしたね」とワンダーは言う。「何らかの形で参加するのを希望していましたよ」。ワンダーもプロデューサーがどうしても必要だったため、ムンバックは無報酬でも喜んで手伝うことにした。「それまでのチームだとぎりぎりでしたね」とワンダーは話す。「でも誰かを雇う予算はありませんでしたし」

ムンバックには日課ができ始めた。生活費を稼ぐために仕事に行き、帰宅したら家族と一緒に過ごす。子どもたちが寝た後、何時間かエアボーン・キングダムの制作とマーケティングの支援をするのだ。また燃え尽きるリスクは確かにあるが、ムンバックには創造力を発揮する場が必要だった。「夫はクオリティー・オブ・ライフを高めるために、情熱を持てない仕事に我慢して就いたのではと感じてました」とリサ・ムンバックは話す。「自分の夢を諦めたのではと心配だったんです。ベンを手伝うチャンスが訪れたのは最高の展開ですよ。家族と生活しつつ、自分の情熱を燃やせるわけですから」

2020年夏にワンダーは資金を調達し、エアボーン・キングダムの制作にムンバックを正式に雇えるようになった。ムンバックは2年間のブランクを経て、再びフルタイムのゲーム開発者になれたのだ。しかしムンバックは「二度とAAAのパブリッシャーでは働かない」と決意している。巨大な予算が付くビデオゲーム業界を離れて満足していたからだ。「そういうゲームを作っていた頃は世界で一番重要な仕事をしていると感じていたよ」とムンバックは言う。「自分の仕事は重要だ、すごいAAAのゲームを作っているんだって」。子どもの誕生やスタジオの閉鎖といった出来事の後、少し距離を置いて考えてみると、そういった仕事以外の面の方が人生で大事だと分かってきた。ムンバックは自分より桁違いに給与が高い経営陣のために働きたいとはもう思わなくなった。また、もうEAのような企業で雇用が続くのかと心配しながら働きたくはなかった。「インディーこそが進む道だよ」とムンバックは言う。「しかも結局、インディーこそが良いゲームを作るんだ」

閉鎖前のビセラル社で一番問題だったのは、アイデンティティーがない点だった。スタッフの入れ替わりやジャンルの転換があったため、自社の個性をしっかりと確立できず、結果として閉鎖に追い込まれてしまった。ただしジャンクションポイント社やイラショナル社の例を見ても分かるように、ビデオゲーム業界では強固なアイデンティティーを持つスタジオでも突然閉鎖されることがある。いつ いかなる理由で、気まぐれな竜巻に会社が襲われるかは分からない。その会社のオーナーが数千万ドルもの資産を持つ著名なプロ野球選手であったとしてもだ。

注

[1] 同僚だったルーク・ハリントンは、ムンバックが通常ではないルートで採用されたことを覚えている。「ザックは通常の採用手続きを経ずに来たんだ」とハリントンは話す。「たぶん玄関からフラっと入ってきたんだろうね。そうしたら『いいじゃないか、試してみよう』って言う社員が何人もいてね」

[2] 現在でも、アメリカにある多くの大手ビデオゲーム会社では、QAテスターの給与は最低賃金に近い上に、身分が低いかのように扱われている。手当が少なかったり、他の開発者に話しかけるなと言われたりすることもある。

[3] 「シムゴルフ」は2002年1月に発売された。伝説的デザイナーであるシド・マイヤーの失敗から生まれた作品だ。何年もマイヤーは恐竜のゲームを作ろうとしていたが、プロトタイプがしっくりいかなかった。同僚だったジェイク・ソロモンによると、あるときマイヤーは恐竜を諦めて2週間ほどオフィスから姿を消したらしい。オフィスに戻ると、マイヤーは次のゲームを思い付いたと言って、ゴルフコースを設計できるゲームのプロトタイプを見せた。EA社には即座に提案が出された。「プロトタイプを見れば誰でもすごいと思うよ」とソロモンは筆者に話した。

[4] ビデオゲームに詳しい人からしたら、社名ではなく制作者名を出すべきだと思うかもしれない。しかし社名を挙げたのには理由がある。(a)ゲーム開発チームには数百名ではないにしても数十名はいる、(b)スタジオは社内体制を明らかにしたがらない、(c)クリエイティブディレクター、リードアーティスト、プログラマーといった個々人の名前よりも社名の方が覚えやすい。こういった理由だ。つまりブランドの力である。

[5] ビセラルという英語は「本能的な」という意味を持つ。E3のプレスカンファレンスを見た経験がある人なら分かるだろうが、ビデオゲーム業界で多用される用語でもある。他には「イマーシブ」と「テラフロップ」がある。

［6］スター・ウォーズ1313の話は前作『血と汗とピクセル』で読める。突然の宣伝で申し訳ないが、興味があればお勧めしたい。

［7］ビデオゲームのエンジンとは、再利用可能なプログラムやテクノロジーを集めたもののことで、開発が効率化できる。10年代にEA社は傘下の全スタジオに対して「フロストバイト」のみの使用を強く推奨していた。理論上は合理的な判断だ。1つのエンジンをすべての子会社が使えば、技術を共有したり、エンジンを開発している他社に多額のライセンス料を支払う必要がなくなったりする。フロストバイトはEA傘下のDICE社が設計したのだが、FPSが主用途だった。そのため他のジャンルで利用すると、さまざまな問題が発生しうる。ビセラル社もそうだし、有名なのはバイオウェア社だ。同社の「ドラゴンエイジ／インクイジション」、「マスエフェクト／アンドロメダ」、それに「アンセム」は、癖のあるフロストバイトに足を引っ張られた。バイオウェア社のある開発者は私にこう語った。「フロストバイトはカミソリの刃だらけだよ」

［8］プロジェクトはEAバンクーバーに移され、オープンワールド型のスター・ウォーズのゲームとして再始動した。コード名は「オルカ」だ。しかし1年ほどしてキャンセルされた。その後、開発者たちは「スター・ウォーズ／バトルフロント」の外伝となる新プロジェクトを立ち上げ、コード名は「バイキング」とした。ところがそれもキャンセルされた。

［9］計画されていたタイタンフォール3は最終的にバトルロワイヤル型の「エイペックスレジェンズ」となった。同ゲームは2019年2月のリリース後すぐに成功を収め、PUBGに倣うというEA社の狙いは達成できた。

第6章　血染めのソックス

BLOODY SOCKS

トム・アングが驚いたのは充実した福利厚生だった。アングは10年以上もプロのビデオ・ゲーム・アーティストとして働いてきた。最初はディズニー社で「ライオン・キング」や「トイ・ストーリー」のゲームをスーパーファミコン向けやセガのメガドライブ向けに作ってきた。その後、ソニー、EA、THQを渡り歩いた。どれも良い職場ではあったが、38スタジオ社ほど豪勢ではなかった。

38スタジオ社は、中高生がプロのゲーム開発者が働く様子を想像したときに出てくるような職場だった。マサチューセッツ州メイナード町に位置し、かつて工場だった歴史ある建物をオフィスにしている。壁は赤レンガで作られ、巨大な時計塔がそびえる。すぐ近くを流れるアッサベット川の景色が美しい。そして会社の資金も潤沢なようだった。幹部たちは、企業価値が10億ドルと評価されたシリコンバレーの優良ITベンチャーを経営しているかの雰囲気だった。社員にもさまざまなものが提供されていた。まずは手厚い健康保険やジム会員資格だ。さらにはカスタマイズされたゲーミング用のハイエンド・ノート・パソコンだ。数千ドルはする。食事は無料だったし、旅費もけちけちせずに払ってもらえた。そして現在開発しているビデオゲームの世界地図を印刷した特注のバッグだ。ゲームのコード名は「コペルニクス」だった。

こういった福利厚生を提供していたのはカート・シリングだった。黄土色の髪をした元スポーツ選手で、38スタジオ社を設立して経営している。シリングは約20年間メジャーリーグでピッチャーとして活躍した。アリゾナ・ダイヤモンドバックスの他、ボストン・レッドソックスを1918年以来のワールドシリーズ制覇に導いたのが有名だ。他の選手たちとはまったく違い、引退後はマサチューセッツ州でビデオゲーム会社の経営者を務めているのだ。「カートは社員を本当に丁寧に扱ってくれましたね」とアングは話す。「彼は自分の分野でスターとして接してもらっていました。トップレベルの選手でしたから、どのような場面でも最高の待遇です。『自分のチームメンバーにも同じ思いをしてもらいたいんだ。最高の人材に来てもらい、それにふさわしい処遇をするつもりだよ』と言ってましたね。実際にそうでした」

2008年、トム・アングが38スタジオ社の採用担当者から初めて連絡をもらったとき、あまり乗り気はしなかった。南カリフォルニアで育ったため、冬は寒くてどんよりしている東海岸に引っ越すイメージが湧かなかった。しかしEA時代から知っている人が38スタジオ社で何人も働いていたため、あいさつがてらマサチューセッツ州を訪問してもよいかなと感じた。「転職はしないだろうなと思いながら訪ねたんですよ」とアングは言う。現地に到着すると、オフィス環境、契約条件、それに福利厚生に感激した。続いて、ゲーム用に作っているアートを昔の同僚が見せてくれた。「口から『何これ、すごい』

という言葉が出てきましたね」とアングは思い出す。「『素晴らしそうなゲームだ。ぜひ制作に加わりたい』って思いました」

アングが採用条件を受け入れると、38スタジオ社はかなりの額の引っ越し費用を支給してくれた。しかも新居を探すためにボストン市まで送り届けてくれた。結局アングはマサチューセッツ州アクトン市にある、湖に面した3ベッドルームの平屋建てが気に入って住むことにした。「ずっと住みたいと思っていたんですよ」とアングは言う。「ロサンゼルスだと湖のほとりに家は持てませんからね」。そして2008年6月、トム・アングは38スタジオ社のアートディレクターとして正式に勤務を始めた。アーティストのチームをまとめ、コペルニクスの外観を作り上げるのが職務だ。スタジオは設立から2年経っていたが、ゲームの成果物はあまりなかった。しかしアングは問題とは思っていなかった。これまで業界で、初期段階の動きが遅いプロジェクトを見てきたからだ。

アングは38スタジオ社の財務状況を心配したことも、資金の出どころを気にしたこともあまりなかった。やはりアーティストなのだ。会社ではディレクターの1人ではあったが、事業開発や財務計画には関わっていなかった。ゲームの開発スケジュールはあまり現実的ではなさそうに思えた。シリングは社員に2011年秋が目標だと伝えていたが、これまでの成果物の量を見ると恐らくは不可能だった。しかしシリングは裕福だった。想像を絶するほど裕福だった。20年間の野球生活で1億1400万ドル以上も稼いでいる。そしてビデオゲーム開発を次の仕事に選び、「ワールド・オブ・ウォークラフト」の対抗馬を作ろうとしていた。それを実現させるために大枚をはたくこともいとわなかった。失敗などありうるのだろうか?

◆

何十年もさかのぼる1978年秋、リチャード・バートルというイギリスの大学生は、なぜ世界がこんなにつまらないのかとしばらく考え込んでいた。バートルはイギリスの海岸沿いにある小さな町で育った。家は公営住宅で、周りにいたのは裕福ではない家庭の子どもたちだった。少年時代にはボードゲームで遊んだり、ファンタジー世界を空想したりしていた。その後、幸いにも近所のエセックス大学に入学できた。するとすぐに校内のコンピューターラボに入り浸るようになってしまう。コンピューターこそ、自分のファンタジー世界を実現できる手段だった。「当時コンピューター科学に足を踏み入れようとするなら、こういう観念を持つ必要がありました」とバートルは言う。「コンピューターは個人に力を与え、世界を変える。コンピューターは世界をもっと良くする。こんな考え方です」。他のエセックス大学学生のほとんどは中流または上流の家庭の出身だった。そのためバートルは、ロイ・トラブショーという労働者階級出身の学生と出会って喜んだ。2人は友人となり、階級が無意味なバーチャル世界を作ったらどうなるだろうと相談し始めた。出自に関係なく、誰もが成功できる機会を平等に与えられる世界だ。「私は現実世界があまり好きではなかったんですよ」とバートルは言う。「つまらない、今でもつまらないですね」

１９７８年10月、トラブショーとバートルは彼ら自身で開発したゲーム用テクノロジーを初めてテストした。後に「マルチユーザー・ダンジョン」（ＭＵＤ）と呼ばれるゲームで、数年後には一般公開した。ＭＵＤはテキストのみで展開する。バーチャル世界は状況を説明する文（「暖炉で火がゆらゆらと揺れている」）で表現され、これに対してプレイヤーは「西へ行く」などのシンプルなコマンドを使う。プレイヤーはキャラクターの役割を演じてモンスターと戦ったり魔法を唱えたりするが、ＭＵＤには当時のテキスト型アドベンチャーとは一線を画す特徴があった。他のプレイヤーと一緒にプレイできるのだ。ＭＵＤはＡＲＰＡＮＥＴ上で実行されていた。ＡＲＰＡＮＥＴとは初期のオンラインネットワークのことで、後のインターネットの基礎になる。ＭＵＤは80年代から90年代にかけてさまざまなバージョンが作られ、コンピューターを使える若いオタクの間で人気が高まっていった。

トラブショーとバートルはＭＵＤのソースコードを無償で公開した。金持ちになる機会を放棄したのだが、一方で世界中のプログラマーがＭＵＤのソースコードを基礎にしてゲームを開発したため、急激に流行した。その後、出現し始めたばかりのインターネット上に、派生作や後継作がいくつも登場した。ＭＵＤはオンラインのテキスト型アドベンチャーゲームの代名詞にもなったのだ。一番有名なのはデンマークの学生グループが１９９１年に公開した「Ｄｉｋｕ ＭＵＤ」だろう。「ダンジョンズ＆ドラゴンズ」

のようなオンラインゲームをプレイしたい願望から開発され、詳細な統計データ表示や緊張感のあるダンジョン探索ができるようになっている。他のMUD派生作とは異なり、DikuMUDは簡単にプレイを始められるのが特徴だった。サーバーと基本的なプログラミング知識さえあれば実行できる。また、すべてテキストなのでカスタマイズも楽だった。単語を少し置き換えるだけで、武器をゴム製チキンに変えることも、敵をアニメ「ラグラッツ」の登場人物に変えることもできる。90年代にはDikuMUDなどのソースコードを利用して、ハリー・ポッターからドラゴンボールZまで、あらゆる人気シリーズのオンラインゲームが作られた。何か好きなシリーズがあれば、大抵はバーチャル世界が作られている。(言うまでもないだろうが、エロティックなRPGのMUDもかなりある)

DikuMUDのソースコードの利用規約には「本ソースコードは営利目的で使用できない」と大きく書かれている。そのためDikuMUDをベースにしてゲームを作る場合、本体を販売することも、有料サブスクリプションで提供することも、ゲーム内アイテムを売ることもできない。90年代にはEA社のような巨大成長企業がこの大人気のバーチャル世界に目を付け、どうにか儲ける方法はないかと考えた。しかし既存のソースコードは使用できないため、一から作るしかなかった。EA社の場合、リチャード・ギャリオットが自身で開発した有名な「ウルティマ」シリーズを1997年に「ウルティマ・オンライン」としてバーチャル世界化した。DikuMUDに強く影響を受けたゲームだ。1999年にはソニー・オンライン・エンタテインメント社が大好評のオンラインゲーム「エバークエスト」をリリースした。実質的にはDikuMUDにグラフィックスを施したようなゲームだ[1]。

ウルティマ・オンラインもエバークエストも、従来のビデオゲームにはなかったような中毒性があった。こういったゲームは新たにMMORPG（大規模マルチプレイヤーオンラインRPG）と名前が付けられた。従来のRPGにあったレベル上げの楽しさと、オンラインのダイナミックな人間関係とが組み合わさり、寝食も忘れてのめり込む人が出てきた。プレイヤーは世界中の気心が合う人と友達になれる。そうすると、人間関係を維持したりレベルを上げたりするために、プレイを義務と感じるようになる。その結果エバークエストは、麻薬の一種「クラック」から「エバークラック」ともじって呼ばれるようになった。皮肉というよりも諦めに近いトーンだ。

ビデオゲーム会社からすると、これほど没頭してくれるなら大きな利益が上げられる。ウルティマ・オンラインもエバークエストも、毎月のサブスクリプション課金だった。つまりプレイヤーが没頭している間はずっとお金が入ってくる。21世紀に変わる頃は、どのビデオゲーム会社も自社でMMORPGを提供したいと考えていた。リチャード・バートルのバーチャル世界が実現し、願いがかなったのだ。MMORPGであれば誰でも現実世界から離れ、全員が同じグラウンドに立てる。生まれた場所も家柄も関係ない。もちろん、毎月10ドルを払い続けられればの話だが。

ウルティマ・オンラインもエバークエストも成功して何十万人もが加入した。しかしMMORPGが真の主流になるのは、さらに数年後だった。２００４年11月23日、「スタークラフト」や「ディアブロ」

といった名作で急成長を遂げていたブリザード・エンターテインメント社は「ワールド・オブ・ウォークラフト」をリリースした。同社が90年代に発売したストラテジーゲームの「ウォークラフト」をベースとし、エルフやノーム、ドワーフが登場するファンタジー世界を舞台にしたゲームだ。プレイヤーは2つある勢力のどちらかの一員となる。人間が率いる「アライアンス」とオークが指揮する「ホード」だ。クエストをこなしたりダンジョンで戦ったり資源を採掘したりして、徐々にレベルを上げる。またギルドに加入したり、レイドと呼ばれる大規模戦闘に参加したりできる。例えば「モルテン・コア」という40人参加のレイドでは、火山のダンジョンにボスが何体も出現するため、クリアするには緊密な協力プレイが求められる。このレイドをクリアすると珍しい装備品をもらえるので、同じワールド・オブ・ウォークラフトのサーバーにいるプレイヤーに見せびらかすことができる。ビデオゲームで味わえる満足感としては極めて高い部類に入るだろう。協力プレイは4人でも難しいので、40人ともなれば言うまでもない。40人のレイドが成功すれば、NFLのアメフト・チームをプレーオフに進出させたような気分になる。

ワールド・オブ・ウォークラフトは文化にまでなった。使いにくいインターフェイスや厳しいデス・ペナルティーといった従来のMMORPGにあった問題の多くが解決され、結果として新規プレイヤーが入ってプレイしやすくなった。またグラフィックスが漫画調だったため、視覚的アピールになっただけでなく、低価格のコンピューターでもゲームが実行可能だった。2008年1月に加入者は1千万人に達し、ニュースやテレビで頻繁に取り上げられた。女優のミラ・クニスや俳優のヴィン・ディーゼルといった有名人がハマっていると告白したため、ワールド・オブ・ウォークラフトは若い男性向けから一般向けの娯楽となった。世界中のビデオゲーム会社の経営者がワールド・オブ・ウォークラフトの高い収益性に驚嘆した。プレイヤーはゲーム本体を60ドルで購入し、その後に拡張コンテンツが出るたびに40ドル支払うだけでなく、キャラクターを維持するのに毎月15ドルをサブスクリプションで払わなければならない。サブスクリプション加入者は1千万人いるため、ただゲームが存在するだけで月に1億5000万ドルも稼ぐ。そこにさらにゲーム販売や、後年追加されたマイクロトランザクションの金額が加わるのだ。株主にしたら非常に魅力的だ。

数々の奇跡を起こしてきた伝説のピッチャーであるカート・シリングにとって、MMORPGでの成功は大金持ちになる機会だったのかもしれない。彼の言葉を借りれば「ビル・ゲイツ並みの金持ち」である。実現に必要なのはゲームの開発だけだ。

◆

メジャーリーグのシーズン中は遠征地でも長い時間を過ごさなければならない。カート・シリングがMMORPGにハマったのは、それがきっかけだった。遠征地に滞在中、彼はチームメイトとクラブやバーに繰り出すのではなく、ノートPCを手にホテルに留まっていた。余計なもめ事や妻からの疑念を回避するのが目的だ。「遠征地で出かけて、何か起こって結婚を危険にさらしたくありませんでした。それでパソコンがストレス発散の場になりました」とシリングは2011年のハーバード・ビジネス・レビュー誌に掲載された事例研究の記事で語っている[2]。「7キロあるノートPCを持ち歩いていました」

シリングはMMORPGの中でもエバークエストが一番好きだった。サンディエゴ・パドレスとの試合があるときは、開発元で同市に拠点があるソニー・オンライン・エンタテインメント社をよく訪問した。自身の知名度を利用してミーティングを設定してもらい、ビデオゲーム作りの何たるかについて開発者や幹部から話を聞いた。現役生活の終わりが近づいた00年代半ば、シリングは引退後の準備を始めた。そして次の仕事は自分で夢のゲームを作ることに決めた。ワールド・オブ・ウォークラフトに対抗できるゲームにすると周囲にはよく言っていた。MMORPGではあるが、それまでなかった作品だ。最先端のグラフィックスと、MMORPGをやり飽きたプレイヤーさえも引き付ける精巧なストーリーを備えたゲームだ。

ハーバード・ビジネス・レビュー誌の記事によると、2006年初頭のある夜、シリングは友人たちとオンラインゲームをプレイしていた。MMORPGで知り合った人もビデオゲーム業界で知り合った人もいたが、そのときにゲーム会社を始めると宣言した。一緒に働きたい人を募ったところ、すぐに6名が参加を表明し、シリングの新スタジオで最初の社員となった。スタジオ名は「グリーン・モンスター・ゲームズ」と名付けたが、後にシリングの背番号にちなんで「38スタジオ」に変更した。それから何か月かかけてソニー・オンライン・エンタテインメント社から何名かを直接採用した。特にエバークエストの開発に携わった人をできるだけ多く集めた。

野球チームと同じで、最高の人材を集めるのが成功の鍵だとシリングは考えた。そこで話題になる人物2人を採用した。漫画家のトッド・マクファーレンと、ファンタジー作家のR・A・サルバトーレだ。シリングは小さく始めて徐々に大きくする戦略に興味はなかった。すぐにでもワールド・オブ・ウォークラフトを捉えたかった。元手として会社に500万ドルを提供し、〝ユートピア〟のようなオフィスを準備すると宣言した。ゲーム開発が9時から5時までの退屈な仕事ではなく、メジャーリーグ球団に入ったような雰囲気が感じられるオフィスだ。社長には長年ビデオゲーム業界で活躍してきたブレット・クロースが就任した。クロースは、シリングが提案した社用車購入や社員との利益折半といった大胆なアイデアを思いとどまらせなければならなかったが、それでも福利厚生の内容は素晴らしかった。

シリングはビデオゲーム業界を研究した結果、MMORPGは一本道な展開のシングルプレイヤー用ゲームと開発方法が大きく異なると知った。まず、プレイヤーが安定的に接続できるオンラインサーバーの構築や管理をする専任のエンジニアチームが必要だ。次に、開発範囲を決める必要もある。もしプレイヤーに毎月料金を払ってもらうなら、価格に見合ったコンテンツを提供しなければならない。00年代半ばの一般的なシングルプレイヤー用ゲームの場合、10～15時間以上のプレイ時間があれば大きな苦情は来なかった。しかしMMORPGでは長時間のコンテンツを用意し、ずっと続くような印象を与える必要がある。つまりライターやアーティスト、デザイナーを何人も雇わなければならない。さらに、開発時に発生する面倒な問題も解決しなければならない。ほとんどの野球選手は高校、大学、そしてマイナーリーグで経験を積んでから、やっとメジャーリーグでプレイできる。いくら有名なアーティストやライターを集めたとしても、開発未経験のシリングがいきなりMMORPGを手掛けるのは、草野球チームから直接ニューヨーク・ヤンキースに入団するようなものだろう。シリングのような度胸がなければ、誰もそんなことはしない。

やはり、シリングの伝説は度胸や気骨から生まれている。多くの人には、シリングは居丈高で声が大きく、保守派の政治的意見を持ち、メディアとよくけんかをするイメージがある。しかし最も印象深いのは、2004年のメジャーリーグのポストシーズンだろう。レッドソックス所属のシリングは足首にけがを抱えたままマウンドに立った。ヤンキースとのアメリカンリーグ優勝決定戦を2勝3敗で迎えた第6戦だ（何と3連敗から盛り返した）。勝利投手となる活躍をしていた終盤、けがが悪化してソックスが血に染まった。結局レッドソックスはライバルのヤンキースに連勝し、ワールドシリーズに進出した。5日後、セントルイス・カージナルスとの第2戦で、シリングは再びマウンドに立った。縫合した傷口が裂けて出血し、またもソックスが血で染まったのだ。そしてレッドソックスは1918年以来となるワールドシリーズ制覇を成し遂げ、カート・シリングの血染めのソックスは長く印象に残り続けることになった。

今、シリングは何でも成し遂げられると考えていた。MMORPGだって専門知識や業界経験がなくても開発できる。シリングが野球から離れた2008年、38スタジオ社では60人以上がMMORPGの開発に携わっていた[3]。さらに何十人も増員する予定もあった。「狂ったように採用し続けていましたね」とトム・アングは話す。問題は、新規採用に必要な資金集めだった。シリング自身は38スタジオ社に出資を続けていたが、新たな投資家もずっと探していた。何度も商談はしたものの、有名な野球選手に会いたい様子の投資家がほとんどで、実際の出資には結びついていなかった。ビデオゲーム産業は通常でもリスクが高い。そのため、ゲーム開発経験がないのにワールド・オブ・ウォークラフトの向こうを張ろうとするスポーツ選手の豪華なスタジオは、出資先としてはあまり魅力的ではなかった。

38スタジオ社と商談をしたベンチャーキャピタリストのトッド・ダグレスは、雑誌「ボストン」の記者であるジェイソン・シュワルツに、シリングは熱心であったが自信過剰に感じたと後に語っている。シリングの周りにはビデオゲーム開発経験がある幹部やリードがいたものの、やはり決定権を持つのはシリングであり、彼の経験不足は目に付いた。「カートはCEOではありませんでしたが、深く関わっていて権力も強いようでした」とダグレスは話す。「ちょっと心配になりました」。38スタジオ社には投資家が慎重にならざるを得ない点がいくつもあった。まず、COO（最高執行責任者）のビル・トーマスはビデオゲーム業界で働いたことがなかった。シリングの妻の伯父だったのだ。また妻も取締役で、その妻の父親もIT部門で働いていた。

2009年、500万ドルだとシリングが考えていた38スタジオ社への出資額は大幅に増えていた。新規スタッフの人件費やら手厚い福利厚生費やらで経費がかさんだのだ。新しい出資者は見つからず、かと言ってシリングは会社を畳む気もなかった。そのため会社の拡大に合わせ、豊富にあった貯蓄はどんどん減っていった。同年3月にシリングはある提案を受けた。会社に大きなメリットはあるが、さらにお金が必要になる提案だ。経営が苦しかったパブリッシャーのTHQ社が開発スタジオの1つを手放そうとしていたのだ。メリーランド州ボルチモア市の郊外にあるビッグ・ヒュージ・ゲームズ社だ。38スタジオ社でシリングを支えていたベテラン幹部のジェニファー・マクレーンは、ビッグ・ヒュージ・ゲームズ社の創業者たちと知り合いだった。そこで彼女はシリングに買収を進言したのだ。

この動きには背景があった。シリングはスタッフや投資を検討している人に対し、MMORPGのリリース予定を2011年秋だと伝えていた。しかしゲーム開発経験がある社員であれば、現在の進捗で予定通りに出すのは不可能だと分かっていた。一方、メリーランド州のビッグ・ヒュージ・ゲームズ社ではシングルプレイヤーのRPGを自社開発していた。38スタジオ社がビッグ・ヒュージ・ゲームズ社を買収すれば、このRPGを「アマラー」にガチャっと組み込める。アマラーとは、38スタジオ社がMMORPG用に構築していた世界だ。そうなれば38スタジオ社はシングルプレイヤーのRPGをまずリリースし、MMORPGに対するプレイヤーの欲求を刺激できる。加えて、切望していた収益も手に入れられる。「リードたちを連れてRPGの評価をしに行ったんですよ」とトム・アングは思い出す。「みんなで『うまくいくかも。アートがすごいよ。本当にうまくいくかもしれない』って話していましたね」

2009年5月27日、38スタジオ社はビッグ・ヒュージ・ゲームズ社の買収を発表した（同社の70名の雇用は維持したが、残り数十名はレイオフされた）。その年の末にはEA社とゲームのパブリッシャー契約を結んだ。「キングダムズ・オブ・アマラー／レコニング」として知られるゲームだ。最終的にEA社が制作費として3500万ドルを支払う約束をしたので、シリングは自己資金からビッグ・ヒュージ・ゲームズ社員の給与を出す必要はなくなった。しかしMMORPGの「コペルニクス」については、まだ投資家もパブリッシャーも見つかっていなかった。そのためシリングの口座残高は日に日に目減りしていった。

マサチューセッツ州の38スタジオ社では、何か巨大なものを作らなければというプレッシャーが強まっていた。ワールド・オブ・ウォークラフトはパッチや拡張コンテンツで成長を続けていたし、他のMMORPGも次々と参入を目指していた。有力タイトルとしてスクウェア・エニックス社の「ファイナルファンタジーXIV」やEA社の「スター・ウォーズ／ジ・オールド・リパブリック」のリリースが近づいていた。こういったゲームと競うには、コペルニクスのファンタジー世界をさらに拡充し、開発チームをさらに拡大する必要がある。38スタジオ社のチームは新しいエリア、新しいクラス、新しいスキル、さらには新しい種族を追加していった。ただし追加すればしただけ時間も費用もかかる。というのも、新しい要素がゲームに加えられると、ぴったりと世界観に合い、かつプレイして楽しいかを確認しなければならない。「どんどん拡大しましたね」とトム・アングは話す。「そして拡大した後、『次は深堀りしよう』って言ってました」

社員はシリングに鼓舞されたが、それで奮い立つことも途方に暮れることもあった。シリングは38スタジオ社を家族と呼んでいて、彼のビジョンに共感する人には素晴らしいリーダーだった。かつて球場のロッカールームでリーダーシップを発揮していた姿と重なる。社員はシリングをキャプテンと呼んでいた。「偉大な人物だよ。だから体の周りにオーラがあった」と38スタジオ社で働いていたアンディー・ジョンソンは話す。「社員は彼に従って戦うだけだったよ」

しかしシリングには会社経営の経験がなかった。そのためあらゆる言動から経験不足がにじみ出ていた。設立初期には、社員はプロ野球のような勤務体制で働いたらどうかと提案した。14日間連続で出勤し、5日間休むのだ。しかしこの案は即座に幹部に反対された。また、よく思い付きでチームに多大な作業が発生するメールを送ったり、提案を出したりしていた。例えばシリングが「飛べる騎乗生物で戦闘ができたらかっこいい」という発言をすると、社員は抱えている作業を中断してデザイン資料を作成しなければならない。「デザイン会議に出席して『良いアイデアがあるんだ』と発言できなくなりましたね」とシリングは後にハーバード・ビジネス・レビュー誌に語っている。「発言すると、仕事が発生して費用がかかるからです。社員たちが良いアイデアだと思っていなくてもです」

シリングがコペルニクスの開発初期に固執した点はいくつもあったが、その1つにプレイヤーがケンタウロスでもプレイ可能にすべきとの主張があった。デザイナーやアーティストは何とか思いとどまらせようとした。ケンタウロスは上半身が人間で下半身が馬なので、騎乗生物を使えないし、ドアだってうまく開閉して通れない。シリングは繰り返し主張したが、最終的には諦めた。カート・シリングにしてみれば、コペルニクスに限界はなかった。自身の夢のゲームなのだ。2010年初めまでに会社には3000万ドルの自己資金を投じていた。友人たちから少額の投資を受けていたが、コペルニクスを実現させるにはもっと巨額の資金が必要だとシリングは理解していた。同時に、シリングがコペルニクスに抱く期待はどんどん高まっていた。相変わらずワールド・オブ・ウォークラフトの対抗馬だとして売り込みをかけていた。単なるMMORPGではない。シリーズ化される。グッズが制作され、ブランドも確立する。テレビ番組にだってなるのだ。そしてシリング自身が表現するように、ビル・ゲイツ並みの金持ちになり、ゲイツと同じく慈善活動に没頭できるのだ。

投資家には次から次へと出資を断られていたものの、シリングは周囲に38スタジオ社は問題ないと言い続けていた。やはり2度もソックスを血で真っ赤に染めながらワールドシリーズを制覇した男なのだ。必死に働いて耐え続ければ、うまくいかないはずがない。カート・シリングはずっとそうだった。

◆

カート・シリングがロードアイランド州知事のドナルド・カルチェリと面会したとき、州の経済はボロボロだった。カルチェリは話し上手な共和党の知事だ。民主党影響下で悪化した州の経済を立て直すと公約し、2003年に就任した。しかし何年経っても公約は実現できなかった。ロードアイランド州の失業率は12パーセントまで上がり、国内で最悪水準だった。そして2008年のリーマンショック後の不況が追い打ちをかけ、州経済は壊滅的な状況に陥った。カルチェリ知事がぶち上げた公約を実現しようとするなら、大きな一手を打たなければならなかった。

2010年3月6日にカート・シリングはマサチューセッツ州の自宅で、第二次世界大戦のドキュメンタリー制作を支援しようと、資金集めのパーティーを開催した（シリングは第二次世界大戦マニアで、当時の歴史的な物品を収集している。物議を醸したのはナチスの制服だ）。シリングは地元の名士を何人も招いたが、そこにはカルチェリ知事も含まれており、2人の会話は38スタジオ社に移った[4]。シリングはマサチューセッツ州が税金優遇も資金支援もしてくれないとため息をつきつつ、会社を大きくしたいと話した。カルチェリ知事はビデオゲームのことは何も知らなかったが、38スタジオ社が荷物をまとめてマサチューセッツ州からロードアイランド州に移転する案には興味を覚えた。シリングは両州を含むニューイングランド地方全域で英雄だった。そのため、歴史も古く人口も多いマサチューセッツ州から、隣の小さな州に英雄を招致できれば、カルチェリ知事の大勝利になるだろう。彼は後で連絡すると約束し、パーティーを抜けた。そしてロードアイランド州のテクノロジー産業について夢を膨らませ始めた。東海岸のシリコンバレーを生み出し、その中核には38スタジオ社を据えるのだ。

シリングは喉から手が出るほど資金が必要だった。そしてカルチェリ知事はそれを支援できた。ロードアイランド州機関である経済開発公団の雇用創出保証プログラムを利用するのだ。このプログラムで、ロードアイランド州は38スタジオ社に大型融資の債務保証をする。代わりに、38スタジオ社は会社を移転し、3年以内に450人を新規雇用する。これはシリングには似つかわしくない行動に見えたかもしれない。率直な物言いをする共和党支持者で、2008年大統領選挙ではジョン・マケイン候補を応援し、過度な政府支出を何度となく批判していたのだ。ところが、ロードアイランド州の支援は受けた。シリングはゲームの完成に7500万ドル必要だと伝え、カルチェリ知事は可能であると答えた。

その後の数か月間、38スタジオ社の幹部たちはマサチューセッツ州メイナード町から車で90分ほどのロードアイランド州プロビデンス市を入れ替わり立ち替わり訪問した。正しい決断だと経済開発公団の役員に確信を持ってもらうためだ。しかし38スタジオ社がした約束の一部は、良く言っても誤解を招く内容だった。例えばあるプレゼン資料に、同社は2年ごとに新作RPGを、4年ごとに新作〝オンラインゲーム〟をリリースすると記載されていた。そのペースでリリースするのは経験豊富な開発スタジオでもほぼ不可能だ。ましてや38スタジオ社はまだ1本のゲームも出していない。(ウォーレン・スペクターは、自分のゲームはどれも開発に3年かかっているとよく話す。21世紀に入ると、予算規模の大き

いゲームをそれより短期間で仕上げるケースはまれになった。オンラインゲームなら倍の時間がかかってもおかしくない)

カート・シリングのスター性に魅了されたのだろうか、ロードアイランド州当局者は38スタジオ社の要望を受け入れ、7月に契約締結を承認した。7500万ドルの銀行融資をし、10年で返済してもらう内容だ。ロードアイランド州議会の議長だったゴードン・フォックスは、後日ニューヨークタイムズ紙に、シリングが声高に主張したため議長自身も他の州議員も正しい決断だと信じ込んでしまったと話している。「彼らは失業率が13、14パーセントまで悪化するかもしれないと主張していました」とフォックスは同紙に語った。「有権者も『今すぐにでも手を打たないと。早いところ雇用が必要だ』と期待していました」

しかしロードアイランド州の誰もが良い方法だと考えていたわけではない。秋のロードアイランド州知事選(カルチェリの任期は満了)に無所属で出馬表明していた政治家のリンカーン・チェイフィーは2010年8月6日付の手紙で、38スタジオ社との契約を一時停止するよう州政府に要請していた。チェイフィーはさまざまなリスクを指摘し、もし素晴らしい案件であるなら、なぜマサチューセッツ州は38スタジオ社を引き留めようとしなかったのかと質問した。「現在は貸付を受けるのも株主を見つけるのも難しい経済状況だ。しかしなぜロードアイランド州は、他の企業を検討することなく、38スタジオ社に決定したのか?」とチェイフィーは書いている。「7500万ドルの債務保証の決定には利権や裏工作が大きく関わっていると想像している。この38スタジオ社の件は、州知事とカート・シリング氏が偶然知り合ったときから、あらかじめ決められていたのではと私には思われる」

しかし遅すぎた。融資は実施されたのだ。２０１０年から２０１１年にかけてシリングと幹部は社員に対し、融資話はうまくいきそうで、会社にとっては棚からぼたもちだと伝えていた。本人が常々周囲に話していたが、シリングは社員に包み隠さず伝えることを信条にしていた。現状は余さず知ってもらいたいと考えていたので、何度かあった全社ミーティングでは詳細に状況を説明していた。こうして、オフィスは車で1時間半のロードアイランド州に移転しなければならなくなった。しかし代わりに会社の財務は安定するのだ。

ロードアイランド州への移転に伴い、シリングら経営陣は自治体の集会場で説明会を開催した。社員とその家族は不安に感じている点を質問し、会社はできる限り不安の解消に努めた。ある社員の配偶者が、マサチューセッツ州に家を購入して定住している場合はどうなるかと尋ねた。これに対してシリングら経営陣は大きな約束をした。会社で移住プログラムを準備し、家の売却に伴う費用を負担するというのだ。さらに驚くのは、マサチューセッツ州で購入した家が売却できない場合、38スタジオ社が引き取る選択肢も用意した。買い手が見つかるまで会社が住宅ローンを支払ってくれるのだ。つまり社員は絶対に損をしない。

トム・アングは38スタジオに入社した際に湖のほとりに家を買った。しかしロードアイランド州にオフィスが移転すれば、毎日出社するだけで1時間半も運転しなければならない。これは避けたかった。ところが彼の家は〝含み損〟だった。住宅ローン残高が資産価値よりも高い状態だ。しかも売ろうにも良い価格でオファーが受けられていなかった。そのため、38スタジオ社の移住プログラムは渡りに船だった。アング夫妻はロードアイランド州への引っ越し計画を立て、家を会社に引き取ってもらった。結局は損も得もなかったが、過去数年の住宅市場低迷を考慮すると、アングは小さな奇跡が起こったと思っている。

シリングは後日、160世帯の引っ越しにかかる費用は320万ドルだと明らかにした。しかし会社にはお金があった。ずっと投資家を見つけられずにいたものの、小さなロードアイランド州のおかげで、今では38スタジオ社に資金が豊富にある。シリングにしてみれば、社員に付いてきてもらうにはこのような移住プログラムが唯一の方法と思われた。実際に社員にとっても良い案だった。とりわけトム・アングには拒否する理由がない。「社員から質問が出ていましたよ。『社員全員に移住プログラムを提供する予算はどうするんですか?』って」とアングは思い出す。「回答は、『我が社には7500万ドルある』でしたね」

◆

２０１１年4月8日、38スタジオ社は正式にマサチューセッツ州メイナード町からロードアイランド州プロビデンス市に移転した。「ワン・エンパイア・プラザ」という6階建てのビルにオフィスを借りた。「ビルを見て、みんな『完璧だ』と言っていましたね」とトム・アングは話す。「『自分たちのエンパイア（帝国）を建てるんだ』って」。社員の多くはプロビデンスが気に入ってきた。小さいが魅力あふれる都市で、歩いて行ける場所が豊富にある。オフィスのあるビジネス街からは徒歩でバーやレストランまで行けるため、長めのランチや仕事終わりの一杯も楽しめる。オフィス自体もくつろげる場所だった。冷蔵庫は充実していたし、トッド・マクファーレンの漫画を基にした像が置かれていた。「信じられなかったね」と元社員は話す。「あんなに豪勢なのはゲーム会社でたぶん見たことないよ」

２０１１年はコペルニクスの開発が進み、ロードアイランド州の新しいオフィスも快適に感じられるようになった。そして会社も拡大し続けた。38スタジオ社への融資条件に、12か月以内に州内で１２５人を新規雇用する点が盛り込まれていた（さらに翌年１７５人、その翌年に１５０人）。このため採用担当者は残業をしながら、デザイナーやアーティスト、プログラマーを急いで雇い入れていた。新入社員は38スタジオ社の雰囲気が気に入り、かつてのトム・アングと同様、充実した福利厚生に心をつかまれた。「本当に楽しく働けたよ」と２０１１年に入社したアニメーターのピート・パケットは話す。「社員は一流で、業界トップの才能が集まっていた。だからずっとそこで暮らしても良いと思ったよ。引退するまでずっとね」

しかし内実を見ると、会社は世間で思われているほど盤石ではなかった。新入社員の増加、福利厚生、さらには住宅引き取りなどで出費がかさむため、38スタジオ社からは毎月何百万ドルも消えていった。加えて、ゲームをリリースしたり何らかの収益を上げたりする前から、ロードアイランド州保証の融資も返済し始めなければならなかった。後の報告書によると、毎月いくら使うかを示すバーンレートは、2011年を通して400万ドルを超えていた。融資全額を1年以内に使ってしまう途方もない金額だ。というのも後日提出された裁判資料で、ロードアイランド州が融資保証した7500万ドルのうち、実際に38スタジオ社が受け取ったのは4900万ドルほどだけだったと明らかになったからだ。残りを銀行が貸し出さなかったため、カート・シリングは困ってしまった。

会社を続けるには、シリングはさらに資金を調達しなければならなくなった。38スタジオ社では2つのゲームを開発途中だった。傘下のビッグ・ヒュージ・ゲームズ社の「キングダムズ・オブ・アマラー／レコニング」と、ロードアイランド州本社で制作しているコペルニクスだ。シリングは新しい投資家を探し続けていたが、もう何年も失敗続きで、多額の出資をしてくれる人は見つけられなかった。もはや不可能とも思えたが、心血を注げば実現できるとシリングは信じていた。投資家はまだ見つからないが、必ずや現れる。この姿勢についてボストン誌に尋ねられると、「そういう性格なんですよ」とシリングは答えている。「この性格のおかげで、メジャーリーグでの成績が残せたと思っています。本当ですよ。他人が信じていなかったのに、最終的に信じてもらえた経験は何度もあります」

シリングは支出を抑えるつもりはなかった。38スタジオの社員を家族と考えていたからだ。この〝家族〟という言葉をシリングは社内ミーティングで頻繁に使った。社員が他球団に移籍しないよう引き留める唯一の方法は、オールスター級の待遇を与えることだと考えていたのだ。「自社以上の待遇を提供する会社は他になく、転職する理由はないと思ってもらおうと、できる限りのことをしましたよ」とシリングは後にボストンのWEEI−FMのラジオ番組で話している。「あのチームを組織するためには、この方法しかありませんでしたね」

ジェニファー・ミルズが38スタジオ社に入ったのはロードアイランド州に移転する3か月前だったが、初出社して心を奪われた。大学卒業後に初めて得た仕事で、開発しているゲームにも会社自体にも魅了された。勤務初日、同僚たちに自己紹介して回ったが、こんなに社員を手厚くもてなしてくれるビデオゲーム会社はあまりないぞと言われた。すべての会社がこれほどの数の一流アーティストを雇っているわけでも、これほど厚い福利厚生を提供しているわけでもない。「みんな握手をしながら、『え、これが最初の仕事？　甘やかされちゃうよ。もうこんな良い場所はないぞ』と言ってました」とミルズは回想する。「その上、逸材ぞろいでびっくりしましたよ」

ゲームの外観は素晴らしかった。中世風の瀟洒（しょうしゃ）な城も、美しい環境もあった。巨大な滝や古めかしい彫像、険しい山々、さらには毒々しい緑色に包まれて不穏な空気が漂う地下都市だ。ミルズはテクスチャーアーティストだったため、3Dモデルや環境に色彩を施すのが仕事だった。来る日も来る日も草木や岩、建造物に色を付け、コペルニクスの外観を整えていった。ミルズは会社で初めての環境テクスチャーアーティストだった。数か月もすると、インターンの1人を指導するようになった。またしばらくするとインターン数名、さらには別のアーティストたちも世話した。入社から1年もしないうちにミルズはリードに昇進した。通常はもっと経験を積んだ人に与えられる肩書だ。後日マスコミが38スタジオ社に関する報道を始めると、さまざまな噂が流れた。その中には、昇進は手当たり次第に行われていたという噂があった。しかしミルズは優れたアーティストで、自身は昇進に見合う仕事をしていたと考えている。「少なくとも自分のチームでは手当たり次第なんてことはありませんでした」とミルズは話す。「昇進したということは、それを勝ち取ったということです。自分の仕事をしっかりこなしたという意味ですね」

ところが残念なことに、肩書に見合った昇給はなかった。2012年初めにミルズが昇進した際、給与の増額は認められなかったのだ。「採用が凍結されていたので、昇給も停止していましたね」とミルズは言う。「財務面でいろいろと手控えようとしているのだなとしか思っていませんでした」。だがミルズが気付いていなかったのは、ほとんどの場合、採用凍結はもっと悪い出来事が発生する前兆という点だった。「初めての仕事でしたからね」と彼女は話す。「自分が思っていたより深刻な事態に陥っていたとは、世間知らずだったかもしれません」

美しい金色のテクスチャーで色付けされた灰色のモデルのように、38スタジオ社の華やかさの下には醜い現実が隠れていた。その金色が剥げてしまうのは時間の問題だった。

◆

２０１１年のクリスマス当日、アンディー・ジョンソン一家は荷物をすべてまとめ、はるばるアリゾナ州フェニックス市からロードアイランド州プロビデンス市に引っ越した。ジョンソンが38スタジオ社に転職したのだ。過去6年間、彼は数多くのゲームを出しているパブリッシャーのTHQ社で働いていた。しかし会社の財務状況が不安定なため、不安を感じ始めていた。幹部の交代、株価の大幅下落、さらにはレイオフが頻発していた。「3か月くらい一緒に働いた同僚にメールを送ったとする。でも不達で戻って来てしまうんだ」とジョンソンは言う。自分の仕事も危ないかもしれないと考え、ジョンソンはさまざまな求人に応募し、ついに38スタジオ社から連絡を受けた。38スタジオ社では新しいMMORPGをもうすぐリリース予定で、ローカリゼーション・チームが必要だと伝えてきた。ゲームを多言語に翻訳したり各国に合わせた修正を加えたりする部門だ。ジョンソンはローカリゼーションの仕事を何十年もしてきた。「『今は良いタイミングだ。いずれにしてももうすぐレイオフされるから』って思ってたよ」と彼は話す。「でも、間違いなく一難去ってまた一難の状況だったけどね」

２０１２年1月、ジョンソンは38スタジオ社が入居しているワン・エンパイア・プラザに出社すると、幹部や開発者たちに自己紹介をして回った。彼らはジョンソンに対し、スタッフを見つけてローカリゼーションの作業フローを確立してもらいたいと伝えた。コペルニクスのリリースが秋に迫っているからだ。「デザイナーたちに会って、ゲームの規模や状況について尋ねたよ」とジョンソンは話す。「開発の現状をしっかり把握できていないのは明らかだったね」。次に、ジョンソンはゲームの各部分で求められる文字数に基づき、予測スケジュールを作成した。「その時点から1年はかかる予測だったね」とジョンソンは言う。いくら控えめに見積もっても、コペルニクスを２０１２年内にリリースできる見込みはなかった。

翌週ジョンソンは副社長たちの部屋を訪ねてスケジュールを見せた。するとドアが閉じられ、他に見せた人間はいるかと質問された。「入社2週目の月曜日だったけど、その時点からいろいろがおかしくなり始めたね」とジョンソンは話す。噂が他の副社長や幹部にも広がったため、彼らはジョンソンの席に来てはスケジュールについて尋ねた。「自分のところに人が来て、『このファイルは何だ、これは何だ、誰に見せた、俺にも見せろ』なんて言い始めたんだ」とジョンソンは思い出す。「もう『ああクソ』って感じだった。職務上必要だったから、規模やら作業範囲やら予測時間やらを把握しようとしただけなんだ。ところが大きな秘密を暴いてしまったような気分だったよ」

アンディー・ジョンソンは動揺した。沈みそうな船から乗り移ったのに、こっちも同じなのか？　彼は38スタジオ社の資金がぎりぎりの状況だった点はまだ知らなかったが、カート・シリング直下の幹部たちが機能していない点にはすぐに気付いた。社員が楽しんでゲームを開発したり、恵まれた福利厚生や給与を受け取ったり、他の同僚たちと仲良くなったりする一方で、幹部たちはドラマ「ゲーム・オブ・スローンズ」のような争いを続けていた。幹部の多くはまだ存在しない仕事の担当を任されていた。例えば、架空の「アマラー」の世界を扱ったグッズ販売やライセンス管理だ。そしてこういった縄張りを巡ってよく争っていた。「お互いに話もしようとしないチームがあったね。不信だらけだった」とジョンソンは言う。「まとまりを欠いた環境だったよ。分断されていたんだ」。38スタジオ社の副社長たちは、ジョンソンが〝勢力争い〟と呼ぶ行動を繰り返していた。各チームの規模や職務範囲の広さで張り合っていたのだ。そしてどの副社長も、うまくやっている姿をカート・シリングに見てもらいたかった。シリングを怒らせてしまうと重大な結果を招く恐れがあるからだ。ボストン誌の記事では、シリングに嫌われたり彼が聞きたくないニュースを伝えたりすると、部下は懲罰されたり冷遇されたりしていたのではと示唆している。「うまく協働できていませんでした」と後にシリングは同誌で認めている。「ずっと縄張り争いをしていたとは驚きでした」

ついに採用の凍結が始まった。その結果、ジョンソンは自分の仕事ができなくなってしまった。「僕と同じ職位で、支援チーム構築が目的で採用された人たちは、『席に座ってスプレッドシートで架空の実施計画でも立ててるよ』とか『別の仕事を探すよ』とか言ってたね。そうして自分のスペースに閉じこもってしまった」とジョンソンは回想する。彼は退屈のあまり、他の部門を訪ねては手伝えることがないかと聞いた。最終的にはウェブサイトのサポートチームにシニアプロデューサーとして加わった。入社後1か月もしないうちに仕事が変わってしまったのだ。

ただ一方で、コペルニクスの開発は進んでいた。開発者のほとんどは幹部の政治運動には気付かず、ただゲームを作り続けていた。デザインチームは戦闘システムをまだ確定できないでおり、シリングもプレイしていて楽しくないとよく嘆いていたが、チームにはまだ立て直す時間があった[5]。このゲームに採用されたアイデアの中には、2012年当時のオンラインゲームとしては革新的なものもあった。プレイヤーたちの行動により、ゲーム内世界の雰囲気が変わるのだ。例えばあるサーバーで悪のドラゴンを討伐すると、世界は祝賀ムードに変わる。また別のサーバーでドラゴン討伐に失敗し、ドラゴンが出す溶岩で街が焼かれると、ひどい生活が待っている。ワールド・オブ・ウォークラフトとは違い、コペルニクスMMORPGは終わりがあるようデザインされていた。ストーリーは時間とともに展開し、いずれは終焉を迎える。その後は拡張コンテンツや続編に進むのだ。

ところがシリングが38スタジオ社を創業後、MMORPGの世界は変わり始めていた。2012年には毎月10ドルや15ドルを支払いたいと思っているプレイヤーは少なくなっていた。評論家もオンラインゲームの将来は無料プレイにあると考えていた。月額課金のサブスクリプション型ではなく、武器や衣装といったアイテムに少額課金するマイクロトランザクション型だ。38スタジオ社はコンサルタントを何人か雇い、コペルニクスを無料プレイにした場合の財務モデルを作成してもらった。どちらの型が採用されるか開発者にはすぐには分からなかったものの、もし無料プレイとなれば、ゲームのデザインも構成も大幅に修正しなければならなくなるだろう。完成までにさらに時間がかかることになるため、資金がもっと必要になる。

会社上層部の機能不全、資金の減少、コペルニクス開発の遅れ、こういった点から38スタジオ社の危機は間近に思えた。しかしリリースできるゲームが1つ完成した。2012年2月7日、38スタジオ社は「キングダムズ・オブ・アマラー/レコニング」を発売した。傘下のビッグ・ヒュージ・ゲームズ社が何年かかけて制作していたシングルプレイヤーのRPGだ。発売時期は理想的とは言えなかった。ベセスダ社の革新的な「ジ・エルダー・スクロールズV/スカイリム」が3か月前にリリースされていたからだ。しかしキングダムズ・オブ・アマラー/レコニングも、美しいアートと優れた戦闘システムを備えた手堅いゲームだった。ガーディアン誌でレビューを担当しているマイク・アンダリーズはこう書いている。「キングダムズ・オブ・アマラー/レコニングは成功だ。同じ世界観とエンジンをベースとし、将来リリースが予定されているMMOが楽しみになる」。販売も130万本と好調で、パブリッシャーであるEA社の予想を上回った。ただし38スタジオ社の高い期待値には届かず、制作費をすぐに回収することはできなかった。つまり、まだ同ゲームでは利益が出ていないのだ。資金が底を突きかけている会社にとっては悲報だった。

2012年3月、ほとんどの社員は知らなかったが、38スタジオ社は多くの外部業者への支払いを停止した[6]。CEOのジェニファー・マクレーンも辞任した。ロードアイランド州に移転してから1年も経っていなかったが、融資してもらった4900万ドルはほぼすべて使い果たしていた。しかしカート・シリングは新しい投資家を見つけられるとまだ信じており、キングダムズ・オブ・アマラー／レコニングの続編に出資してもらえるようゲームパブリッシャーと交渉を続けていた。同時に、38スタジオ社への出資について中国の大企業テンセント社や韓国のゲームパブリッシャーであるネクソン社にも提案しており、契約成立は間近かもしれないとシリングは考えていた。請求書の1枚や2枚は無視することになっても、時間を少しでも稼ぎたかったのだ。

◆

2012年5月15日、38スタジオ社のデザイナーであるヘザー・コノーバーは出社しようと、ワン・エンパイア・プラザの方に歩いていた。すると彼女は建物入口でデザイン部門の同僚とばったり出会った。2人はあいさつを交わし、一緒にオフィスに向かった。すると同僚はコノーバーに、給与が振り込まれたか尋ねた。分からないが、確認してみると彼女は答えた。2人はオフィスに到着し、コノーバーはパソコンから銀行口座にログインした。振り込みはなかった。「沈んだような気分がオフィス中に広がりましたね」とコノーバーは思い出す。「『振り込みはあった？　振り込まれてない？　いや、ない。うわ、僕もない。どういうこと？　何かあったのか？』なんて話していました」

コノーバーが最初に38スタジオ社で働いたのは、２０１０年の夏だった。まだマサチューセッツ州にオフィスがあった頃、ＱＡチームでインターンとして勤務したのだ。38スタジオ社がとても気に入っていたので、２０１１年に入社の機会が訪れると、すぐにデザイナーとしてロードアイランド州のオフィスに勤め始めた。他のデザイナーやアーティストと力を合わせてコペルニクスのエリアやクエスト、謎解き、あるいは敵キャラクターを制作し、プレイヤーが熱中できる任務や課題として仕上げていった。「創造力が求められる楽しい仕事でした」と彼女は話す。「コンテンツのデザインは多面的なので、いろいろとこなせるジェネラリストの能力も少し必要です。私はこの能力はとても大事だと思います」

例えばコノーバーが学んだ点の１つに、ＭＭＯＲＰＧでは繊細な表現が難しいというものがある。ある初心者向けエリアにエルフが住む氷の村がある。そこでコノーバーは、行方不明の妻を探してほしいと男に頼まれるクエストをデザインした。プレイヤーは村の魔法使いに会う。魔法使いは美しい氷の彫像を作ることで有名だった。そして、男の妻は不幸だと感じて自ら村を出ていったのであり、何も問題はないとプレイヤーを納得させようとする。しかしプレイヤーに与えられたヒントを総合すると、実際に起こったことを推測できる。「魔法使いが村民を凍らせて氷像にしていたので、素晴らしい芸術家になれたと判明するわけです」とコノーバーは話す。「プレイヤーにはっきり明示するのではなく、ヒントをつなぎ合わせてもらうのは苦労が多いですね」。シングルプレイヤーのＲＰＧであれば、このような繊細な表現を使っても問題ないかもしれない。しかしMMORPGの場合、プレイヤーは何人もいて、プレイ中もチャットしていることが多い。そのため、はっきりと指示を与える方が重要になるのだ。

こういったデザイン上の挑戦はコノーバーにとってやる気の源泉であり、38スタジオ社では毎日充実感を覚えていた。しかしそれも給与未払いが発生した日までだった。「あれが大混乱の幕開けでしたね」と彼女は話す。突如、さまざまな噂がスタジオ中を駆け巡った。ケータリング業者への支払いがなかった。地元紙の記者が社員の自宅に電話したり、オフィスを訪ねてきたりしていた。ある社員の妊娠中の妻が病院に行ったところ、38スタジオ社の保険が使えなかった。こういった噂だ。

コノーバーら社員が全体像を把握するのはもっと後の話になる。給与未払いに先立つ2012年5月1日、38スタジオ社は銀行融資の一部返済に遅れた。つまり債務不履行が発生したのだ。ロードアイランド州の新知事に就任していたリンカーン・チェイフィーは怒った。知事就任後、チェイフィーは38スタジオ社に対する当初の批判を和らげていた。いったん結ばれた契約は守らなければならず、うまくやるしかないと覚悟を決めたからかもしれない。2011年にシリングたちがロードアイランド州にやってくると、チェイフィー知事は新オフィスを見学し、会社をできる限りサポートすると伝えた。しかしその後にあまり発言はしていない。この38スタジオ社の債務不履行は、チェイフィー知事が行動を起こすきっかけとなった。

2012年5月14日、知事は記者に対し、「38スタジオ社が返済を続けられるようにする」ことを目標にすると語った。この発言は業界中に広まった。テンセント社やネクソン社を含め、シリングと交渉中だった投資家は全員警戒して手を引いてしまった。「交渉はすぐに打ち切られました」とシリングは後にボストンのラジオ番組で話している。「その段階になって、会社がボロボロになっていると知りました」。その翌日となる5月15日、ロードアイランド州の38スタジオ社とメリーランド州のビッグ・ヒュージ・ゲームズ社に在籍する全社員379人に給与未払いが発生していると分かったのだ。「会社はついに崖から飛び出てしまった」とアンディー・ジョンソンは言う。「後は、落ちて地面に激突するだけだったんだ」

その後の数日は大混乱だった。全社ミーティングでは怒りが渦巻き、給与がもらえていない社員は疲弊していた。経営陣は出社して仕事を続けるよう頼んだ。会社は家族であり、力を合わせてこの難局を乗り切ろうと伝えた。もし誰も出社しなくなれば悪いニュースが報道され、会社を立て直すチャンスも消えてしまうとも言った。カメラやマイクを手にした記者がオフィスの外で待ち構え、社員が出入りする際に話を聞こうと近づいていた。もう出社してこない社員もいたし、会社の備品を持ち帰ろうとする社員もいた。「デスクトップPCやモニターを抱えて、『これだ、これをもらうぞ。給料の代わりだ』なんて言ってたよ」とアンディー・ジョンソンは思い出す。「オフィスから備品を持ち帰ろうとする連中を止めようとして、警備員はてんてこ舞いだったね」

リーダーのカート・シリングは珍しく静けさを保ちつつ、部下や弁護士と一緒に会社を立て直す奇跡を起こそうと努力していた。賞でもらった金貨のコレクションを担保にして別の融資を受けようとしたが、全然足りなかった。手が込んでいたのは、ロードアイランド州の税額控除分を担保にして出資を募る案だった。しかしこれにはチェイフィー知事が待ったをかけた。知事はこの危機を政治的なチャンスと考えており、2日に1度はメディアに登場して38スタジオ社を批判するようになっていた。挙げ句の果てにはキングダムズ・オブ・アマラー/レコニングを「ひどい失敗」とまで呼んだ。どの指標を見ても失敗とは言えないのにもかかわらずだ。(新しいシリーズのゲームとしては、むしろ非常に良い結果を収めていた)

さらにチェイフィー知事は38スタジオ社が社外秘と考えるような情報、例えばコペルニクスのリリース予定日(当時は2013年6月)を公表したり、同社の金遣いについて批判を続けたりした。この背景には壮大な野望があった。彼はアメリカ大統領選への出馬を目指していたのだ。2016年には民主党から、再び2020年にはリバタリアン党からだった。そのため38スタジオ社を批判すれば、楽々と政治的な点数稼ぎができたのだろう。数年後に出た新聞記事で、このチェイフィー知事の言動が38スタジオ社の失敗の原因であると、シリングは痛烈に批判している。「チェイフィー氏はうそをついていたし、人をだまそうとしていた」とシリングは書いている。「知事として失格だ。ビジネス取引を理解できておらず、采配を振る能力はとてもなかった。彼がロードアイランド州民、とりわけ38スタジオ社員に対してしたこと、あるいはしなかったことを、忘れてはいけない」

給与は支払われていなかったが、5月中は多くの社員が仕事を続けていた。何人かがコペルニクスの素晴らしい外観を映した2分のトレーラーを作成し、ユーチューブで公開した。どこかのパブリッシャーに契約を結んでもらおうと最後の意地を見せていたのかもしれないし、ゲームがリリースされなくても世界中の人に作品を見てもらいたかったのかもしれない。

しかし、もはや会社は焦土と化していた。38スタジオ社の騒動は毎日ニュースで流れ続けており、リスク回避を常とする大手パブリッシャーは悪い報道があふれている会社とわざわざ取引しようとしなかった。しかし社員の中には、カート・シリングが会社を救う方法を見つけ出してくれるのではとまだ信じている人もいた。「僕は『帽子からうさぎを出してくれるはずだ』と信じ続けていましたね」とトム・アングは話す。「何か手品のようなことをしてくれるだろうと」

やはりシリングに対する信頼で社員はここまで付いてきたのだ。シリングはキャプテンであり、リーダーであり、ソックスを血で染めながらもワールドシリーズ制覇をした男だったのだ。「会社での仕事ぶりを見て彼を好きになりましたよ」とアングは話す。しかしシリングの最後の努力は実を結ばず、チェイフィー知事やロードアイランド州との交渉も失敗した。「参加必須の全社ミーティングを思い出しますね」とジェニファー・ミルズは言う。「幹部数人とカートが会議室に入ってきたんです。カートはみんなの前に座ると、両手で頭を抱えました。あの姿を見てみんな胸が痛んだと思います。カートがどれだけゲームを出したいと思っていたか、誰もが知っていましたから」

2012年5月24日、38スタジオ社で働く全員に電子メールが送信された。差出人は温和なCOOで、カート・シリングの妻の伯父でもあるビル・トーマスだった。しかし本文は異常なほどに冷淡だった。

当社は不況の波を受けています。損失の拡大と経費の追加削減を回避するために、全社的なレイオフが不可欠であると判断しました。レイオフは希望退職でも懲戒解雇でもありません。このメールは、本日2012年5月24日木曜日をもってレイオフが実施されたことを正式に通告するものです。

退職手当はなかったし、最後の給与も支払われなかったし、健康保険も無効になった。後日、38スタジオ社には1億5000万ドルの負債があったと破産申請書で判明した。社員の給与に加え、融資の返済、外部業者や保険会社への支払いなど、巨額の未払いが残ったままだった。

後にカート・シリングは、自己資金の5000万ドルを会社に入れ、もう「すっからかん」だとインタビューでよく答えている。また、会社からは1セントも受け取っていないとも記者に語っていた。しかしこれは完全に事実とは言えない。確かにシリングは給与を受け取ってはいなかったが、破産申請書によると、2011年6月以降に4万ドル近くの旅費を会社に支払ってもらっているし、月1500ドル近くになる会社の健康保険にも入っていた。最高幹部たちも恩恵にあずかっていた。例えばビル・

トーマスは、最終年度に合計４２１６７８ドルの報酬を会社から受け取っていたと破産申請書にある。この内訳は、１２９８５７ドルが引っ越し費用、５万ドル超が旅費、１万ドル超がスタジオ閉鎖に伴う顧問料だった。他の社員が給与を受け取っていないのにもかかわらずだ。シリングは好んで社員を「家族」と呼んでいた。しかし結局、一番の恩恵を受けていたのは本当の家族だったのだ[7]。

38スタジオ社のスタッフは、シリングは派手にお金を使うのが好きだと知っていた。しかし後々まで知らなかったのは、多くの幹部が高額の給料をもらっていた点と、手元にある以上のお金を使っていた点だった。実際、５月14日になるまで、38スタジオ社の経営悪化を示す兆候はほとんど見られなかった。2月にキングダムズ・オブ・アマラー／レコニングがリリースされた際は、ゲームに登場する巨大なトロール像を高い費用をかけて製作し、全社員に配っていたのだ。

会社の経営は順調であり、ロードアイランド州の融資保証で少なくともコペルニクスを完成させてリリースできると社員は信じていた。また、社員に包み隠さず伝えるというシリングの約束も信じており、ずっと守られていると考えていた。「社員にとっては不意打ちだったと思います」とシリングは後にラジオのインタビューで話している。「会社、つまり私自身、あるいは経営陣が犯した誤りは、社員に伝えられていなかった点ですね」

後日、訴訟が起こされて評論家が破産の責任者を突き止めようとした際、やり玉に挙げられた人はさまざまだった。シリングや元社員の多くは、リンカーン・チェイフィー知事に責任があるとはっきり述べている。一方で幹部の何人かはシリングの力量を指摘している。支払いが滞っているのを知っていたのに、コストを削減したり、社員と情報共有したり、状況をうまく管理したりしなかったと言っている。ピッチャーが連打されて窮地に陥っているのに、何もせず見ているだけの監督のようだった。誰もが何か手を打たなければと思っているのに、シリングはピッチャー交代を拒否したのだ。

トム・アングは動揺した。マサチューセッツ州の湖畔にあった自宅に関し、38スタジオ社が売却を委託していたムーブトレック・モビリティー社から書状を受け取ったからだ。何と売却は完了していなかった。しかも契約書には小さく、38スタジオ社に財務危機が発生してローン返済が滞った場合、返済義務はアングが負うと書かれていた。彼は再び、1年前に売却したと思っていた湖畔の家の所有者となった。アングは狼狽(ろうばい)し、ムーブトレック・モビリティー社に電話をかけて説明を求めた。「僕が銀行にローンを返さなければならないとの回答でした」と彼は話す。

つまりアングは失業して収入もないのに、ロードアイランド州の家賃もマサチューセッツ州の住宅ローンも払わなければならない。ただ、彼は幸運な方だった。湖畔の家は評価額が少し戻ってきていたのだ。38スタジオ社では他に6人がマサチューセッツ州の自宅を売却できないままだった。しかも評価額よりも何万ドルも多い住宅ローンが残っている人もいた。破産申請書によると、10万ドルを超える損失額を抱えた人は2人いたようだ。

さらに、社員の引っ越し代を38スタジオ社がまだ引っ越し業者に支払っていなかったとも判明した。

わずか5か月前にアリゾナ州からロードアイランド州に家族と転居してきたアンディー・ジョンソンは、業者から1万ドルの請求書を受け取った。「慌ててしまったよ」と彼は言う。ジョンソンは無職で、家族はよく知らない土地で暮らしている。しかも家賃すらも払えない。「退職に備えておいた貯蓄をすべて生活費に回さなければならなかった。半年も仕事がなかったからね」と彼は話す。「40歳の誕生日を迎えたと言えば立派に聞こえるよね。でも皮肉にもその日に、イングランドの母親が代わりに家賃を払ってくれたんだ」(結局引っ越し代は払えなかった)

カート・シリングはギャンブルに失敗した。忍耐力と精神力さえ維持できれば、けがをしていても投げ続けられると信じていたが、成果は上げられなかった。そして結果として、数多くの人の生活が破綻してしまったのだ。

◆

38スタジオ社が閉鎖されてから数週間後、ビデオゲーム業界は力を合わせて社員に対する支援を始めた。採用担当者たちはソーシャルメディアで「#38jobs」のようなハッシュタグを活用したり、プロビデンス市で転職相談会を開催したりした。ロードアイランド州も職員をワン・エンパイア・プラザに派遣し、失業保険申請がオフィスでできるよう便宜を図った。さらに、困っている同僚を助けようと缶詰を持参した社員もいた。そしてみんなで集まって一杯飲みつつ、会社の終焉を残念がった。開発者の中には、長いビデオゲーム業界経験を持つ人であっても、38スタジオ社が人生で最高水準の職場だったと考える人もいた。

出社途中に給与未払いを知ったヘザー・コノーバーは転職説明会でカービンという会社を知り、同社のオンラインゲーム「ワイルドスター」に心を奪われた。生まれ育ったアメリカ東北部のニューイングランド地方から離れるのに不安を感じていたが、転職を決意して南カリフォルニアに引っ越した。さほど悩ましい決断ではなかったと彼女は思い出す。「みんな『ヘザー、文字通り毎日晴天だよ』と言っていましたね」。38スタジオ社で習得したMMORPGのデザイン力をカービン社で発揮し、さらに磨きもかけたが、またもやレイオフで仕事を失った。そこでワシントン州シアトル市にあるアリーナネット社に転職し、オンラインゲーム「ギルドウォーズ2」のデザインに携わる。シアトルはビデオゲーム産業の中心地で、マイクロソフトや任天堂といった大企業の拠点がある。コノーバーがシアトルで就職した理由の1つがここにある。アリーナネット社でうまくいかなくても、さまざまな選択肢があるのだ。コノーバーにとって、ビデオゲーム業界に残ることは人生の目標を諦めなければならないことを意味した。「家を持つのが自分の夢の1つです。でもゲーム開発の仕事をしていると、実現は無理ですね」と彼女は話す。「38スタジオでは痛い思いをして学びました。『家を持てるような安定した仕事だと思っちゃいけないよ』って」

倒産の1年前からアニメーターとして勤務していたピート・パケットは、プロビデンス市から少し北に行った場所にある会社に転職した。あのイラショナル・ゲームズ社だ。そして2年後にまた同じ目に遭った。「最初はショックだったね。『ああ、またか』と思って」とパケットは話す。「2年以上同じ仕事はできないみたいだと感じてしまったよ」。彼は最終的にはフリーランスとなり、ライアットやブリザードといった会社からリモートでアニメーションの仕事を受けている。「両社での経験を思い出すと、どうしてもイソップ寓話に出てくる『酸っぱいぶどう』の態度を取ってしまうね」とパケットは話す。「でも、38スタジオやイラショナルで働いたおかげで大きなチャンスを得られたし、経験自体はとても貴重だったよ」

環境テクスチャーアーティストのリードを務めていたジェニファー・ミルズは、就職する前からレイオフがあるかもと覚悟していた。「仕事経験の浅いうちは、あちこちと放浪するかもとずっと思っていましたね」と彼女は話す。「自分に『いいか、将来どこかでレイオフされるぞ』と言ったのを覚えています。でも、初めての仕事でそうなるとは思っていませんでした。あれほどの規模のレイオフが最初の勤務先で発生するとは、予想できませんでしたね」。38スタジオ社の後、ミルズはボストンに戻ったがレイオフされた。続いてテキサス州に引っ越したものの、そこでもレイオフの憂き目を見た。だが最終的にはシアトルに行き、夢のような仕事を得た。「ダンジョンズ&ドラゴンズ」の制作元であるウィザーズ・オブ・ザ・コースト社のアートディレクターだ。同社はビデオゲーム事業に大きな投資をしたところだった。

ミルズは新しい仕事が気に入っているものの、トラウマは抱えたままだった。「こんな素晴らしい会社で働いているのに、今でも『ああ、この状況が終わってしまうのはいつだろう?』と感じてしまいますね」と彼女は言う。「破局が迫っているような感じを受けるんです」。同僚とこの話をすると気持ちが救われた。同僚の多くは似たような激動を経験していたからだ。ビデオゲーム業界で働く人たちは誰もがミルズのような体験談を持っている。

背景で共通しているのは雇用の不安定さだ。38スタジオ社の閉鎖は凄まじかったし、異常でもあった。歴史上、州政府から7500万ドルもの債務保証を受けたビデオゲーム会社はなかった。しかし結果は他社の大規模レイオフと変わりがなかった。何百人もがロードアイランド州に取り残された。同社以外にビデオゲーム会社も関連する仕事も存在しなかったため、もし業界で働き続けたければ、再び別の街に引っ越して新しい環境で生活を始めるしかなかった。

現在、38スタジオの元社員たちは、チームやゲームを褒めたたえつつ、当時の職場を懐かしげに話す。多くは元同僚たちと連絡を取り合っていると言っているし、完成するはずだったゲームについても愛おしそうに語る。「もしもっと時間があったら」、「もしリンカーン・チェイフィーがあんなひどい発言をしなかったら」、「もしカート・シリングがあんなに荒くお金を使わなかったら」

シリングに対してはさまざまな意見がある。以前のキャプテンについて切なそうに話す人もいるし、傲慢さの結果だと非難する人もいる。もしかしたらコペルニクスは、シリングが期待していたようなワールド・オブ・ウォークラフトの対抗馬にはなれなかったかもしれない。あるいは、グッズやテレビ放映権で何十億ドルも生み出す巨大シリーズにまで成長できなかったかもしれない。はたまた、リチャード・バートルのバーチャル世界に着想を得て作られた数あるゲームの1本にしか成れていなかったかもしれない。しかし何年経っても元社員たちが悔しいと感じるのは、チャレンジする機会すらなかった点だった。

38スタジオ社の倒産後、カート・シリングはインターネットを賑わす存在となった。ドナルド・トランプ大統領を支持し、保守的なメッセージをフェイスブック上やツイッター上で広めた。リベラル派の政治家やBLM（ブラック・ライブズ・マター）のような進歩的運動、さらには保守的なFOX社を除く報道機関を攻撃するようなメッセージを流し続けたのだ。2015年、スポーツ専門チャンネルであるESPNのアナリストの仕事を解任された。イスラム過激派をナチスに例える画像を投稿したのが理由だった。その翌年、ソーシャルメディア上でトランスジェンダーに対するヘイト発言をしたとしてESPNを解雇された。その後、保守派メディア「ブライトバート」のラジオ番組で司会を務め、連邦議会議員への立候補を検討していると話した[8]。

元38スタジオ社員の多くは、現在のシリングの言動がひどいと感じているものの、オフィスではそのような振る舞いはなかったと話している。会社を率いていた頃のシリングにはさまざまな評価があるが、社員に対しては優しく親切だったと誰もが証言する。倒産の数年後、元社員たちはシリングが素晴らしいリーダーだったとも評価している。経営には失敗したかもしれないが、基本的にはスタッフやその家族の面倒をよく見ていた。2008年にカート・シリングと直接一緒に仕事をし始めた頃の印象と、2015年以降の言動から受ける印象がまったく違うため、どう理解してよいのか困っている人も多い。ある元社員が言うように、彼らはシリングをよく知らないだけなのかもしれない。

38スタジオ社での出来事が伝説のプロ野球選手の心に大きな影響を与えていたことは想像に難くない。シリングは民主党員を攻撃したりひどいメッセージを投稿したりする一方で、法廷での証言を求められ、会社資産が競売にかけられるのを目の当たりにしていた。2016年、何件もの訴訟でもつれた後、米国証券取引委員会はロードアイランド州の経済開発公団とウェルズ・ファーゴ銀行を告訴した。38スタジオ社が必要な融資全額を実際には受け取っていない点を開示せず、投資家をだましたという容疑だ。告訴状にはこう書かれていた。「ロードアイランド州経済開発公団とウェルズ・ファーゴ銀行は、38スタジオ社が当該プロジェクトで2500万ドルを追加で必要としていると知りながら、その重要情報を債券投資家に伝えなかったため、債券投資家は財務状況を完全に把握できなかった」

38スタジオ社の破産は何か月にもわたって全国ニュースとなり、ロードアイランド州や、著名アスリートとの危険な取引に注目が集まった。一方、同州から600キロほど南西で働いていた数十名の開発者たちも、カート・シリングの惨事の犠牲となっていた。彼らの境遇が話題に上ることはあまりない。悲劇的ではあるが、多少の皮肉も感じられる。何と言っても、彼らはゲームを完成させたのだ。

注

[1] あるカンファレンス中にエバークエスト開発者の1人が、同ゲームはＤｉｋｕＭＵＤをベースにしていると言ったため、規約違反ではとちょっとした論争になった。しかし実際はＤｉｋｕＭＵＤのソースコードは使われず、単にアイデアを応用しただけなので、規約違反にはなっていない。

[2] このハーバード・ビジネス・レビュー誌の事例研究（著者はノーム・ワッサーマン、ジェフリー・Ｊ・ブスガン、レイチェル・ゴードン）には、38スタジオ社設立についての情報が豊富に記載されている。

[3] 厳密に言うとカート・シリングは２００９年3月に引退した。しかしけがで２００８年シーズンを棒に振ったため、38スタジオ社でフルタイム勤務を始めていた。

[4] ドナルド・カルチェリは、38スタジオ社との協力はこのときに初めて考えたと主張している。しかし後の裁判資料には、何か月も前に別のロードアイランド州関係者が38スタジオ社幹部と連絡を取っていたと書かれている。この後に発生することになる訴訟で重要となる点だ。

[5] 後日、ある38スタジオ社の開発者はゲーム情報サイト「コタク」で、コペルニクスはプレイして楽しくないというシリングのコメントに対して反論した。「倒産2日前に会社で実施した最後のテストプレイでは、非常に楽しかった」と書いている。「（プレイヤー対プレイヤーの戦闘システムが）初めてゲームに搭載され、多くの社員はずっとプレイしたいと感じたほどだ」

[6] コーヒーを納入していた業者のドナルド・Ｒ・バルボーは、後日プロビデンス・ジャーナル紙に、38スタジオ社の不払いで７０００ドル超の損失があったと話している。

[7] ヘザー・コノーバーは「家族」という言葉は要注意だと考えるようになった。「カートはよく、社員は家族のようだと表現していました」と彼女は言う。「でも、今その言葉を聞くと引っ掛かりますね。職場で誰かが社員は家族だと言うと『いや、それは現実ではない。違う』と思ってしまいます」

[8] 2019年8月13日、ドナルド・トランプはこうツイートしている。「偉大な投手で愛国者のカート・シリングがアリゾナ州の連邦議会選挙への出馬を考えている。素晴らしい!」。結局シリングは出馬しなかったが、トランプに対する支援は続けている。

第7章　ビッグ・ヒュージ・プロブレムス

BIG HUGE PROBLEMS

メリーランド州にオフィスを構えるビッグ・ヒュージ・ゲームズ社では、2012年5月15日の火曜日を「ディアブロの日」と決めていた。待望の「ディアブロIII」の発売日なのだ。同社の幹部たちは、生産性が下がることを覚悟しつつ、会社に来たらプレイしてよいと社員に伝えていた。言い訳は、まあ、競合調査だ。

実のところ、リラックスするのにちょうど良い時期だった。ビッグ・ヒュージ・ゲームズ社は新作「キングダムズ・オブ・アマラー／レコニング」と拡張コンテンツ2本をリリースしたばかりで、続編開発の契約も間もなくの状況だった。「ディアブロ調査日を取ろうって決めていたんだ」とリードデザイナーを務めていたイアン・フレイザーは話す。「一日中ディアブロIIIをやろう、楽しくなるぞって」。しかし出社後にディアブロIIIについて考えている人はほとんどいなかった。ある疑問の方が話題になっていたからだ。「給料が振り込まれていたか?」「いいや、君は?」

親会社である38スタジオ社が財務危機に見舞われているのではという噂はすでにちらほら聞こえていた。その前日、ロードアイランド州知事のリンカーン・チェイフィーは「38スタジオ社が返済を続けられるようにする」との悪評高いコメントを出しており、ビッグ・ヒュージ・ゲームズ社の一部スタッフは破産がささやかれていることを知っていた。ジョー・カダラはビッグ・ヒュージ・ゲームズ社で戦闘機能チームを率いていた。彼は月曜の夜、会社にはもう給料を払うほど資金が残っていないと耳にした。振り込み日は火曜であり、もし噂が本当であれば、その日に判明するはずだ。「朝起きて最初にしたのは銀行口座の確認だったね」とカダラは話す。「振り込みはなかったので、『ああ、クソ、やっぱりか』と感じたよ」

当日、戦闘機能チームでデザイナーを務めていたジャスティン・ペレスは休暇を取っていた。ペレスと3人の同僚は何週間か前に、当日はみんなで集まってディアブロⅢをプレイしようと約束していた。ある同僚宅にデスクトップPCを運び込み、同じ部屋で遊べるようにする。オフィスでプレイしてもよいと会社から通達があったものの、ペレスと同僚はもともと立てた計画を遂行していたのだ。当日は他のことを放り出してディアブロⅢに没頭し、クリックを繰り返してヤギ頭のモンスターやデーモンをなぎ倒す。昔のＬＡＮパーティーのようなものだ。

計画は順調に進んでいた。電話が鳴るまでは、だが。「出社していた友人たちが連絡してくれたんだ」とペレスは言う。「『おい、君たち、来た方がいいかもよ』って言われた。だから出社したよ」。オフィスに到着すると大混乱していた。キングダムズ・オブ・アマラー／レコニングがよく売れていたため、この調子で続編に何か盛り込めないかと社員はさまざまなアイデアを出している段階だった。ほとんどの社員はビッグ・ヒュージ・ゲームズ社や38スタジオ社が財務危機に襲われるとは思ってもいなかった。カート・シリングが7500万ドルもの融資保証をロードアイランド州から受けていたからだ。給与が支払われないなんてことがあるだろうか。「ショックを受けたのを覚えているよ」とペレスは話す。「でも同時に、あんな事態に巻き込まれるのは初めてだったから、普通なのかどうか分からなかったんだ。たまにあることなのか、それとも一大事なのかって」

その日の午後、ビッグ・ヒュージ・ゲームズ社にロードアイランド州の親会社38スタジオ幹部からビデオ電話がかかってきた。辛抱してほしいとの依頼だった。「伝えようとしていたのは『想定外の出来事が発生したが、何とかするので心配しないでくれ』みたいな内容だったね」とペレスは思い出す。「『明日、あるいは今週中にどうにかする。今対応しているからあまり心配するな』って」。その後の数日間も同じ連絡が続いた。心配するな、何とかする。翌週の半ばまで、ビッグ・ヒュージ・ゲームズの社員は銀行口座に振り込みがないか、毎日確認を続けた。しかし振り込まれることはなく、5月24日に全員が正式にレイオフされた。

ディアブロIIIはリリース直後にサーバーのクラッシュとバグに見舞われ、とてもプレイできる状態ではなかった。そしてプレイヤーにはずっと「エラー37」が表示され続けた。このときにビッグ・ヒュージ・ゲームズの社員たちが本当に心配すべきだったのは、37ではなく「38」で発生したエラーだったのだ。

◆

おかしな話だが、イアン・フレイザーのゲーム業界でのキャリアはディアブロで始まった。フレイザーはゲームブックを読んで育ち、自分でゲームを作りたいと夢見るようになった。また、エンジニアリングを学んだ父親も彼にゲーム開発の仕事を勧めた。フレイザーはコンピューターグラフィックス技術を専攻して2003年に大学を卒業すると、大手ビデオゲーム会社の求人に何件も応募した。しかしどこも採用してくれない。唯一、どうにか面接試験まで進めたのはQAテスト担当者の採用枠だった。ただし給料が最低水準だったため、ロサンゼルスやシアトルといった大都市に引っ越して暮らすには不十分だった。

そこでフレイザーは南部テネシー州の山中にあるウォルマートの配送センターで働き始めた。輸送の仕事でお金を貯めつつ、ビデオゲーム会社の求人にも応募し続けた。最終的に、ボストン近くのアイアン・ロア・エンターテインメント社という設立したてのスタジオに就職できた。同社はディアブロに似たゲームの開発を目指していた。ディアブロ・シリーズの最新作は2000年発売の「ディアブロII」だった。中毒性が非常に高く、世界的にも大注目された。プレイヤーはソーサレスやパラディンなどファンタジー世界のキャラクターとなり、モンスターや悪魔の大群を撃破しながら、理想の装備品を入手していく。ディアブロが成功した秘訣は乱数にあった。マップ、武器あるいは鎧(よろい)は、すべてコンピューターのアルゴリズムで自動生成されるため、何度プレイしても少し違う印象を受ける。

そこでアイアン・ロア社のようなスタジオがディアブロIIの成功を後追いしようとしていたのだ。フレイザーにとってもビデオゲーム業界に入り込むチャンスだった。「そのときは、『できたばかりのスタジオだ。よく知らないことだってあるかもしれない』と思ったんだ」とフレイザーは話す。「『歴史あるスタジオはどこも受け付けてくれなかったけど、あそこなら履歴書を見てくれるかも。よく知らないだろうから』という感じでね」

フレイザーはアイアン・ロア社の新米レベルのデザイナー職に応募した。しかし返事はない。そこでフレイザーは会社のウェブサイトを検索し、ある情報を見つけた。社員の名前や経歴紹介の他に、オフィスの電話番号が載っていたのだ。彼は電話をかけると、ジェネラルマネージャーの留守番電話に伝言を残した。「『こんにちは』と言ったよ」とフレイザーは思い出す。「それから、『イアン・フレイザーと申します。求人に応募しましたが、不採用になったのだと思います。僕は未経験ですし、未経験者を雇いたい企業はないでしょう。でも僕はすごいMODを開発しています』って」。この4年間は「ラザルス」というプロジェクトに取り組んでいたと彼は続けた。リチャード・ギャリオットが1988年に開発したファンタジーRPG「ウルティマV」の完全リメイク版だ。フレイザーが2000年に大学に入学したとき、ウルティマVは見た目も印象も古くなっていた。グラフィックスは原始的で、大部分のアクションは画面上をスクロールするテキストで表現されていた（「大グモを、はずした！」）。子どもの頃からゲームが大好きで、空き時間にリメイク版を制作すれば、楽しい上に就職にも役立つだろうと考えたのだ。

2004年にアイアン・ロア社の求人に応募する以前から、フレイザーはウルティマのファンを何人か募り、一緒にラザルスのプロジェクトを進めていた。3Dグラフィックスを備え、オリジナルのウルティマVよりも操作性に優れた野心的なゲームだった。このラザルスがアイアン・ロア社のリードの目に留まったため、フレイザーはマサチューセッツ州まで面接とデザインの試験を受けに行った。「自社開発のレベルエディターが入ったパソコンの前に座らされたよ」と彼は言う。「それから『レベルを1つ作ってみて。すごいやつね。終わったら知らせて』と指示されたんだ」。フレイザーは何時間かけてレベルをいじっていたが、焦り始めた。作ったものがどれも面白くないと感じる。この試験はビデオゲーム業界に入る大チャンスだった。もしかしたら最初で最後かもしれない。それなのに、棒に振ろうとしている。「立ち上がって、かばんをつかんで、何も言わずにビルから出ていく寸前だったよ」とフレイザーは話す。彼は思い直し、作ったレベルを消去して再び最初から作り始めた。夜の10時か11時頃になり、最後まで残業をしていた人がフレイザーの所に来て、そろそろオフィスを閉めて帰宅すると伝えた。フレイザーは見せても恥ずかしくないと思えるものを作り上げていた。仕事を得るには十分な出来だった。

2005年2月にイアン・フレイザーはテネシー州からマサチューセッツ州に引っ越した。そしてアイアン・ロア社の「タイタン・クエスト」の開発からリリースまで関与した。ゲームプレイはディアブロの特徴であるハック・アンド・スラッシュを基本としているが、モンスターや世界観をギリシャ神話やエジプト神話から採用したゲームだ。タイタン・クエストは、本体も2つの拡張コンテンツもよく売れた。しかし2007年になると、続編のパブリッシャーがなかなか見つからない上に、社員が40人いたため資金が急速に減る状況に陥ってしまった。会社を救う最後の手段として、経営陣は外注の仕事を請ける決断を下した。そこでフレイザーは「ドーン・オブ・ウォー」の拡張コンテンツの提案資料を作成した。ドーン・オブ・ウォーは、テーブルトークRPGである「ウォーハンマー」をベースにしたRTS（リアルタイム・ストラテジー）ゲームのシリーズだ。アイアン・ロア社は契約を勝ち取り、フレイザーは後に「ドーン・オブ・ウォー／ソウルストーム」となるゲームのリードデザイナーに就任した。1年後にソウルストームは完成したが、以前と同じく厳しい状況からは抜け出せなかった。新しい契約が見つからず、資金は減る一方だった。

2008年初頭のある日、アイアン・ロア社の社長であるジェフ・グッドシルは会議室に社員を招集し、もうすぐ資金が底を突くと伝えた。今回は奇跡は起こりそうになく、会社を畳まなければならないだろうと彼は続けた。「資金が尽きるぎりぎりまで続け、突然社員を大混乱させるのではなく、少しでも退職手当を出したいと社長は考えていたようだね」とフレイザーは話す。

それからグッドシルはフレイザーを呼び、最後に昇給をすると伝えた。フレイザーの給料はリードデザイナーという肩書の割に低かった。リードの相場に見合った給料を会社が捻出できなかったからだ。「社長は最後の給料をかなり上げてくれたんだ。次の会社に行ったとき、『前職ではこれだけもらってた』と言えるようにするためだよ」とフレイザーは話す。「こういう所まで気を遣ってくれる人はあまりいないよね。本当に優しいよ」

アイアン・ロア社の閉鎖が公になると、採用担当者たちが連絡を取り始めた。そしてフレイザーは間もなくメリーランド州ボルチモア市に引っ越し、ビッグ・ヒュージ・ゲームズ社に転職する。名前の通りビッグな野心を持つ企業だ。ビッグ・ヒュージ・ゲームズ社は「ライズ・オブ・ネイション」という大人気ストラテジーゲームのシリーズで知られている。2000年にフィラクシス社に勤めていた4人が設立したのだが、彼らは「シヴィライゼーション」を開発した伝説のデザイナー、シド・マイヤーの下で働いていた。ライズ・オブ・ネイションは、時代に合わせて進化する軍隊を操って領土を奪い合うゲームだ。各プレイヤーは文明（イギリスやフランス、インカやマヤまで）を1つ選び、他と競い合う。ライズ・オブ・ネイションは最大のライバルである「エイジ・オブ・エンパイア」ほど人気は出なかった。しかし努力のかいがあり、ビッグ・ヒュージ・ゲームズ社は軌道に乗り、徐々に成長した。

ビッグ・ヒュージ・ゲームズ社は7年間ストラテジーゲームを開発していたが、経営陣が方針転換を決めた。2007年2月、会社人事がニュースとなる。革新的なRPG「ジ・エルダー・スクロールズ

Ⅲ／モロウウィンド」と「ジ・エルダー・スクロールズⅣ／オブリビオン」でリードデザイナーを務めたケン・ロルストンを迎えたのだ。ビッグ・ヒュージ・ゲームズ社で、ロルストンは新しいオープンワールドＲＰＧをデザインする。ストラテジーゲーム一辺倒から事業の幅を広げる試みだった。５月にＴＨＱ社とパブリッシャー契約を結んだと発表すると、すぐに両社は関係を強化する話し合いを始める。ＴＨＱ社は、子ども向けチャンネルのニコロデオンやプロレス団体ＷＷＥといった企業から受けたライセンスでゲームを量産し、莫大な利益を上げていた。その利益を元手に他のゲームスタジオを次から次へと買収していたのだ。そして２００８年１月、ＴＨＱ社がビッグ・ヒュージ・ゲームズ社を買収したと発表された。

フレイザーは買収の数週間後にビッグ・ヒュージ・ゲームズ社に入社した。リード・システムズ・デザイナーとして、コード名「クリューシブル」という新しいＲＰＧを担当する。「わくわくすることが多かったね」と彼は話す。会社は人気アクションゲーム「ゴッド・オブ・ウォー」の戦闘システムと、「ジ・エルダー・スクロールズ」シリーズの多様さとを融合させたいと考えていた。ファンタジー色が濃い世界でさまざまな人と出会い、さまざまな街を冒険するのだ。「この融合には面白い部分がたくさんあったよ」とフレイザーは言う。

ところがビッグ・ヒュージ・ゲームズ社で過去10年近くの間に作ってきたのはＲＰＧではなく、ストラテジーゲームだった。ビセラル社などの例を見ても分かるように、まったく新しいジャンルに方向転換しようとすると、大きな困難に直面することがある。ビッグ・ヒュージ・ゲームズ社の開発者たちは、クリューシブルがどのようなゲームで、どうやったら開発できるかを想像できるようになるまで長い時間がかかった。「ゲームが何であるか理解するのに、何か月も何年もかかることはあるよ」とフレイザーは言う。「技術的基盤が出来上がらないと理解できないことはある。クリューシブルの場合、技術的基盤を作りながら理解しなきゃならない点がたくさんあった。だから神経がすり減っただろうね」

ＴＨＱ社のような大手パブリッシャーの傘下に入るメリットは、資金不足の心配をしなくてもよい点だ。つまりは安泰なのである。アイアン・ロア社の場合、プロジェクトが終わるたびに次の出資者を見つけなければならなかった。社員は不安を抱えたままだ。しかしビッグ・ヒュージ・ゲームズ社は、株式上場している大企業の子会社となったのだ。２００８年中はクリューシブルの全体像を描こうと開発チームは四苦八苦していた。一方でＴＨＱ社の幹部は、時間は十分にあるとチームのリードたちに伝えていた。「ずっと『事実上、資金は無限にある。それを覚えておいてくれ』というメッセージをもらっていたよ」とフレイザーは話す。「でも今では理解しているんだ。『資金は無限にある』なんて言葉は信じちゃいけない。そのときは信用できそうだったんだ」

間もなく判明するのだが、実はＴＨＱ社にはほとんど資金が残っていなかった。

◆

ジョー・カダラは子どもの頃から競争が好きだった。7人きょうだいの長男で、来る日も来る日もファミコンのコントローラーを奪い合っていた。80年代にはサンフランシスコのゲームセンターに入り浸ってもいた。ゲーム機の下に落ちている25セント硬貨を見つけては、ストリートファイターのような格闘ゲームで知らない人と対戦していた。時が経つにつれてゲーセン仲間もできた。その中に、サニーベール・ゴルフランドという施設で毎週水曜の夜によく出会う連中がいた。彼らはただのゲーセン客ではなく、本物のゲーム開発者で、ソニーやクリスタル・ダイナミクスの社員だとの噂があった。カダラは思い切って、そのうちの1人にどうやってビデオゲーム業界に入ったのか尋ねてみた。「彼が『ああ、最初はみんなテスト担当者だよ』と教えてくれたんだ」とカダラは思い出す。テストとは、ビデオゲームをくまなくプレイし、バグや欠陥をすべて発見する仕事だ。カダラはすでにゲームセンターでこれを実践していた。人より上手になろうと、あらゆる操作を試していた。その開発者はカダラを見て、「そう言われればそうだ。君には向いているかもね」と言った。

何回かの面接試験を突破し、カダラはクリスタル・ダイナミクス社でテスターとして勤務を始めた。担当したのは「ソウルリーバー2」や「アナクロノックス」といったゲームだった。なお、後者はクリスタル・ダイナミクス社と親会社を同じくするイオンストーム社のダラス・スタジオで開発された(ウォーレン・スペクターが勤務していたオースティン・スタジオとは双子の関係)。カダラは働き始めて間もなく、同僚たちが「カウンターストライク」というチーム戦のシューティングを昼休みにプレイしているのを見た。カウンターストライクをプレイしたことはなかったが、彼の競争心に火がついた。「ちょっとやらせてもらったんだけど、こてんぱんにやられたね」と彼は思い出す。「家に帰ってカウンターストライク専用にPCを組み立てたんだ。何度も何度も練習して、スタジオで一番になったよ」。その後カダラはさまざまなことをクリスタル・ダイナミクス社のベテラン社員から学んだ。例えば、後に2Kマリン社でバイオショック2やコード名「リッチモンド」、さらにはXCOMに携わるザック・マクレンドンだ。カダラはQA部門からプロダクション部門、さらにデザイン部門へと異動した。そこで自分には心地よい戦闘システムを作る才能があると気付いた。

クリスタル・ダイナミクス社で（ソニーQA部門での短期間勤務を挟みつつ）6年間過ごした2008年秋、カダラはメリーランド州ボルチモア市のビッグ・ヒュージ・ゲームズ社に転職する決断を下した。コード名「クリューシブル」のRPGで戦闘機能デザイナーのリードを務めるためだ。「初出社したとき、だまされているんじゃないかと思ったよ」と彼は言う。「事前にゲームプレイのビデオを見せてくれたんだけど、よくできていたんだ。ところが本物ではキャラクターがまっすぐ移動することすらできなかった」。アニメーションの質は低く、ボタンを押しても反応しないことがあった。ゲームプレイは全体的に物足りない感じだった。クリューシブルをきちんとプレイできるようにするなら、プロセスの全面見直しが必要なのは明らかだった。そこでカダラは戦闘システムだけを担当するアーティストやデザイナーのチームを構築しようと考えた。

同時に、カダラは親会社のＴＨＱで問題が発生しているとも知った。２００８年の世界同時不況、ニコロデオンやＷＷＥのライセンスを使ったゲームの人気低下、ゲーム用タブレットへの大型投資など軽率な経営判断の数々。こういった要因が重なり、同社は莫大な金額の損失を出していた。「無限の資金」という言葉はもはや使われなかった。11月までにＴＨＱ社は５つのゲーム開発スタジオを閉鎖し、社員に経費節減を指示した。「全社的な引き締めがあって、支出を減らせとの通達があったよ」とイラン・フレイザーは思い出す。「高級トイレットペーパーは使うな、飛行機でファーストクラスに乗るな、そういった内容だった。そんな通達を受け取ったら、状況が良くないとすぐ分かるよね」。さらにＴＨＱ社は、ビッグ・ヒュージ・ゲームズ社が第２プロジェクトとして始動しようとしていた「ゴッド／ザ・ゲーム」というＷｉｉ向けシミュレーションゲームもキャンセルした。そして開発メンバーは全員クリューシブルのチームに異動となった。

２００９年３月、ＴＨＱ上層部からビッグ・ヒュージ・ゲームズ社に、会社を存続させる意思がない旨の連絡があった。そして60日以内に新しい所有者を見つけよと最後通牒（さいごつうちょう）も送られた。もし誰も買収しないのであれば、ビッグ・ヒュージ・ゲームズ社は閉鎖される。ただしこれは寛大な処置と言えよう。通常、大手パブリッシャーは予告なしにスタジオを閉鎖するからだ。しかしビッグ・ヒュージ・ゲームズ社は進み続ける時計の針と競争しなければならなくなった。

ビッグ・ヒュージ・ゲームズ社の幹部は社員を集めてTHQ社の意向を知らせた。さらに万が一に備えて履歴書も用意しておくようにと伝えた。残り時間は少なかったが、幹部は新しい所有者を見つけられると信じていた。「半分出来上がっているRPGがあったんだ。しかも開発が難しいやつだ。使っている技術も本当にすごかった」とフレイザーは言う。「だから『このゲームを欲しい企業はいる。そうなればスタジオも、そこに所属する社員も欲しいはずだ』って考えたんだ」

その後数週間、次から次へとパブリッシャーが訪問してきたため、フレイザーやカダラらビッグ・ヒュージ・ゲームズの社員はオーディション番組「アメリカン・アイドル」のゲーム業界版にでも出ているような雰囲気を味わった。5、6社が幹部クラスを派遣し、クリューシブルを見学したり、携わっている開発者たちと会話したりした。「訪問してきた人たちに舞台パフォーマンスを見せているか、面接されているか、ほとんどそんな感じだったよ」とデザイナーのジャスティン・ペレスは話す。スポーツが大好きなペレスにとって、オフィスに伝説のプロ野球選手がやってきたのは不可思議だった。「カート・シリングがゲームスタジオを始めると発表したのを覚えているよ。そのときは『え、何それ?』と思ったけどね」とペレスは話す。「でも、うちを見に来るなんてあまり予想していなかった。ところが話を聞くと、うってつけだと思ったよ」

ニーズはぴったり合致していた。ビッグ・ヒュージ・ゲームズ社はRPGを持っていたが、もっと一貫したビジョンが必要だった。他方38スタジオ社には、実績あるファンタジー作家のR・A・サルバトーレによる世界観もストーリーもあったが、ゲームをリリースして収益を上げなければならない切迫した事情があった。「38スタジオの人たちはすぐ、アマラーの世界観でクリューシブルのストーリーとアートを改造するアイデアに興味を持ったよ」とフレイザーは話す。「リリース優先だね。そうすると『みんな、アマラーを試してみて。世界観もアートも素晴らしいでしょう?』と言える。プレイヤーに試してもらえれば、次に出すもっと大きなMMOにも興味を持つはずだってね[1]」

それから数週間かけて、フレイザーとクリューシブルのチームは38スタジオ社のアートアセットとアイデアを使ってデモを制作した。シリングが期待するような外観のRPGを作れると証明するためだ。契約が成立するかどうかは不透明で、検討途中でレイオフが発生した。クリューシブルのチームはゴッド/ザ・ゲームの開発メンバーを受け入れたため、大きくなりすぎていたのだ。だが、最終的に契約書にはサインがされた。2009年5月27日、38スタジオ社はビッグ・ヒュージ・ゲームズ社を買収したと発表した。

そこから両社は互いを知ろうとし始めた。R・A・サルバトーレはボルチモア市を訪問し、900ページに及ぶ世界設定をビッグ・ヒュージ・ゲームズの社員に見せ、クリューシブルのストーリーについて議論した。クリューシブルは間もなく「キングダムズ・オブ・アマラー/レコニング」として知られるようになる。ゲームの舞台は、38スタジオ社が開発中のMMORPGであるコペルニクスよりも数千年前とした。どのような出来事があったとか、どのキャラクターが殺されたはずだとかいった点を心配せずに、ビッグ・ヒュージ・ゲームズ社が自由にストーリーを作成できるようにするためだ。そして年末にはEA社とパブリッシャー契約を結び、開発資金も出してもらうことになった。

当初、38スタジオ社は理想的な親会社に思えた。シリング個人が所有して完全に独立していたため、株主や四半期決算で悩まされずに済む。ところがビッグ・ヒュージ・ゲームズ社のベテランがコペルニクスの現状を目の当たりにすると、警戒せざるを得なかった。「良い人が多かったけど、欲張りすぎている印象があったよ」とフレイザーは言う。「ワールド・オブ・ウォークラフトの対抗馬を目指していたんだ。でも、それを目指した会社は大抵うまくいかなかった。しかも上層部にゲーム開発経験のある人はほとんどいなかった」

何か月かすると、その経験の浅さがビッグ・ヒュージ・ゲームズ社に問題をもたらした。すでに38スタジオ社の開発者たちは慣れてしまっていたが、一番大きな問題はカート・シリングら幹部が口を挟もうとする点だった。シリングは頻繁にビッグ・ヒュージ・ゲームズ社のプログラマーやデザイナーに連絡しては提案をしたので、同社幹部は恨めしく感じた。また、ビッグ・ヒュージ・ゲームズ社が制作していたアニメーションに不満を抱いたシリングの部下は、アニメーションチームのメンバーを大幅に入れ替えようとした。その結果、激しい応酬が繰り広げられた。確かにキングダムズ・オブ・アマラー／レコニングのアニメーションはコペルニクスほど洗練されてはいなかった。しかし同ゲームにはパブリッシャーとの契約で締め切りがあった。一方のコペルニクスには予算も開発期間も無限に残されているような雰囲気があった。ここも両スタジオで対立が生まれる点だった。

アニメーターはオフィスに居残って仕事を続けたが、確執も残ったままだった。ビッグ・ヒュージ・ゲームズ社の開発者たちは、こんな風に親会社を冷笑していた。「自分たちは2年以内にキングダムズ・オブ・アマラー／レコニングをリリースしようと必死にやっている。ところが38スタジオはワールド・オブ・ウォークラフトの対抗馬の開発に何年もかけているけど、できてない。結局完成しないのでは思っている人だっている」。一方で、シリングはビッグ・ヒュージ・ゲームズ社のスタッフに自分のアイデアや提案を電子メールでどんどん送っていた。中には明らかにキングダムズ・オブ・アマラー／レコニングのディレクターが出した指示と矛盾する内容も書かれていた。

２０１０年夏のある週末、ジョー・カダラが出社すると、ビッグ・ヒュージ・ゲームズ社の共同創業者たちが荷物をまとめていた。何が起こったのか、詳しい説明はなかった。後に分かったが、厳しい機密保持契約があったために説明できなかったのだ。後日カダラが聞いたところによると、共同創業者たちは38スタジオ社からの干渉に嫌気が差しており、ビッグ・ヒュージ・ゲームズ社として独立できないかと申し出たらしい。しかも、もし聞き入れられないなら退職すると脅したようだ。これに対し、38スタジオ社は解雇を突きつけた。「（創業者たちは）再び独立したいと言ったんだ」とイアン・フレイザーは話す。「38スタジオの回答はこう。（A）ノー、（B）君たちはクビだ[2]」

ビッグ・ヒュージ・ゲームズ社には大打撃だった。ＥＡ社との契約でキングダムズ・オブ・アマラー

／レコニングを完成させなければならないのに、もう幹部たちがいないのだ。数か月後、会社は新しいスタジオマネージャーを迎え入れた。THQ社でクリエイティブディレクターを務めていたショーン・ダンだ。そして自分たち自身でできることだけをした。ゲーム開発の継続だ。「結びつきが強かったからね」とカダラは話す。「創業者たちがいなくても開発を続けられたんだ。彼らが不要だったというわけじゃないよ。社員同士で協力するよう教えてくれていたから、退職後もその姿勢を継続できたんだ」

共同創業者の退職後、シリングが口を挟むことは少なくなった。しかし両社の関係が好転することもなかった。ビッグ・ヒュージ・ゲームズ社はキングダムズ・オブ・アマラー／レコニングの制作を続けていたが、一部の開発者はずっと疑問を抱いていた。38スタジオは資金が尽きたらどうするつもりだろう？「ビジネスの点からすると、38スタジオが成功するかは疑わしいとずっと感じていたよ」とフレイザーは話す。後に正しいと判明する疑念を持ち始めたのだ。「いつか崩壊するかもしれないこの会社に付いていって、本当に良いのか？」

◆

ボルチモア市にあるビッグ・ヒュージ・ゲームズ社のオフィスは、大部分が昔ながらのパーティションで区分けされていた。1人か2人で使うタイプだ。ただしフロアの一隅には壁を取り払って8～10人が座れる広い区画を2つ設けていた。うち1つをキングダムズ・オブ・アマラー／レコニングのデザインチームが専有し、クエストやレベルの制作で使っていた。もう一方はデザイナーやアーティストから成る小グループに割り当てられていた。戦闘をできる限り楽しくする任務だけを与えられたグループだ。彼ら自身はグループを「コンバット・ピット」と呼んでいた。

ジョー・カダラがリーダーを務めていたが、メンバー構成が少し変わっていた。多くのゲームスタジオには戦闘システムを主に担当するデザイナーがいた。しかし2009年当時、デザイナーとアニメーターの両方で構成され、すぐ隣でフィードバックし合うほど緊密な連携が取れるチームを持つ会社は皆無に近かった。「チームの仕事の流れはこうだったよ。まず、小さいものを作る。そうしたら区画全体に聞こえる声で『おーい、ちょっと見に来て』って言うんだ」とコンバット・ピットに属していたジャスティン・ペレスは話す。「だからすごいスピードで仕事が進んだよ」

コンバット・ピットの目標は、キングダムズ・オブ・アマラー／レコニングで敵を攻撃した際、感触が良くて満足感を得られるものに仕上げるという一点だった。剣で斬り付けるときも、矢を放つときも、あるいは珍しい武器を使うときもだ。珍しい武器とは、例えばチャクラムだ。刃が付いた円盤で、キャラクターは体をねじってから勢いよく敵に投げつける。優れた戦闘システムで考えるべきは3つの「C」だとペレスは説明する。「まずキャラクター（Character）の動きだ。次に、操作（Control）時の応答性。最後はカメラ（Camera）の挙動だね」。こういったメカニクスすべてが、敵モンスターを斬り付けた際の楽しさに直結する。さらに、わずかにカメラが揺れたりグラフィックスが派手になったりといった細かな点も、戦闘システムが成功するかどうかに大きく関係してくる。それが理由でコンバット・ピットは常にコミュニケーションを図って微修正を加えるやり方をしていたのだ。

コンバット・ピットに属するデザイナーとアニメーターは徐々に仲良くなっていった。ジョー・カダラと同様、メンバーはみんな競争心が強く、くだらないゲームで競うのも好きだった。すぐにそういったゲームの大会がチーム内で開催されるようになった。「どうやって始まったか覚えていないよ」とペレスは言う。「四目並べとか、バケツにボールを投げ入れるゲームとかだろうね。くだらない遊びを誰かがしていて、みんな対抗心を燃やし始めたんだ。『俺の方がうまいぜ』って」。大会はさまざまだった。ゴミ箱にボールを投げ込むくだらないものもあったし、カダラが子どもの頃にサンフランシスコのゲームセンターでプレイしていたようなストリートファイターの真剣勝負もあった。

やがて得点システムを導入したり、トロフィーまで購入したりするようになった。トロフィーはコンバット・ピット内の勝者が保有できる。「勝った人は1週間トロフィーを持っているんだ」とペレスは話す。「逆にビリになると、勝者がトロフィーを抱えている写真をデスクに飾っておかなければならない。そういうバカなことをしていたから、メンバーは仲が良かったよ」。大学の男子寮のような雰囲気が感じられることもあった。あるとき、デザイナーの1人がバランスボールの上に腹ばいになって進むゲームを思い付き、壁に激突しかけた事件があった。さすがにカダラも危険と感じ、〝拒否権〟を発動せざるを得なかった。いずれにせよ、このチームの調和でキングダムズ・オブ・アマラーの質は向上した。週に1度、コンバット・ピットのメンバーは大きなモニターの周りに集まり、各自の成果物が組み込まれたゲームの最新ビルドをプレイした。火球の魔法を唱えたり、重い剣を振り回したり、特殊能力を発動したりする場面だ。そして全員で議論した。「成果物を他のメンバーがこき下ろし、あら探しをするんだ」とペレスは思い出す。「でもそれで不愉快になる人はいなかったよ。『確かにそうだ。しっかり直して、改善するよ』という感じだったね」

出される批判を建設的なものにするのは容易ではない。しかしビッグ・ヒュージ・ゲームズ社の戦闘機能チームはうまく取り扱っていた。ゴミ箱バスケットボールの優勝者にトロフィーを授与し合うほど、互いに好感を抱き信頼していた人たちの集まりなのだ。チームに所属していたあるアニメーターは、人生で最高の職場だったと証言している。「このゲームは開発が楽しいので、ずっと目が離せなかったよ」とジョー・カダラは話す。「仕事がうまくなるにつれて、どんどん楽しくなっていったんだ」

しかしキングダムズ・オブ・アマラーの開発では苦労が絶えなかった。ビッグ・ヒュージ・ゲームズ社の共同創業者たちが退職した後も、38スタジオ社との関係はぎくしゃくしたままだった。また、カート・シリングもデザイナーたちの仕事に口を挟むのを我慢できないようだった。「カートは夜中2時とかにメールを送ってくるんだ。ゴッド・オブ・ウォーの新作トレーラーか何かを見たらしくてね」とカダラは話す。「メールには『ねえ、うちでもこれできる?』なんて書いてある」。カダラは何時間もかけ、やめた方がよいとシリングに遠回しに伝えるメールを慎重に書いた。シリングからの返信がなかったのでカダラは不安になった。腹を立てたのだろうか？　反論したために解雇されるのだろうか？

数か月後となる2011年3月、カダラはPAXイーストというイベントに出展するためにボストンを訪れていた。そして熱心なファンが集まる会場で、キングダムズ・オブ・アマラー／レコニングのデモを見せた。シリングは立ち上がり、カダラも含むリードたちを紹介した。「カートは例のメールを取り上げつつ、『この男はとてもうまい表現で、やめとけと伝えてきたんです。だから信頼しています』と紹介してくれたんだ」とカダラは思い出す。「例のメール以来、話すのは初めてだったから、とてもうれしかったよ。『よし、分かってくれてたんだ』と思ったね」

シリングは多くの社員のやる気を引き出してきた。38スタジオ社でのMMORPG開発やロードアイランド州当局とのやり取りで忙しかったため、ビッグ・ヒュージ・ゲームズ社に関わった時間は多くなかった。それでも、もともとカリスマ性はあるし、良い面でも悪い面でもキングダムズ・オブ・アマラー／レコニングに影響を与え続けていた。2010年にビッグ・ヒュージ・ゲームズ社に入るかどうか迷っていたUIアーティストのショーン・マクラフリンは、カート・シリングから直接電話をもらって入社を決心した。「首を縦に振らざるを得なかったですね」とマクラフリンは話す。「強い情熱を持っていたんです。わざわざ連絡してきてくれたのはすごいと思いました。間違いなく、誰でも舞い上がっちゃいますよ」

38スタジオ社がマサチューセッツ州からロードアイランド州に移転した2011年、ビッグ・ヒュージ・ゲームズ社は1年を通じてキングダムズ・オブ・アマラー／レコニングの開発に取り組んでいた。そして2012年2月7日にリリースした。レビューはさまざまだったが、全般的に好評だったのは戦闘だった。「EAはレビューのデータを積極的に伝えてくれたよ」とカダラは話す。「EAでは書かれたレビューは全部目を通すんだ。レベルやストーリー、戦闘などさまざまな側面から分析し、評価を付ける。ポジティブ、ネガティブ、あるいはニュートラルだね。あのゲームでは戦闘面が98・6パーセントのポジティブで、残りの面はニュートラルだったよ」

アマラーは新しいシリーズ物として良いスタート地点にいるというのが評論家の一致した意見だった。ビッグ・ヒュージ・ゲームズ社の開発者たちは続編制作を熱望していた。第1作から学んだことを活かし、失敗した点をすべて改善するのだ。「それまでゲーム開発経験がなかったメンバーがチームに何人もいたからね」とカダラは話す。「評価にがっかりする人もいたけど、自分たちはこれだけのことができると改めて感じたのも確かだよ」。カダラとコンバット・ピットのメンバーたちは「アマラー2」のボス戦について新しいアイデアを出し合った。このとき、彼らはスタジオに大きな可能性があるのではと感じた。「みんなレベルが上ったと思ったよ」とカダラは言う。

イアン・フレイザーらビッグ・ヒュージ・ゲームズ社のリードは、EA社と続編について相談し始めた。次はアマラー世界のどこを舞台にするのか、前作より良くするにはどうしたらよいか、こういった点で意見を交わした。しかしEA社は決断をためらっていた。ジャンクションポイント社を閉鎖して家庭用ゲーム機向けから完全撤退したディズニーと同様、EA社も従来のゲームが衰退するのではと不安を感じていた。加えて、EA社は傘下にあるバイオウェア社の期待作「ドラゴンエイジ／インクイジション」にかなりの資金を投じていた。そのため、ラインアップに別のRPG大作を加えてよいのか思案していた。「結局、EAでは見送りになったよ。だから他を当たることになった」とフレイザーは話す。彼は「キングダムズ・オブ・アマラー／レコニング2」が開発される際はディレクターを務めることになっていた。

一番興味を示したパブリッシャーはテイクツー社だった。傘下に2K、ロックスター、イラショナル・ゲームズといった子会社を持つ企業だ。テイクツー社の幹部は数週間かけて38スタジオ社とビッグ・ヒュージ・ゲームズ社との間を往復し、キングダムズ・オブ・アマラー／レコニング2の企画を聞いたり、契約内容を交渉したりした。そして5月、3社は口頭での合意に達した。同作品への資金提供に加え、ビッグ・ヒュージ・ゲームズ社の開発者たちはとうとう独立できることも決まった。テイクツー社は、キングダムズ・オブ・アマラー／レコニングの続編をリリースし、ビッグ・ヒュージ・ゲームズ社を38スタジオ社から独立させて新スタジオとする。その上でビッグ・ヒュージ・ゲームズ社は2K子会社で「シヴィライゼーション」の発売を控えるフィラクシス社の隣に移転する。（くしくもビッグ・ヒュージ・ゲームズ社は元フィラクシス社員たちが2000年に立ち上げた会社だ）

2012年5月14日、テイクツー社の幹部は契約書にサインするためにビッグ・ヒュージ・ゲームズ社を訪問した。契約は最終合意に至っていて、もう数時間で正式に結ばれる。契約書への署名がなされようとしている時だった。ロードアイランド州知事のリンカーン・チェイフィーが記者会見し、38スタジオ社が「返済を続けられるようにする」と発言した。この一言が致命的な結果をもたらした。テイクツー社の幹部は即座に空港から電話をかけ、手を引かざるを得ないとビッグ・ヒュージ・ゲームズ社に伝えた。もし38スタジオ社が破産した場合（破産は近いと思われた）、面倒な法律上の理由で、契約は履行できなくなってしまうだろう。「突然、僕たちは債務不履行やら政治やらが絡むごたごたに巻き込まれて、誰も関わろうとしなくなったんだ」とフレイザーは話す。「チェイフィーの発言で、38スタジオだけでなく、ビッグ・ヒュージ・ゲームズまで破滅に追い込まれたんだ。そんな債務不履行の渦中にあるような会社に手を出したい人なんていないからね。突然『レコニング2』も立ち消えてしまったよ」

とりわけ腹立たしかったのは、もしカート・シリングから事前に状況説明があったら、ビッグ・ヒュージ・ゲームズ社で対策を立てられたかもしれない点だった。38スタジオ社が財務危機に陥る恐れが少しでもあると知っていたら、テイクツー社と早く契約をまとめて会社を救える可能性もあった。契約交渉に参加していたある人物はこう表現している。「プロバスケットボールＮＢＡの決勝戦で、終了間際にコートの真ん中からシュートを放って優勝を決めたのに、時計係のミスで取り消しになったような感じだ」

そしてディアブロⅢの発売日でもある2012年5月15日が来た。ビッグ・ヒュージ・ゲームズ社の社員にとっては強烈な一撃だった。突然給与は支払われなくなり、将来どうなるかも分からない。「本当に不安だったよ」とカダラは話す。「月々の収入だけで生活している家庭は多いし、健康保険もなくなった。しかもボルチモア市だから、ゲーム関連企業がたくさん立地しているわけではないんだ」。その後の数日は不安の嵐だった。カート・シリングは自分の会社を救おうと、不履行になった債務の支払いや税額控除の扱いについてロードアイランド州と必死に交渉をしていた。一方ボルチモア市のビッグ・ヒュージ・ゲームズ社では、ほとんどの社員が出社し、同僚と励まし合ったり、同じ境遇にいることで元気づけられたりしていた。毎日38スタジオ社の幹部がビッグ・ヒュージ・ゲームズ社にビデオ電話をかけ、状況は改善すると伝えて安心させようとしたが、とても信じられなかった。「あの時期は何かあった場合に備えて、みんな履歴書やポートフォリオの用意を始めたんだ」とジャスティン・ペレスは話す。

給与支払いが途絶えて9日後となる2012年5月24日、ビッグ・ヒュージ・ゲームズ社のスタッフは全員がレイオフされたと知らされた。38スタジオ社は破産を申請し、ロードアイランド州とメリーランド州における全業務を終了した。ビッグ・ヒュージ・ゲームズ社は消えた。

しかし社員は、まだ災難が始まったばかりであることを知らなかった。

◆

会社が閉鎖されると誰かが後始末をしなければならない。ビッグ・ヒュージ・ゲームズ社の場合、イアン・フレイザーだった。次の仕事について考えようとしていたとき、ＥＡ社から電話がかかってきた。ビッグ・ヒュージ・ゲームズ社のオフィスにプレイステーション3やＸｂｏｘ ３６０の開発キットがまだ何百台も残っているという話だった。キングダムズ・オブ・アマラー／レコニングの開発に使うためにＥＡ社がソニーやマイクロソフトから借りた高価なハードウェアだ。そしてＥＡ社はどこに連絡すれば返してもらえるのか分からなかったのだ。「ＥＡ側のプロデューサーが僕に電話をしてきて、『ちょっと困っているんだ』と言ったんだ」とフレイザーは話す。「結局、僕がオフィスまで行ったよ。まだ鍵を持っていたのは僕を含めて数人だけだったから」。金額にすれば数十万ドルになるであろうプレイステーションとＸｂｏｘの開発キットを車いっぱいに載せ、宅配便会社に運び込んで発送した。「ああいうおかしな後始末は必ず発生するよ。誰かのためにせざるを得ないんだ」とフレイザーは話す。

しかし38スタジオ社の怠慢で、後始末をしてもらえない人が数多くいた。ジョー・カダラはアマラーの記者発表で使った旅費を個人のクレジットカードで支払っており、経費申請書を提出していた。しかしそれが戻ってくることはない。ビッグ・ヒュージ・ゲームズ社と取引があったケータリング業者は、同じビルの下の階で商売をしていた。しかし何か月も支払いを受けていなかった。「全然知らなかったよ」とフレイザーは話す。「お金が支払われていないのに、僕らはベーコンをおいしく頬張っていたんだ」。

ある日、ケータリング業者が上の階のビッグ・ヒュージ・ゲームズ社を訪れて状況を聞こうとした。しかし回答できる人は残っていなかった。オフィスにいたのは、元同僚に会ったり残務を片付けたりしようとやって来ていた数名だけだった。「『持って帰れそうなものなら持っていってよ』って感じだったね」とカダラは話す。「ケータリングの人は、結局ロビーにあった大型テレビを持っていったと思うよ」

備品を取っていったのはケータリング業者だけではなかった。ビッグ・ヒュージ・ゲームズの元社員にも、もう給与が支払われることはないと考え、オフィスにあった高価なコンピューター機材を持ち帰った者がいた。38スタジオ社の状況と同じだ。他方、仲が良い同僚たちとできるだけ時間を過ごしたいと考える者もいた。もうすぐ国中に散り散りになってしまうからだ。この時点で38スタジオ社の件は全国的なニュースになっていた。そしてビッグ・ヒュージ・ゲームズの社員にも、さまざまな企業の採用担当者から連絡が入っていた。「他社の人たちがこれほどまでに気にかけてくれるとは、驚きでした」と同社でQAテスターを務めていたキャサリン・スターは話す。同じメリーランド州にあったベセスダ社やフィラクシス社といったスタジオも、スターら元社員数名に声をかけた。荷物をまとめてアメリカを横断し、次の職場がある街に引っ越す必要がなくなったので、良い休暇になった。

同じ頃、南に行ったノースキャロライナ州ケアリー町で、ある男がもっと大きな計画を立てようとしていた。社交的で髪型は丸坊主のマイク・キャップスだ。エピック・ゲームズ社の社長をすでに10年も務めている。彼の指揮の下で、エピック社はSFシューティングの大作シリーズ「ギアーズ・オブ・

ウォー」を制作したり、「アンリアルエンジン」と呼ばれるゲーム開発テクノロジーで莫大な収益を上げたり、人気シリーズ「インフィニティー・ブレード」でｉＰｈｏｎｅ向けゲームに参入したりした。インフィニティー・ブレードを発表した際は、彼はアップルのスティーブ・ジョブズと一緒に登壇している。このキャップスは１００名近い開発者が突然仕事を失ったと聞き、チャンスだと考えた。彼は何本か電話をかけた後、人事部長と車に乗り込み、ボルチモア市に向かった。そしてビッグ・ヒュージ・ゲームズの元社員たちを会食に招待した。「恐らく元社員の90パーセントは来ましたね」とキャップスは話す。「エピックが招待したからというより、仲が良かったのでまた集まりたかったのだと思います」

キャップスはビッグ・ヒュージ・ゲームズの元社員たちに、エピック社が採用したり、場合によっては新スタジオを設立したりできると伝えた。全員は難しいが、面接試験を経て少なくとも一部の人は受け入れられると付け加えた。キャップスは何日かかけてビッグ・ヒュージ・ゲームズ社の元幹部たちも参加するよう説得した。イアン・フレイザーもその1人だった。彼は間もなくバイオウェア社に入って「ドラゴンエイジ／インクイジション」に携わる予定だったが、思い直して元同僚たちを手伝うと決めた。「エピック社は幹部たちも一緒でなければならないとはっきり言ったよ」とフレイザーは話す。「それが条件だった。一緒でないなら、新スタジオは実現しないって」

ビッグ・ヒュージ・ゲームズ社の元幹部たちが契約に合意すると、キャップスはエピック社の他の取締役を招集し、価値ある投資であると説得した。「私は『最高の人材が低コストで採用できる』と主張したんですよ」とキャップスは言う。『連携は取れているし、物価が高い街ではない。能力的にも当社の人材と変わらない。早く動かないと採用できない』とね」。キャップスはビッグ・ヒュージ・ゲームズ社でジェネラルマネージャーを務めていたショーン・ダンと協力し、エピック・ゲームズ社で採用可能な40名弱の名簿を作成した。「エピックの人たちと会い、自己紹介をし、これまでの仕事について話したよ。その後で彼らが開発中のゲームを見せてくれた」とフレイザーは言う。

このゲームとは「インフィニティー・ブレード/ダンジョンズ」だった。エピック社では、いつか素晴らしいゲームになると期待しながら、デザイナーやエンジニアのグループがプロトタイプをいくつか作っていた[3]。そういったプロトタイプの1つが同社の人気シリーズ「インフィニティー・ブレード」の外伝だった。シリーズはすでに3作がリリースされていて、iPhoneとiPad向けで数千万ドルも収益を上げていた。インフィニティー・ブレードの本編シリーズは戦闘に主眼が置かれ、剣や斧(おの)を武器に巨大な敵と一対一の死闘を繰り広げるゲームだ。一方、外伝のインフィニティー・ブレード/ダンジョンズは、ダンジョン探索の色彩が強かった。むしろディアブロに近い。

エピック社からの提案があまりに迅速だったため、ビッグ・ヒュージ・ゲームズの元社員たちはうそではないかと思ってしまった。ロードアイランド州の政治的いざこざでキングダムズ・オブ・アマラー/レコニングの続編を制作する機会がついえてしまった上、自分たちの力が及ばない事情で会社がなくなってしまった。ところが、少なくともチームを維持できるチャンスが見えてきたのだ。エピック社が採用できたのはビッグ・ヒュージ・ゲームズ元社員の3分の1だけだった。しかし採用された人にしてみれば奇跡に思えた。3年間の激動の末、ついにカート・シリングと38スタジオ社から自由になった。その夏、彼らはオフィスを借り、取り巻く状況にぴったりの社名を付けた。インポッシブル・スタジオだ。

その後の数か月間、元同僚たちで結成した新チームは、インフィニティー・ブレード／ダンジョンズに取り組んだ。エピック社が開発していたコアメカニクスを土台とし、その上にダンジョンやクラス、武器といった要素を追加していった。ゲームはプレイして楽しく、完成までにあと何か月もかからない状態となった。もし完成すれば、インポッシブル・スタジオ社は独自の新プロジェクトを始められる。5月の出来事で負った傷はまだ癒えていなかったが、今はこれが頼みの綱だ。エピック・ゲームズ社はアンリアルエンジンのおかげでゲーム業界でも非常に安定した企業となっていた。38スタジオ社の正反対と言ってよい。「エピックは私たちのオフィスを建てる計画もしていたんですよ」とショーン・マクラフリンは言う。「多額の投資をしてくれようとしていました。とてもうれしかったです」

数々の成功を収めてはいたものの、エピック・ゲームズ社自身も激動を経験していた。「ギアーズ・オブ・ウォー3」のリリース後となる2011年末、エピック社は従来のパブリッシャー型のビジネスモデルを見直し、「サービスとしてのゲーム（GaaS）」を採用すると決めた。ゲームを1回売って終わりではなく、継続的に更新を重ねるのだ。また、2012年7月には中国の大手テンセント社（カート・

シリングが38スタジオ社への救援を求めた企業）がエピック社に大規模な投資をした。50パーセント弱の株式を取得したのだ。それ以前にテンセント社はライアット・ゲームズ社を買収していた。オンラインのバトルゲーム「リーグ・オブ・レジェンド」を開発している企業で、同ゲームは完全に無料プレイだった。ゲームの販売やサブスクリプションの提供ではなく、ライアット社はプレイヤーが任意に購入できるマイクロトランザクションで収益を上げていた。有料で新キャラクターを入手したり、保有しているキャラクターにコスチュームを購入したりできるのだ。このビジネスモデルはテンセント社が本拠地とする中国で特に成功した。エピック社CEOのティム・スウィーニーは、高価な家庭用ゲーム機向けではもう採算が取れず、無料プレイこそが目指すべき方向だと主張し始めた。

すぐにエピック・ゲームズ社はインポッシブル・スタジオ社の開発者に、インフィニティー・ブレード／ダンジョンズを無料プレイのゲームに変えるよう伝えた。インフィニティー・ブレードのシリーズ初期3作は売り切りだった。一度購入すれば、それ以上お金はかからない。一方、インフィニティー・ブレード／ダンジョンズは無料でダウンロードできるが、プレイヤーがお金を使いたくなるようなストアも用意する。ダンジョン探索ゲームを開発していたイアン・フレイザーたちにとって、うれしくない通知だった。非常に長く感じられた1年だったのに、またここに来て急変が起こったのだ。ビジネスモデルを変えるということは、ゲームのデザイン全体を見直さなければならない。「ゲームの完成まであと1か月、長くて2か月という地点まで来てたんだ」とフレイザーは話す。「僕らは『できますが、無料プレイ向けにデザインしていませんよ』って答えたよ」

結局、インポッシブル・スタジオ社はインフィニティー・ブレード/ダンジョンズが無料ゲームとして機能するような仕組みを新たに提案した。例えば、懐かしのストラテジーゲーム「ダンジョンキーパー」にあったような、プレイヤー自身でダンジョンを作れるシステムだ。しかしエピック社の幹部はこの提案を受け入れなかった。2、3週間ででっち上げたようなアイデアだったため、当然と言えば当然だった。「正直言うと、僕も気に入ってなかったよ」とフレイザーは話す。

感謝祭直前の2012年11月、マイク・キャップスはエピック・ゲームズの社長を辞任した。もうすぐ子どもが誕生するが、社長を続けていたらワーク・ライフ・バランスなど到底望めないと考えていたからだ[4]。「週75時間労働で、週3日は出張でしたから」とキャップスは話す。「私の父も仕事中毒だったので、自分は子どもを持ったらそんな風になるものかと決めていました」。キャップスは6か月前に通知して春頃に退職する予定を立てていたが、ティム・スウィーニーCEOに話したところ、すぐに辞職すべきだと要求された。キャップスは取締役会には残ったものの、もはや権力の座にはいないという印象を与えた。インポッシブル・スタジオ社に難問が降りかかったのと同じ時期に、同社を設立し、守ってくれるはずの人物は去ってしまったのだ。

◆

２０１３年2月初めのある日、インポッシブル・スタジオ社でインターネットに接続できなくなった。特に珍しいわけではなかった。オフィスはまだ新しく、接続に不具合が生じることが何度かあった。ジャスティン・ペレスは特に気にしていなかったが、インターネット接続がなければ「Ｐｅｒｆｏｒｃｅ[5]」のサーバーにアクセスできないため、仕事がはかどらなかった。ペレスは同僚何人かに喫茶店に行って休憩しないかと声をかけた。オフィスから廊下にぞろぞろと出ようとした際、インポッシブル社の幹部１人が待つように言った。「誰かが『おい、ちょっと待って』と言ったんだ」とペレスは思い出す。「『共有スペースでミーティングが始まるぞ』って」

ジョー・カダラはその朝すでに出社していたが、何かがおかしいと感じていた。オフィスに入ると、インポッシブル社のジェネラルマネージャーとエグゼクティブプロデューサーがいる執務室のドアが閉まっていた。それまでこのドアが閉められることはなかった。インターネット接続が止まった後、カダラは全社ミーティングの会場に歩いて向かったが、途中で幹部の１人と出くわした。「行く途中で冗談を言ったんだ。『履歴書を用意した方がいいかな?』って。誰も笑わなかったね」

何分後かにインポッシブル・スタジオの社員40人は会場に座っていた。そしてエピック・ゲームズ社の幹部からスタジオ閉鎖が伝えられると、狼狽の色を隠せなかった。スタジオ設立から1年も経っていないのに、エピック社は閉鎖の決定を下したのだ。インターネット接続が止まったのはデータ流出を防ぐためだった。「エピック社の人は『当社は別の方向に進むと決定した』と言ったね」とカダラは思い出す。「そして『スタジオは現時点をもって閉鎖する』って」

社員たちは呆然とした。まったく理解できない。インポッシブル・スタジオ社の立ち上げからまだ8か月しか経っておらず、インフィニティー・ブレード／ダンジョンズも完成間近だ。なぜエピック・ゲームズ社はこのような決定を下すのか？　何か起こっているのではと朝から感じていたイアン・フレイザーは、決定が冗談かと思った。「自分は冷淡な方だと思うけど、それでも『え、本当かよ』となったね」とフレイザーは話す。「『あのゲームをリリースする前に閉鎖するなんてことある？　正気じゃない』って」

これに先立ち、エピック社の取締役会はインポッシブル・スタジオ閉鎖についての投票を実施していた。反対はたった1人だった。マイク・キャップスだ。「スタジオを救ったと発表したのに、何か月かしたら閉鎖なんて、ひどいと思いますよ」とキャップスは言う。「仮に良いスタジオだと思っていなくても、そういうメッセージをエピック社として送るべきではない。彼らには直接『今後の心配は要らない』と伝えていたんです。会議で閉鎖反対の意見を言っていたのは私一人だったと思います。その後すぐに、私は取締役を解任されましたよ」

1年も経たない間に2度もスタジオ閉鎖を経験した開発者たちは、困惑していたし怒ってもいた。エピック社からはよくやっていると伝えられていた。スタジオ上層部に対しても同じ評価だった。「閉鎖の前の週にティム・スウィーニーCEOから電話がかかってきて、我々はエピックにとって重要で価値があると伝えられていたんですよ」とインポッシブル・スタジオ社の上層部にいた人物は話す。

インポッシブル・スタジオ社のスタッフは、閉鎖について詳しい説明を受けなかった。外部に対しても、エピック・ゲームズ社CEOのティム・スウィーニーは明確な説明をしていない。「去年、ビッグ・ヒュージ・ゲームズの元社員と当社が接触した際、優れた人材を支援し、人手が必要なプロジェクトに加わってもらえるチャンスだと考えました」と閉鎖を発表する会社ブログ記事でスウィーニーは書いている。「思い切った構想であり、インポッシブル社のスタッフはかなりの努力をしてくれました。ただ、最終的にエピック社ではうまくいきませんでした」

少なくとも今回は退職手当があった。インポッシブル社員は全員、閉鎖日から3か月間手当を受け取れると伝えられた。通常、退職手当の額は在職期間に応じて異なる。しかしインポッシブル社の場合は該当しなかった。8か月以上勤務した人がいなかったからだ。退職手当の書類が入った封筒を開くと、中に別の紙が入っていた人もいた。ノースキャロライナ州にあるエピック本社でのポジションをオファーする通知だった。「誰も受けなかったんじゃないかな」とカダラは話す。「同僚全員がレイオフされているのに、自分にオファーが来るのはちょっと気味悪いからね」

カダラは結局サンフランシスコに戻り、クリスタル・ダイナミクス社に就職した。そして「トゥームレイダー」のリブート作品に携わった。イアン・フレイザーはカナダにあるバイオウェア・エドモントンに入社して「ドラゴンエイジ／インクイジション」を制作する予定だった。ところが直前に、同じくカナダだが別の場所にあるバイオウェア・モントリオールに入り、「マスエフェクト／アンドロメダ」に携わることになった。後にフレイザーは同じモントリオール市に設立された別スタジオで、宇宙を舞台にした戦闘ゲーム「スター・ウォーズ／スコードロン」のディレクターを務める。ジャスティン・ペレスもバイオウェア・モントリオールで何年か働いたが、マスエフェクトのリリース後となる2017年に退職した。荷物（と愛犬）を車に乗せて、はるばるロサンゼルスまで陸路で引っ越すと、リスポーン社に入った。そしてスター・ウォーズの別作品「スター・ウォーズ・ジェダイ／フォールン・オーダー」に関与する。同作では大胆かつ満足感の高い戦闘メカニクスを実現し、好評を博した。

ビッグ・ヒュージ・ゲームズの元社員には、同社がこれまでで一番良い職場だったと話す人が現在でも多い。ただ、寸前で流れたテイクツー社との契約や、自身や同僚に対するエピック・ゲームズ社の仕打ちを話す際は、やはり気が沈んでしまうようだ。例のコンバット・ピットに属していた1人は、CD PROJEKT RED社と似た道を歩めていたかもしれないと話す。ファンタジーRPGシリーズ「ウィッチャー」を開発したポーランドの有名企業だ。もしキングダムズ・オブ・アマラー／レコニングがウィッチャー2だとしたら、その続編はウィッチャー3になれていたかもしれない。社名を一気に世間に知らしめるような名作だ。ロードアイランド州知事のリンカーン・チェイフィーから致命的な一言が発せられていなかったら、彼らは今なおゲームを開発していたかもしれない。

最終的にビッグ・ヒュージ・ゲームズの元社員たちは別々の都市や国に散らばっていった。このとき、ゲーム業界史に残る奇妙な話にふさわしく、もう1つ意外な展開があった。同社共同創業者のうちの2人、ティム・トレインとブライアン・レノルズは、スマートフォンとタブレット向けのストラテジーゲーム「ドミネーションズ」を開発する会社を新たに立ち上げた。彼らの新スタジオは最終的には韓国のパブリッシャーであるネクソン社に買収される。カート・シリングが38スタジオ社へ出資するよう、土壇場まで交渉していた企業の1つだ。新スタジオの立ち上げを発表した際、トレインとレノルズは38スタジオ社の破産オークションに参加し、昔から愛着があった商標を競り落としたと明かした。2013年に設立した彼らの新スタジオは、本書執筆中の現在もボルチモア市で経営を続けている。スタジオの名前はぐるっとひと回りした。ビッグ・ヒュージ・ゲームズだ。

注

［1］イアン・フレイザーにしてみると奇妙でおかしな偶然だった。以前勤めていたアイアン・ロア・エンターテインメント社と38スタジオ社はマサチューセッツ州メイナード市の同じ建物に入居していた。「アイアン・ロアが人事面で脅威に感じていたのは、創業した38スタジオがアーティストをどんどん引き抜いていった点だね。アーティストはみんな漫画家のトッド・マクファーレンと一緒に働きたかったから」とフレイザーは話す。巡り巡って彼も入社することになった。

［2］ビッグ・ヒュージ・ゲームズ社の共同創業者4人はいずれもコメントに応じていないか、コメント依頼に回答していない。

［3］こういったプロトタイプの1つに、レフト・フォー・デッドやマインクラフトを合わせたような小規模なゲームがあった。後に注目を集めることになる「フォートナイト」だ。大人気になる前は、フォートナイトはスタッフを悩ませる問題プロジェクトだったのだ。「面白い話があるよ」とイアン・フレイザーは言う。「僕がエピックで働いていた限られた期間だけでも、フォートナイトは3回くらいキャンセルされそうになったよ」

［4］「自分が関与した部分は残念に思います」とキャップスはエピック社に浸透してしまったクランチについて話した。「エピックはとても儲かっていましたが、より少ない人数でより多く作り出したのが1つの要因です。それについては隠しませんでしたよ。『ヘイロー』の場合は250人ですが、うちは70人で売上が半分です。その仕事量をみんなで分担するわけですね。そういう路線だったので長時間労働になったのです」

［5］Perforceはバージョン管理システムで、ビデオゲーム業界で普及している。誰かがした作業を上書きしてしまわないよう管理するシステムだ。また、現在までの変更点を追跡できるので、過去のある時点で分岐を作り、別のプラットフォーム向けに開発を進めるといったことも可能だ。要するに便利なのだ。

第8章　ガンジョンキーパー

GUNGEON KEEPER

デイブ・クルックスがブレント・ソッドマンに出会って最初に口にしたのは、自分たちの会社はもうすぐ閉鎖されるという話だった。2012年夏、2人はEA社で毎年開かれる新入社員研修に参加する予定だった。そしてバージニア州からサンフランシスコへ向かう際、空港で知り合いになった。ソッドマンはEA傘下のミシック・エンターテインメント社でテクニカルアーティストの職を得たばかりだった。一方、クルックスは同社のコミュニティーマネージャーだった。どちらも20代で、ビデオゲーム業界は初めてだった。ソッドマンは控えめな性格だったが、クルックスは自信家で率直な物言いをするタイプだった。そのため自己紹介をする際も、会社が閉鎖されるはずだなどと話したのだ。「空港でデイブが僕の隣に座ったんですよ」とソッドマンは話す。「確か、最初に私に言ったのは『うちのスタジオはもうすぐ閉鎖されるんだろ?』でしたね」

ソッドマンはその話を聞いたことがなかった。確かにミシック・エンターテインメント社を取り巻く状況は変化していた。しかしきちんとした企業だ。同社はMUD（マルチユーザー・ダンジョン）から着想を得たオンラインゲームを制作する目的で90年代に設立された。2001年には「ダーク・エイジ・

オブ・キャメロット」で有名になった。リチャード・バートルのバーチャル世界を実現しようとしたゲームのうちの1つだ。ウルティマ・オンラインやエバークエストといった人気MMORPGはドラゴンや魔法使いが登場する伝統的なファンタジー世界を舞台としているが、ダーク・エイジ・オブ・キャメロットは実際の神話をベースにしている。プレイヤーは3つある国家から1つを選ぶ。アーサー王伝説がベースのアルビオン、ケルト神話がベースのヒベルニア、北欧神話がベースのミッドガルドだ。そして他の2つの国家を選んだプレイヤーたちと争う。ゲームは徐々に人気となり、何十万人ものプレイヤーが月額課金に支払ってくれたので、ミシック社は成長して収益を上げられた。2006年にEA社に買収されると、それまでなかったような機会も訪れた。例えばカート・シリングはダーク・エイジ・オブ・キャメロットの大ファンだったが、たびたびオフィスを訪れるようになった。記念品として野球のサインボールも残している。

2012年頃になるとMMORPG人気は衰え始め、ジャンルとしてどうなるのか誰も予測できなかった。ミシック社では開発者が最新トレンドを取り込もうと試行錯誤していたため、プロジェクトではさまざまな変化が生じていた。そうは言っても、クルックスの主張は飛躍しすぎではないかとソッドマンは感じた。確かにスタジオは変化の時を迎えているが、閉鎖まで行くだろうか？「あの時期はネガティブな雰囲気が少し漂っていたのかもしれません」とソッドマンは話す。しかし、彼は数週間前に採用されたばかりなのだ。採用する一方でスタジオを閉鎖するなんて非合理だろう。

2人はEA社の新入社員研修に向かってはいたが、デイブ・クルックスはバージニア州フェアファクス市にあるミシック社ですでに1年も働いていた。「僕は参加必須というわけではなかったんだ」とクルックスは言う。「でもカリフォルニアには行ったことがなかったし、旅費が出たので申し込んだよ」。クルックスはおしゃべりな性格だったので、入社から何か月かすると、ミシック社の幹部たちとも仲良くなった。同社でトップのデザイナーだったポール・バーネットもその1人だった。クルックスは新入社員研修でサンフランシスコに向かう前夜、バーネットからEA社幹部がミシック社の将来を悲観していると聞いたのだ。「もうミサイルの発射対象は決まっていたんだ」とクルックスは言う。「まだ発射ボタンは押されていないけど、危うい状況だった」

EA社の新入社員研修はカリフォルニア州レッドウッドショアーズで開催された。東京ドーム2個分に近い敷地には芝生が広がり、豪華なオフィスが建てられている(クルックスとソッドマンが向かった研修会場から少し歩いたところで、ちょうどビセラル・ゲームズ社が「デッドスペース3」の開発で忙殺されていた)。研修担当者たちはEAグループを持ち上げ、参加した新入社員の未来はずっと明るいだろうと強調した。こういった話の途中で、クルックスは思い切って質問した。「手を上げて言ってみたんだ。『自分のスタジオはもうすぐ閉鎖と聞いたのですが』って」とクルックスは話す。「担当者が僕を脇に呼んで、『そんなことはない。スタジオは大丈夫だ』と言ったよ」。翌日、再びEA社の人物がクルックスをつかまえ、ミシック社は閉鎖されないと話した。それどころか、ポール・バーネットがスタジオ長を引き継ぐ予定だとも教えてくれた。クルックスは「それは素晴らしいですね」と言ったのを思い出した。

バージニア州のミシック社ではバーネットが権力を掌握した。そしてスタジオを生き残らせるべく、最後の手を打とうとしていた。ここ数年間、ミシック社は利益を上げるのに苦労していた。最新の業界トレンドに追いつけるような転換が必要だった。そこで、一気に世界最大となったビデオ・ゲーム・プラットフォーム向けのゲーム開発に軸足を移すことになった。このプラットフォームとはiPhoneだ。ミシック・エンターテインメント社はモバイル向けゲームのスタジオに姿を変えるのだ。

◆

キャリー・グースコスは2006年にミシック・エンターテインメント社に入社した。ちょうど会社が好調だった時期だ。彼女がバージニア州の同社に来たのは、ダーク・エイジ・オブ・キャメロットが好きで、その開発者と一緒に働きたかったからだ。ミシック社はEA社の傘下に入ると、2つ目のMMORPGの開発に乗り出した。ミニチュア人形を使うゲームをベースにした「ウォーハンマー・オンライン」だ。グースコスはこの開発チームの一員となった。最初はデザイナーとして入社し、続いてプロデューサーに昇格したが、その間に業界の情勢も変わっていった。ワールド・オブ・ウォークラフトと張り合えるＭＭＯＲＰＧはほぼない状況になっていたのだ。しかも新しいアイデアを持ち込んだオンラインゲームであっても、プレイヤー数を維持するのは困難な様子だった。ウォーハンマー・オンラインは２００８年秋にリリースされた。スタートは良かったものの、すぐにプレイヤー数は減っていった。「長期的に展望すると、ビジネス面では先が見えませんでしたね」とグースコスは話す。「そう言って差し支えないと思います」

２００９年、ＥＡ社は組織再編を実施した。どの企業も好きな言葉だ。この結果、ミシック社はバイオウェア社に組み込まれた。「スター・ウォーズ／ジ・オールド・リパブリック」や「マスエフェクト」といったＲＰＧを制作した有名企業だ。ミシック社のオフィスはバージニア州に残るが、バイオウェア社の監督下に入る。ＥＡ社がＲＰＧをすべて同じブランドで出したいと考えたからだ。そこでスタジオ名は「バイオウェア・ミシック」となり、新規プロジェクトがいくつか立ち上げられた。家庭用ゲーム機向けのダーク・エイジ・オブ・キャメロットやウォーハンマー・オンラインの開発を目指したり、短期間だがウォーハンマー・オンラインのＭＯＢＡ（マルチプレイヤー・オンライン・バトル・アリーナ）も実験したりしていた。「リーグ・オブ・レジェンド」に似たＭＯＢＡだ。「ベータの域は出ませんでしたが、仕事には満足しています」とグースコスは話す。「むしろ楽しいゲームだったと思いますよ」

２０１０年のある日、グースコスが休暇でフランスのベルサイユ市を訪れていると、ミシック社のスタジオ長から連絡を受けた。ミシック社と同じフェアファクス市内にあるジョージ・メイソン大学に大きな借りがあり、返さなければならないという話だった。同大学の学生は何人もインターンとしてミシック社に入り、インターン期間が終わるとそのまま就職していた。そのため大学を中退してしまうのだ。大学はミシック社と良い関係を維持していたが、中退者が出るのに悩まされていた。そこで借りを返してほしいと言ってきたのだ。非常勤講師が足りておらず、できるだけ早く誰かをよこしてくれという依頼だった。「スタジオ長が『ビデオゲーム史のクラスを担当してほしい。開始は火曜だ』と伝えてきたんです」とグースコスは思い出す。「その日は土曜でした。ですから『えーと』と声が出ましたね」

グースコスは教師の仕事をしたことはなかったが、すぐに魅力に取りつかれた。教師はゲームプロデューサーによく似ていた。無駄話をやめさせ、すぐに自分の言うことに耳を傾けさせるのが仕事だ。グースコスはビデオゲーム史を教えていたが、さらにゲームデザインのクラスも担当することになった。ゲームデザインを教えているとき、優秀な学生がいるのに気付いた。3年生のデイブ・クルックスだった。「彼は才能がありましたし、授業にも熱心に参加して、粘り強かったですね」とグースコスは言う。「授業後も教師を質問攻めにする部類ではなく、きちんとした質問を準備して尋ねる学生でした」

クルックスは面白半分でクラスに登録した。もともとビデオゲーム開発を仕事にする夢を抱いて3Dアートを勉強していたが、アーティストとしての限界を感じ、気を落としていた。そしてゲーム業界で働く力はないと考え、専攻を英語に、副専攻を日本映画に変えた。2011年の初めには、学期終了後に日本に住む計画を立てていたので、暇を持て余している状態だった。「授業にはあまり期待していなかったね」とクルックスは言う。「でも『まあいいや、することないし』って感じで登録したんだ」。新しい講師がミシック・エンターテインメント社のプロデューサーだと分かると、クルックスの態度は変わった。「最初の授業を受けて、『おお、やり直してみるか』と思ったんだ」と話す。「だからこれまでになく勉強したよ。宿題は言われてないことまでやったし、教科書も真面目に全部読んだね」

クルックスとグースコスは徐々に話をするようになった。話題は「メタル・ギア・ソリッド」で、2人ともそれをプレイして育ったのだ。授業が終わる頃になると、クルックスの印象は強く残った。年度終わりが近づいてきた春、クルックスはグースコスに対し、ミシック社で求人がないか尋ねるメールを書いた。「メールを送ったんだ」と彼は言う。「『もうすぐ日本に行く予定です。ただ、それはゲーム開発の夢をいったん諦めたからです。スタジオで何か自分にできる仕事はありませんか？』って書いてね」。ビデオゲーム業界に入れるのであれば何でもしますとクルックスは付け加えた。

グースコスは会議の最中にこのメールを見た。携帯電話に目を落とすと、すぐに良い印象を受けた。文面はフォーマルなあいさつから始まり（「グースコス先生」とあった）、続いて依頼内容が書かれていた。ミシック社ではコミュニティーマネージャーが必要だった。さまざまなウェブサイトを運営したり、フィードバックを集めたり、フェイスブックやツイッターのページを管理したりする役割だ。自分の授業で高い能力を見せていたこの若者にチャンスを与えたらどうか？「2週間返事がなかったよ」とクルックスは話す。「その後に『水曜日に面接があります』というメールをもらったんだ」

2011年4月、デイブ・クルックスはミシック・エンターテインメント社でコミュニティーマネージャーの仕事を始めた。目標はただ1つだった。この仕事を足がかりに、ビデオゲームのデザイナーになることだ。掲示板を監視したり、ソーシャルメディアに投稿したりする業務に興味はなかった。クルックスにとってコミュニティーマネージャーは手段にすぎなかった。キャリアという階段の1段目だった。「開発チームを訪ねて頼み込むつもりだったんだ」とクルックスは言う。「『ねえ、つまらなくて、やりたくない仕事ない?』ってね」。クルックスは退屈な作業を徐々に引き受けるようになった。アイテムの名前や説明文を書くような仕事だ。本物のデザイナーがやりたがらない業務をこなせば、最終的に自分の価値を認めてもらえて、開発部門に引っ張ってくれると期待したからだ。「それを隠すつもりはなかったよ」とクルックスは言う。「みんなすぐに気付いたからね[1]」

しかしミシック社は苦しんでいた。ウォーハンマー・オンラインのビジネスモデルを無料プレイに変えようとしたが、あまりうまくいかなかった。さらにウルティマⅣをリメイクする「ウルティマ・フォーエバー」という最新プロジェクトも、何度か作り直しをしたため開発期間が予定より長引いていた[2]。もう資金が尽きそうだとの噂が広まり、スタジオ中に悲観的な空気が立ち込めた。「ウォーハンマー・オンラインが本当に好きだったので、うまくいってくれていたらと思いますね」とキャリー・グースコスは話す。「でも時代は変わったし、ゲーム産業も変わりましたから」。2012年夏にデイブ・クルックスはブレント・ソッドマンに空港で出会い、レッドウッドショアーズのEA社で新入社員研修に参加していたが、確かにこの時期はスタジオ閉鎖が現実味を帯びていた。ただし不安に覆われていたのは、EA社がモバイルゲーム開発という助け舟を出すまでだった。

ここ10年ほどでビデオゲーム業界を一番大きく変えたイノベーションはスマートフォンだ。通勤する人がみんな潜在的なゲーマーとなったのだ。「アングリーバード」や「ドゥードゥル・ジャンプ」といったモバイル向けアプリは、それまでの家庭用ゲーム機向けと比べると開発費が大幅に低い。天と地ほど利益に差があるので、その間を飛行機が飛べるくらいだ。EA幹部は2012年3月にリリースした「ザ・シンプソンズ／タップド・アウト」が巨額の利益を上げたので驚いていた。ザ・シンプソンズは架空の都市であるスプリングフィールドを舞台としているが、各プレイヤーは自分独自のスプリングフィールドを建設したりクエストをこなしたりできる。そこで、EA社は傘下のスタジオにもっとモバイル向けゲームを作らせたかった。適任だったのがミシック社だったのだ。

ウルティマ・フォーエバーの開発チームを率いていたベテランのデザイナー、ポール・バーネットが新しいミシック社のトップに就任した。スタジオを〝モバイルファースト〟に変革する責任者だ。一部ゲームはモバイル以外のプラットフォーム向けとなる可能性もあるが、最優先はiPhoneやiPadなどのiOS向けだ。ミシック社はバイオウェア社の監督下から抜け、EA社のモバイル部門に入る。そして翌年にiOS向けのウルティマ・フォーエバーをリリースするのが目標となる。ミシックの社員はスタジオが危機から脱したとは思っていない。まだ大した収益を生み出していないからだ。しかしモバイルに注力することで、成功に向けたチャレンジはできる。

2012年秋にバーネットがスタジオのトップに就任後、最初に打った策の1つはデイブ・クルックスをフルタイムのゲームデザイナーに配置換えすることだった。クルックスは大喜びだった。コミュニティーマネージャーの業務をこなしつつ、何か月間もデザイン作業を手伝っていたが、ついに念願がかなったのだ。「夢が実現したよ」とクルックスは言う。「スタジオでゲームデザイナーになれたんだ。自分のアイデンティティーは今もこれが基本だよ。だから実現したときの気持ちは、とても言い表せないね。最高の瞬間だった」

クルックスも含め、ミシック社内でウルティマ・フォーエバーの開発に関与していないデザイナーは、新しいモバイルゲームの提案に時間を割くよう指示された。「新規プロジェクトのプロトタイプを作りたいという要望がありましたね」とブレント・ソッドマンは話す。「というのも、新しいプロジェクトは楽しいので、同じ仕事を長くしていたら気持ちをリフレッシュできます。また、ウルティマ・フォーエバーが完成する前に別のプロジェクトの許可を得られれば、スタジオが生き残る可能性は高まりますから」。新規プロジェクトの提案に際し、EA社はミシック社に対して過去の作品を洗い出す許可を与えた。EA社は数十年にもわたってゲームを開発したりスタジオを買収したり（多くは何年かして閉鎖）していたため、過去の人気シリーズが山のように眠っていた。ミシック社はそのうちのどれを使ってもよいことになったのだ。

クルックスは「デザート・ストライク」という古いゲームのプロトタイプを作るよう指示された。アパッチ・ヘリコプターで飛行しながら敵を撃つゲームだ。クルックスはデザインは得意だったが、プログラマーではなかった。そのため基本的な動きを作り上げるのにも苦労した。同僚を失望させたくなかったし、初めて得た本物のゲーム開発のチャンスをふいにしたくなかったので、クルックスは友人のデイビッド・ルーベルに連絡した。有能なエンジニアで、ロッキード・マーティン社では軍事防衛関連の仕事をしていた。現在は株式を自動売買できるソフトウェアを自分で開発している。ルーベルはゲーム開発にずっと興味があった。実のところ、週末にはクルックスと一緒にゲーム開発ツールをいじったり、インディーゲームの開発プロジェクトを計画したりしていた。だからクルックスから助けてほしいと連絡を受けたとき、ルーベルは何をおいても手伝いに向かったのだ。

ルーベルは何日かかけてプログラムを書き、ｉＰｈｏｎｅのタッチスクリーンでデザート・ストライクを操作できるようにした。難易度は高いが楽しい実験だった。「心地よく操作できる程度にまで持っていったんだ」とルーベルは話す。「ヘリコプターを飛ばすだけでも楽しかった」。準備が整うと、クルックスはプロトタイプをポール・バーネットに見せた。彼はしばらくプレイした後、なかなか良いと感想を述べた。これに対してクルックスは、実は大部分は自分ではなく、ルーベルが作ったと告白した。「『僕が担当したのはタイトル画面で、ヘリコプターの動作を作ったのは友人です』と言ったんだ』とクルックスは思い出す。「そうしたら『友人って誰？　求職中なの？』って聞かれたよ」

何度かの面接を経て、デイビッド・ルーベルはミシック・エンターテインメント社にエンジニアとして採用された。そして本当にクルックスと組んでデザート・ストライクを作ることになった。このようなルートでビデオゲーム業界に入る人は珍しい。「ずっとゲーム業界を狙っていたんだ」とルーベルは言う。「でも入るのが難しいと聞いていたから」。ルーベルは2012年10月末のハロウィンの日に入社した。バーネットは「プロトタイプは彼が作ったので入社してもらった。そうしないと訴えられるからな」と冗談交じりに彼を社員に紹介した。

残念ながらデザート・ストライクは初期のプロトタイプ以上のものには成長しなかったが、ミシック社内では別のゲームが注目を浴びつつあった。ブレント・ソッドマンが担当するゲームで、すぐにスタジオの次期巨大プロジェクトとなった。デザート・ストライクと同様、EA社内で何年も死蔵されていた過去のシリーズをベースにしたゲームだ。ただしこのプロトタイプは特別だった。何と、スタジオ全体の運命を左右するゲームとなったのだ。

◆

80年代や90年代にダンジョンズ&ドラゴンズの影響を受けていないビデオゲームを探すのは難しかった。ビデオゲームという電子エンターテインメントの世界は新しくて分からないことが多かった。そのためゲーム開発者がお馴染みの設定でプレイヤーに共感を覚えてもらおうとするのも、当然と言えば当然だった。つまり、勇敢な戦士や聖職者がパーティーを組んでダンジョンに潜り、不気味な声を上げるゴブリンを倒したり、光り輝く金貨を獲得したりする設定だ。ビデオゲーム開発者たちは、プレイヤーは腕力や魔力を使うファンタジーを欲していると考えた。勇者であり、善人であり、世界の救世主であるファンタジーだ。その状況を皮肉って、EA傘下のブルフロッグ・プロダクションズ社に所属していたイギリス人デザイナーたちは、逆に勇者を倒すビデオゲームを制作した。

「ダンジョンキーパー」は1997年にパソコン向けに発売された。プレイヤーは自信に満ちた悪の化身となり、勇者たちが冒険するダンジョンを作って防御する。インプという魔法で生み出した手下を何体も操りながら、地面を掘ったり、ねぐらを作ったり、トロールやオーク、バイルデーモンといった別のクリーチャーをおびき寄せたりする。例えばバイルデーモンは風船のように膨らんだ赤い悪魔で、敵に毒ガスを噴射できる。また、プレイヤーはクリーチャーに対し、マップ上の鉱脈から採掘した金を手渡したり、小屋で育てたニワトリを食料として十分に与えたりしなければならない。手下のクリーチャーはニワトリを飴玉のように飲み込んでいく。こうやって準備を整えて、善人づらした勇者たちからダンジョンを守る。勇者たちは宝物を盗み出し、プレイヤーを倒そうとしているのだ。面白おかしいストラテジーゲームでプレイヤーからも人気があったため、間もなくブルフロッグ社は続編となる「ダンジョンキーパー2」を開発して1999年に発売した。第3作も計画されていたが、キャンセルされてしまった。そしてＥＡ社はブルフロッグ社を２００１年に閉鎖し、シリーズは凍結された。

それから10年が経ち、ダンジョンキーパーは再び日の目を見ることになった。モバイルゲームとして復活させるべく２０１２年にＥＡ幹部がミシック社に提示した過去の名作ゲーム一覧に、同ゲームが掲載されていたのだ。ダンジョンキーパーがｉＰｈｏｎｅやｉＰａｄでうまくプレイできそうだとは容易に想像できる。オリジナル版は上から見下ろす形式だった。カーソルとしてごつい手が表示され、マップの地面を掘ったりクリーチャーを選択したりする。これがモバイルのタッチスクリーンになるとマウスではなく指で操作するため、直感的かつ滑らかに操作できるはずだ。さらに、ダンジョンキーパーは短時間でプレイしやすいゲームだった。これはモバイルの利用環境から見て理想的だ。多くのユーザーは電車の通勤時間や歯科医院での待ち時間など、10分や20分の長さでプレイするだろう。

ミシック社では、ブレント・ソッドマンら数人の開発者で結成された小チームがモバイル版ダンジョンキーパーの開発に着手した。基本的にはプロトタイプはオリジナルとよく似ていた。上から見下ろす形式で、悪のクリーチャーを召喚したり地面を四角に掘ったりできる。しかし１つ仕掛けがあった。土を掘るとタイマーが表示されるのだ。オリジナルでは、土をクリックすると何秒後かにはインプが作業にやって来る。ところがモバイル版ではカチカチと音を立てるタイマーが表示され、ゼロにならないと土は消えない。何秒で消えるかは決まっていないが、タイマーの意図が何なのかは分かる。「モバイルゲームでタイマーが表示されると、何を意味しているのかみんな知っていますよ」とソッドマンは言う。

「ものすごく長いタイマーもありますが、お金を払えば時間はすぐに進むんです」

モバイルゲームが変えたのはプレイ方法だけではなかった。販売方法も変えたのだ。2008年にアップル社が「アップストア」を始めると、デベロッパーは他のプラットフォームと同様に固定価格でゲームを販売し始めた。しかし何年かすると状況が変わる。トロイの木馬の方式を使えば、もっと収益を上げられるとモバイルのデベロッパーが気付いた。つまり、まず無料でゲームを配布しておき、その後にゲーム内で課金するのだ。モバイル業界調査会社のフルーリーによると、アップストアでは2011年夏に無料プレイによる収益が従来の販売方法による収益を上回ったという。せっかくXboxやプレイステーションでどうゲームを売ればよいか分かってきたのに、この新しいプラットフォームのおかげで無駄になってしまったのだ。これを痛感したのはインポッシブル・スタジオ社だろう。同社は親会社のエピック社から「インフィニティー・ブレード／ダンジョンズ」を無料プレイに作り変えるよう指示を受けた。

ゲームを作って有料で販売する従来のやり方に慣れ親しんだデザイナーにとって、モバイルゲーム産業への参入は違う惑星への移住に近かった。モバイルゲームで収益を上げるには、まずゲームを無料でリリースする。そしてプレイヤーをのめり込ませ、ゲーム内の少額課金に支払ってもよいかなという気にさせる。一部のゲームは〝ペイ・トゥー・ウィン〟の課金を採用している。お金を払えば払うほど、敵に勝てる可能性が高くなる仕組みだ。他方、大人気の「タイニー・タワー」やEA社自身の「ザ・シンプソンズ/タップド・アウト」では、基本タスクの完了までに一定の時間が設定されており、お金を払えば待たずに済む仕組みになっている。ダンジョンキーパーに登場するデーモンを喜ばせるような、あくどいやり方もあった。こういったゲームは純粋に楽しめるようデザインされているというより、お金を払ってプレイを続けると楽しめるようデザインされていたのだ。

モバイルゲームで遊ぶのはラスベガスのカジノで遊ぶのに近い。グラフィックスは派手派手しく、効果音は聞いていて心地よい。例えばザ・シンプソンズ/タップド・アウトで新しい建物をどかっと作ると、脳内でエンドルフィンが分泌されたような効き目がある。するとプレイヤーはこれに夢中になり、プレイを続けたくなってしまう。またカジノと同じく、直接お金を払わせるのではない。プレイヤーは宝石(シンプソンズの場合はドーナツ)などの〝プレミアム通貨〟を購入し、それをゲーム内で使う。一部のモバイルゲームでは宝石を定期的に少しずつ無料で提供し、味を覚えさせることで、課金まで持ち込もうとする。この手法もカジノ(または麻薬密売人)から取り入れられている。このような〝フリーミアム〟のモバイルゲームを提供しているスタジオには、どうやったら効果的にプレイヤーを中毒状態にできるか、心理学者まで雇って研究している会社もある。

2013年にダンジョンキーパーのプロジェクトは大きくなり、デイブ・クルックスやデイビッド・ルーベルも含め、他のプロトタイプを制作していたチームから開発者が加わった。そして2つの点が明らかになってきた。(1)ウルティマ・フォーエバーが完了したら、ミシック社で次に取り組むプロジェクトはダンジョンキーパーではスピードアップできるタイマーへの少額課金で収益を上げる。EA社から出た指示は、モバイルゲームはすべて無料プレイとし、ダンジョンキーパーはスピードアップ課金で成功したゲームを見習えというものだった。

EA社はミシック社に対し、収益やプレイヤー数などKPI（重要業績評価指標）の目標値を提示した。「検討対象になったのは収益だけでなく維持率もだったね」とダンジョンキーパーでデザイナーの1人だったアレック・フィッシャーラスキーは話す。「どうやってプレイし続けてもらうか？　プレイヤーに適切だと感じてもらえる価値をどう提供するか？」。比較対象によく選ばれたのは「クラッシュ・オブ・クラン」だった。人気のタワーディフェンス型ゲームで、村を建設したり、軍隊を訓練したり、他のプレイヤーたちと対戦したりする。クラッシュ・オブ・クランはタイマーをスピードアップしたいせっかちなプレイヤーから何十億ドルも収益を上げていた。

ミシック社の開発者たちはこのビジネスモデルに懐疑的だった。旧来のパソコン向けや家庭用ゲーム機向けの作品をプレイして育った人間にすると、あこぎで倫理にもとる商売に見える[3]。ミシック社のスタッフはモバイルゲームに移行しなければならないことは理解していた（〝モバイルへの転換〟という掛け声が頻繁に使われた）が、慎重な姿勢の社員も多かった。「ミシックの文化は素晴らしいし、社員もすごい。でも長く在籍していた人は昔ながらのゲーマーばっかりだった」とデイブ・クルックスは言う。「だからクラッシュ・オブ・クランのビジネスモデルをまねするのは、厳しい要求だと感じていたんだ。

自分もそうだったけど」。無論、誰もがミシック社は財務的に困窮していることも親会社がそのようなゲームを望んでいることも知っていた。愚痴はこぼすが、それでもゲームは開発しなければならない。

EA社としての要望を伝える役割を担っていたのはPM（プロダクトマネージャー）と呼ばれる人たちだった。PMたちは、はるばるカリフォルニア州レッドウッドショアーズの本社からバージニア州にあるミシック社を頻繁に訪問していた。かばんにはクラッシュ・オブ・クランに関する詳しい市場調査資料やグラフが入っていた。ダンジョンキーパーの開発中、ミシック社の開発者とEA社のPMはあらゆる場面で衝突した。どのようなビデオゲームが成功と呼べるのか、意見はまったく違っていた。PMからしたら、ミシックの人間はモバイルゲーム開発の経験はほとんどないし、プロジェクトでの役割を果たそうとしない。一方ミシックの開発者からしたら、PMはゲームデザインを知らないし、金銭面ばかりを考えている。「開発チームが『これをやりたい』と言うと、月に2日くらいしか現場におらず、ゲームループのデザインが何かすら知らないPMが『仕事はこれです』なんて答える状況だね」とデイブ・クルックスは話す[4]。

あるミーティングでEA社のPMがクルックスに現在の作業内容を尋ねた。クルックスはダンジョンキーパーの罠（わな）をデザインしていると答え、アイデアをまとめたリストを見せた。リストには、敵を凍らせてダメージを与えつつ、動きを鈍くする氷結罠も入っていた。「そのPMが『え、鈍くする上にダメージも？　強力すぎないか』って言ったんだ」とクルックスは思い出す。「僕は『何言ってんだ、こいつ？』

という感じだったよ」。クルックスにはこれがもっと大きな問題の縮図に見えた。つまりはクリエイターと経営者との間の対立関係だ。ウォーレン・スペクターのようなベテランからクルックスのような新人まで、数多くのゲーム開発者たちが昔から直面してきた問題だ。氷結罠にダメージと鈍足効果の両方がある理由すら理解できないのに、なぜこのPMはゲームデザインについて的確な意見が言えると思っているんだ？

２０１３年８月、ミシック社で長期にわたって開発が続いていたウルティマ・フォーエバーがとうとうリリースされた。しかし評価はほどほどで、ほとんど注目も浴びなかった。そしてミシック社員のほとんどはダンジョンキーパーの開発に回った。次に出すこのゲームがもっと話題に上ることに期待をかけた。ただし将来に向けて注意を払っておくべき点もあった。ウルティマ・フォーエバーを取り上げた評論家は、無料プレイの仕組みやマイクロトランザクション部分を痛烈に批判していた。「ウルティマ・フォーエバーのデザインは邪悪な方に向かった」とゲーム評論家のリッチ・スタントンは書いた。さらに同ゲームは「狡猾なやり方」でずっとプレイヤーにお金を出させようとしているとも述べている。ダンジョンキーパーもその水準ではないにしても、あこぎと感じられるゲームになりつつあった。しかし開発者にできることはあまりなかった。「社内の大部分は、無料プレイのゲームを作りたいと思っていなかったんじゃないかな」とデイビッド・ルーベルは言う。

ゲームの中身に限れば、ミシック社の開発者たちはダンジョンキーパーを楽しくプレイできて満足していた。クラッシュ・オブ・クランによく似てはいたが、ブルフロッグ社のオリジナル版にあった独特なユーモアを発揮できていた。テストの期間中、開発者たちはダンジョンを掘削したり罠を仕掛けたりして敵を倒し、楽しんでいた。しかしテストがそれほどまでに楽しかったのは、タイマーをすべて無効にできた点が大きかった。

ダンジョンキーパーの開発が進むにつれて、ゲーム内の作業完了を待ったりそれにお金を払ったりするのは、あまり楽しい経験ではないと分かってきた。クラッシュ・オブ・クランのようなゲームのプレイ経験がある人はタイマーに慣れているかもしれないが、ミシック社の開発者たちは嫌っていた。そのためミシック社とEA社のPMとの間で、タイマーの長さと頻度について激しい論争が何度となく発生した。しかし大抵の場合はEA社のPMが勝った。「あるときPMが『タイマーを全部2倍にしようと思う』と言ったんだ」とクルックスは回想する。「確かPMは『タイマーはもっと長くできるんじゃないかな』って言った。それで僕は『どうかな。そうなったら自分はプレイしないだろうけど、する人はいるかもね』と答えたよ」

EA社からしたら、まさにこれが成功するモバイルのビジネスモデルだった。PMは統計や数字を何よりも重視する。iPhoneやAndroidのプレイヤーは数時間、場合によっては数日のタイマーでも問題ないというデータが出ていたのだ。クラッシュ・オブ・クランはその好例だった。インスタグラムの「ストーリーズ」の機能はスナップチャットからアイデアを借りたと言えるが、同様にダンジョンジョンキーパーもクラッシュ・オブ・クランからヒントを得たのだ。

クラッシュ・オブ・クランのチュートリアル画面では、ゲームのプレミアム通貨（エメラルド）が紹介される。一定数がプレイヤーに無償提供されており、それを使うようメッセージが表示される。「節約している場合じゃありません。緑色のエメラルドを使って建設を早めましょう！」

インターネット上で流行った投稿があった。よく似た2つの画像を並べて配置し、それぞれに「宿題見せてくれる？」と「いいけど、写したってバレないように少し変えてよ」という説明文を付け加えるのだ。ダンジョンキーパーのチュートリアル画面では、ゲームのプレミアム通貨（ジェム）が紹介される。一定数がプレイヤーに無償提供されており、それを使うようメッセージが表示される。「節約している場合ではないわ！　ほんの少々ジェムを使って、この罠を直ちに完成させるのだ！」

◆

2013年が経過するにつれて、ミシック社内には妙な雰囲気が漂い始めた。開発者たちは毎日出社して業務をこなしているが、ダンジョンキーパーがリリースされると論争が起こるのではと不安が高まっていたのだ。「スタジオ内では、『プレイヤーは嫌がるだろうな』と言いたげな顔をみんなしてたよ」とクルックスは回想する。「その表情を見た人は『うん、分かるよ。でも作らないとね』って」。氷山に向かって一直線に進んでいるクルーズ船に乗っているような気分だった。激突すると誰しもが理解しているが、船を旋回させるすべはない。「ゲームにタイマーが必須で、タイマーを早められるようにすることで収益を上げる仕組みなので、『タイマーなんてクソくらえ』とは言いにくいですよね」とブレント・ソッドマンは話す。「どうにもしようがないです」

デイブ・クルックスは職場での仕事に不満を感じ、ブレント・ソッドマンとデイビッド・ルーベルに独立について話すようになった。前々からクルックスとルーベルは、本業とは別にインディーゲームのプロジェクトに参加していた。そもそも2人が知り合いになったのはこういったインディーゲームのプロジェクトがきっかけだった。ルーベルがデザート・ストライクのプロトタイプ制作でクルックスを手助けし、ミシック社にプログラマーとして入社する以前の話だ。一方のソッドマンも1年前に空港で初めて出会って以来クルックスと仲良くなっており、独立に興味を持っていた。この頃、ソッドマンとクルックスはミシック社オフィスから少し歩いたアパートで同居していた。そして時折みんなで集まってはゲームのアイデアを出し合った。そこには求職中のアーティストで仲の良いジョー・ハーティーや、クルックスのガールフレンドでサウンドデザイナーのエリカ・ハンプソンも参加していた。なおハンプソンは後にミシック社でも働いた。

ダンジョンキーパーに対する情熱が冷めるにつれ、彼らグループは自身のゲーム開発について話す機会が増えた。趣味で始めたはずのプロジェクトだったが、真剣に考えるようになったのだ。そして貯蓄を始め、最終的には各自の目標額に応じて退職日を決める計画を立てた。2014年初め、グループはこの計画を会社に伝えるという、通常はあまり見られないステップを入れた。ポール・バーネットとキャリー・グースコス（スタジオ業務のディレクターに昇進していた）を非常に尊敬しており、突然の話で会社を困らせたくなかったからだ。このとき、グループは8月に退職を予定していると伝えた。何か月も前にバーネットとグースコスに知らせておくことで、代わりの人員を探す時間を確保するためだった。「違う会社だったら、誰にも言わなかっただろうね」とクルックスは話す。「あのときはそうするのが正しいと感じていたんだ」

しかしその前にリリースするゲームがあった。2014年1月30日、ダンジョンキーパーがiPhone向けに登場した。そして開発者の不安は的中した。レビューは容赦ないものだった。評論家たちはゲームをこき下ろし、ゲーマーたちはレディット上やツイッター上で罵倒して怒りの声を上げた。EA社はかつての人気シリーズが蘇ったと宣伝していた。プレスリリースには「90年代にカルト的人気を誇ったストラテジーゲームがモバイル向けに改装」とある。しかし実際は、クラッシュ・オブ・クランに悪魔を追加しただけのような雰囲気だった。昔のダンジョンキーパーでは、プレイヤーは戦略を立ててリソースを管理しなければならなかった。ところが新しいモバイル版では、ジェムを購入するよう促されるだけだった。ファンはすでにEA社に対する嫌悪感を抱いていた。ウェブサイト「コンシューマリスト」が選ぶ「アメリカ最悪の企業」に、ケーブルテレビ会社コムキャストやバンク・オブ・アメリカといった企業を抑えて2年連続で選ばれていた。新しいダンジョンキーパーは、その選出が妥当であることを証明しているようだった。

ゲーム情報サイト「ユーロゲーマー」で評論家のダン・ホワイトヘッドは次のように書いている。

かつてブルフロッグ社が創造したゲームの中身をくり抜いて殻だけ残し、基本的にはクラッシュ・オブ・クランにそっくりな中身を詰め込んでいる。どの動きも仕組みもオンライン機能も、すでにスーパーセル社がクラッシュ・オブ・クランで挑戦して試したものばかりだ。ＥＡ社はそれに追従し、パブロフの犬のごとくよだれを垂らしているだけだ。何よりも残念なのは、ダンジョンキーパーが無料プレイになった点そのものではない。魂がこもっていない形で無料プレイ化された点だ。

このゲームがダンジョンキーパーと名付けられていなかったら、これほどまでに批判されなかったかもしれない。ファンは、ＥＡ社とミシック社がマイクロトランザクションだらけのモバイルゲームを作ったという理由ではなく、人気名作ゲームを食い物にしているように感じられたため、怒りを爆発させていた。本来、この手のゲームはモバイルでのプレイを基本とするゲーマーに向いていた。10分程度の短時間でしかプレイしないのでタイマーをあまり気にしない人たちだ。ところが、表向きはコアなＰ

Cゲーマーが好みそうなゲームだったのだ。ダンジョンキーパーはタイマーが気にならないファンを少しずつ静かに増やしていた。しかしインターネット上の怒号はそれをはるかに上回っていた。

ミシック社のスタッフにとって、ダンジョンキーパーのリリース日は楽しい一日ではなかった。席に座って黙りこくったまま、不快なコメントやひどいレビューを読み続けていた。ビデオゲームの文化圏では当たり前のようになっているが、ゲーマーたちはダンジョンキーパーの開発者が自殺しないかななどと投稿した(「ゲーム業界で働いていると、あの手の投稿には慣れるよ」とソッドマンは話す)。スタッフは集まって飲み会に向かった。こうなることは覚悟しておくべきだったと悔しがる社員もいた。ダンジョンキーパーに対する反応が悪くなるのも当然だろう。マイクロトランザクションとノスタルジーとの組み合わせは、成功の方程式ではない。「スタジオは落胆している人であふれていたよ」とクルックスは言う。「でも僕みたいなのも少なからずいたよ。『ああ、そう。やっぱり』って」

ミシック社をモバイルゲーム会社に転換するというポール・バーネットの計画はもくろみが外れた。今や、非常に楽観的な社員でさえ、助け舟が沈むかもしれないと感じていた。

◆

2014年5月28日の夜、ブレント・ソッドマンはデイブ・クルックスから電話を受けた。ソッドマンはすでに帰宅していたがクルックスは残業しており、急いで知らせる情報があったのだ。2年前に空港で聞いた話のようだった。「彼は『おい、スタジオに来て私物を持ち帰った方がよいかもよ』って言ったんです」とソッドマンは回想する。「それから『明日スタジオが閉鎖されるのは確実だと思う』と続けましたね」

今回、クルックスはより確度の高い証拠をつかみ、ミシック社が閉鎖されると考えていた。というのも、キャリー・グースコスがいったんオフィスを出てバスルームに行き、戻ってくるとカードキーが使えなくなっていたのだ。クルックスも外から自分のカードキーを使ってみたが、結果は同じだった。ただし技術的な問題ではなかった。ビル管理人のは動作していたからだ。クルックスがオフィスに戻るとまだ10人ほどが残業しており、私物をまとめた方がよいと伝えた。それからソッドマンに電話をかけた。
「私は『それは確実な証拠だね。でも持ち帰るものはないんだ』と答えたんです」とソッドマンは話す。
「翌朝は早めに起きて出社しました。ひどい一日になると思いましたからね」

グースコスは近所のマリオット・ホテルで朝8時に開かれるミーティングに出るよう言われた。会議室に入るとEA社の幹部や人事担当者がすでにいて、会議の準備をしていた。EA社でモバイル部門トップを務めているフランク・ギボーは、ミシック社を閉鎖するとグースコスに伝えた。「冷酷なやり方ではなかったですね」とグースコスは言う。「温かくて親切でした」。ギボーはEA社がミシック社を買収した際の責任者だった。そして取締役会をゲーム内で開いていると噂されてしまうほど、MMORP

Gのダーク・エイジ・オブ・キャメロットが好きだった。そのため開発元だったミシック社を閉鎖しなければならなくなり、申し訳ないと感じているようだった。しかしミシック社の継続を正当化するのは難しかった。かつて儲かっていた同社は、ここ何年も損失を出していた。しかもモバイルへの転換も失敗していた。ウルティマ・フォーエバーに対する関心の低さや、ダンジョンキーパーに対する強い反発を見れば明らかだ。「ミーティングの雰囲気は、『いくつか手を打ってはみたが、スタジオが十分な収益を上げられていないのは明白で、このまま放置できない』という感じでしたね」とグースコスは話す。「それから『社員が次の仕事を見つけられるよう努力する』と」

1時間後、経営陣はミシック社のオフィスに移動し、閉鎖を知らせた。カードキーの話が知れ渡っていたため、ギボーが立ち上がって発表しても、寝耳に水でショックを受けた人はほとんどいなかった。しかしつらいことに変わりはない。多くの社員は互いに親しい友人であり、バージニア州に留まる人は少ないと分かっていた。「みんな泣いていましたね」とキャリー・グースコスは思い出す。「泣きそうにない人ですら泣いてました」。ミシック社がバージニア州で唯一の大手ビデオゲーム会社だったからだろうか、あるいは週末も終業後も一緒に時間を過ごした仲間が多かったからだろうか、社員は会社を特別な場所だと感じていた。後日、ある元ミシック社員は「あのような活気があった職場は他になかった」と語っている。

ゲームスタジオの閉鎖は、関係者にすると不当で残酷だと感じられることが多い。38スタジオ社やビッグ・ヒュージ・ゲームズ社のように突然降って湧いてくることもあるし、役員室の高給取りがでっち上げた目先の戦略で何百人もが失職することもある。しかしミシック社の場合、親会社であるＥＡ社の選択肢は限られていたと感じる社員も多かった。確かにダンジョンキーパーの開発におけるＥＡ社のやり方は強引ではあった。しかし、むしろミシック社は閉鎖されて当然の局面から2、3年の猶予を与えてもらえたような状態だった。「収益が上げられていませんでしたから」とグースコスは言う。「ＥＡに何ができます？」。ミシック社の全社員は退職手当を受け取ったし、ＥＡ社は一部社員を傘下のモバイル開発スタジオに異動させようと努力していた。

デイブ・クルックス、デイビッド・ルーベル、それにブレント・ソッドマンは、複雑な感情を抱いていた。スタジオ閉鎖は見たくないし、多くの友人はゲーム業界で仕事を得るべくバージニア州を離れることになる。ただ一方、インディーゲーム開発という危険な激流に飛び込む上で、退職手当はライフジャケットの役割を果たすはずだ。社員たちはみんなで近所のバーに行って思い出話にふけっていたが、クルックスら3人は夢見ていたプロジェクトを予定より3か月も前倒しで開始できると気付いた。「誰かが私たちの近くに来て『正直なところ、閉鎖は君たちにとってそれほど悪い話じゃないね』って言ったんです」とソッドマンは思い出す。「私は『そうですね。あまり言いたくないけど、そこまで悪くないです』と答えました」

ミシック社のようなスタジオを閉鎖するのは面倒で楽ではないと、グースコスはすぐに理解した。オンラインゲームをいくつも抱えているため、サービスの提供を終了するか別会社に移転しなければならない。ダーク・エイジ・オブ・キャメロットの場合、その年の初めにミシック社創業者の1人が新しいスタジオを立ち上げ、運営ライセンスを買い取っていた。また、ウォーハンマー・オンラインの場合、前年となる2013年にサービスを終了していた。しかしモバイルゲームのサービス提供はまだ続いていた。EA社は何人かの開発者に5割増の賃金を3か月分提示し、ミシック社の事後処理を依頼した。そしてグースコスがこのグループを率いることになった。グースコスらはウルティマ・フォーエバーを終了し、ダンジョンキーパーの運営をEAグループの別会社に移管した。なおダンジョンキーパーは何度かの改修を経てタイマーは緩くなり、実は現在もプレイヤーを抱えている。事後処理の終盤に、彼女はコンピューターやゲーム機を整理した。「使えそうなものがたくさんありましたよ」とグースコスは話す。「何らかの価値があるものは全部鍵のかかる部屋に保管しました」

実はミシック社内には、何らかの価値があるものが大量にあった。高価なコンピューター機器に加え、長年の間にたまっていた販促用アイテムや文化的価値のある製品だ。グースコスは物置の中で、ウォーハンマーのポスターやダンジョンキーパーの像、さらにはシャツやピンバッジ、ネックストラップといった小物を数え切れないほど発見した[5]。また、ミシック社がウルティマのライセンスを受け継いだ際、オリジン社のオフィスからさまざまなアイテムが送られていた。その中にはウォーレン・スペクターとリチャード・ギャリオットに贈られた賞品も入っていたので、グースコスは2人に返送した。さらに、壁にかかっていたのはウルティマを題材にした巨大な絵画だった。芸術家であるヒルデブラント兄弟によるもので、数十万ドルの価値があると言われていた。この絵画はEA社が即座に保全した。「EAの一団がオフィスに来たんです」とグースコスは言う。「絵を壁から外し、部屋に運び込んで鍵をかけるのが彼らの仕事の1つでしたね」

事後処理期間も終わりに差し掛かると、グースコスはオフィス内をゾンビのように歩き回った。昼間は目に涙を浮かべつつ働き、夜はくだらないリアリティー番組を見ながら眠りについた。荷物の箱詰めや外部業者との契約終了といった作業を続けたが、実にさまざまな会社と取引があったのだなと驚いた。ベーグルの配達業者から消火器の点検業者までいた。そして終わりの時が来た。グースコスはミシック・エンターテインメント社最後の社員という栄誉を手にした。他の誰にも与えられない栄誉だ。「私が最後の社員でした」とグースコスは話す。「オフィスを出るときに自分の写真を撮ったんですよ。電気を消して退出し、その後でミシックに入った人は誰もいません」

◆

ミシック社閉鎖の翌日、元社員たちは次に何をしようかと考えていた。そんな中、デイブ・クルックスは自分の計画を推進し始めた。クルックス、ブレント・ソッドマン、それにエリカ・ハンプソンは、アパートのリビングを一時的に仕事場に模様替えした。そこに毎日デイビッド・ルーベルとジョー・ハーティーが顔を出した。「暫定措置でしたね」とハンプソンは話す。「ずっとぎゅうぎゅう詰めでしたから」。ミシック社閉鎖から1週間もしないうちに、5人は「ドッジ・ロール・ゲームズ」という会社を立ち上げた[6]。計画はこうだった。まず最初のゲームを作って出すまでは、貯蓄を取り崩して生活する。そして経営を続けられる程度の収益が上げられるか見極める。

その最初のゲームとなるのは「エンター・ザ・ガンジョン」だ。デイブ・クルックスがぱっと思い付き、頭から離れない名前だった。ゲーム内容は過去数年の間に人気があったインディーゲームから着想を得た。例えば2011年発売のダンジョン探索アクションゲーム「ザ・バインディング・オブ・アイザック」だ。このゲームと同様にエンター・ザ・ガンジョンも見下ろし型だったが、もっと重要なのは〝ローグライク〟である点だ。ローグライクとは名作「ローグ」からできた言葉で、ゲームシステム上、2つの特徴を持つ。(1)キャラクターが死ねばその場で終了し、最初から再スタートしなければならない。(2)レベルはランダムに自動生成されるので毎回違う雰囲気が味わえる。一部のローグライクでは死んだ後も武器や能力ポイントを維持できるため、何かしらの成長を実感できる。これは繰り返しのプレイを楽しくするのが目的だ。死んでしまっても、またやり直して次はどこまで行けるのか挑戦したい気持ちにさせる。ゲーム開発者にしてみたらローグライクは究極の目標だ。プレイ時間は長いのにもかかわらず、自動生成なので手作業だけで作るゲームと比べて開発コストを抑えられる。

エンター・ザ・ガンジョンは惑星「ガンメーデー」を舞台とし、プレイヤーは「ガンジョニア」となって敵「ガンデッド」と戦う。どのくらい先に進めるのかチャレンジする一方で、武器名を使った駄洒落が次々と登場するので、それに耐えるチャレンジもある。キャラクターはかわいくて柔らかな雰囲気だ。主人公たちは大きな頭で目はドットだし、モンスターは銃弾の形をしている。また2Dのダンジョンの各レベルは美しく仕上がっている。ジョー・ハーティーによるアートだ。プレイヤーはヒーローを選んでガンジョンに潜り、武器を収集する。従来からあるもの（ピストルやマシンガン）からふざけたもの（Tシャツキャノンやバナナ）までさまざまだ。そしてプレイヤーはテーブルを倒して身を隠したり、新しいアイテムや銃が隠された宝箱を探したりしつつ、弾幕を張ってくるモンスターやボスの大群から生き延びる。運が良ければ優れた装備が見つかるし、ガンジョンの最下層部に到達できるかもしれない。しかし大抵の場合、途中で殺される。死ねばまた最初からやり直しだ。ただし新しい知識は増えているし、弾丸回避のスキルは向上しているはずだ。

クルックス、ソッドマン、ハンプソン、ハーティー、それにルーベルの5人は、以前エンター・ザ・ガンジョンのデモを軽い気持ちで作っていた（「遊び半分、勉強半分」とソッドマンは表現）。しかしミシック社が閉鎖されて無職となった今、真剣に取り組む時が来た。計画の第一歩はパブリッシャー探しだった。ドッジ・ロール社の5人は独立後の事業計画をしばらく検討していて、パートナー企業を見つける案が出ていた。マーケティング、PR、法務など、実際のゲーム開発作業以外で発生する面倒な仕事を助けてもらう。また、すぐに外部資金を調達したいと考えてはいなかったが、開発期間が長引いて自己資金が枯渇しそうなケースにも備えたい。そういった理由でパブリッシャーとの関係を築くことにしたのだ[7]。ある企業の名前がずっと挙がっていた。デボルバー社だ。小規模なパブリッシャーで、人気のインディーゲームをいくつも手掛けている。例えば、同じく見下ろし型シューティング「ホットライン・マイアミ」だ。「デボルバーは人を大切にする点で評判がすごく良かったですね。現在でもそう思っています」とソッドマンは話す。

２０１４年5月下旬、Ｅ３が数週間後に迫っていた。Ｅ３はビデオゲームの大規模イベントで、毎年ロサンゼルスで開催される。デボルバー社などのパブリッシャーも参加するため、接触してエンター・ザ・ガンジョンのデモを見てもらうチャンスだった。前の勤務先でトップを務めていたポール・バーネットを通じて、ドッジ・ロール社はデボルバー社の共同経営者であるナイジェル・ロウリーに連絡を取った。デモを見せてもよいかと聞くと、ロウリーは大丈夫だと答えた。ただしきちんとした場は設けられないとも付け加えた。

ドッジ・ロール社のチームは、クルックスのロサンゼルス行き飛行機チケットを予約し、大慌てでエンター・ザ・ガンジョンのプロトタイプを仕上げた。プロトタイプはフロアが1つ、ボスが1体、敵が数体で、銃を10種類ほど用意した。クルックスはミシック社で同僚だった友人に連絡し、彼がロサンゼルスで予約していたホテルに押しかけてもよいか尋ねた。そしてデボルバー社とのあいまいな約束以外デイブは自分の貯金でE3の入場券を買い、私は自分の貯金でデイブの飛行機チケットを買ったんです」とソッドマンは言う。「プロトタイプを彼のノートパソコンに保存し、それをバックパックに入れて背負わせ、飛行機に乗せました」。クルックスはパブリッシャーに知り合いもいなかったし、ゲームを売り込む経験もなかった。しかし誰かが役目を果たさなければならないとしたら、それは彼だった。大学講師にうまく認めてもらってビデオゲーム業界に潜り込んだ男なのだ。「チームの誰もが、もし万に一つでも可能性があるとしたら、デイブ以外にいないと思ってましたね」とソッドマンは話す。

クルックスはロサンゼルスの会場に到着すると、知らない人に話しかけて自己紹介をした。顔が分かったのはラミ・イスマイルだった。著名なインディーゲーム開発者で、「ニュークリア・スローン」を手掛けたことでも知られる。クルックスはすぐにイスマイルのところに行き、あいさつをした。するとイスマイルが同業者に紹介してくれたので、クルックスはゲーム業界の重要人物たちと面識を得られた。ミッドナイト・シティー(マジェスコ社の一部門だったが閉鎖)などのインディー専門パブリッシャーや、プレイステーション事業部門の幹部とは連絡先を交換した。彼らにはエンター・ザ・ガンジョンのデモも見せた。うまくできていたしプレイして楽しかったので、ゲーム自体も彼自身の魅力も印象付けられた。

E3の開催期間中、クルックスは会場内に設けられたXboxのブースに向かった。人混みをかき分け、担当者と思われる人物を見つけようとした。ある男がXｂｏｘのTシャツを着ていたため、クルックスは自己紹介をして話しかけた。Xｂｏｘ担当の方ですか？　はい。僕のゲームの紹介をしてもよろしいですか？　もちろんです。クルックスが話を始めると、Xｂｏｘ担当者の目はどんよりとしてきた。一日中、知らない人からゲームの売り込みを聞いているような様子だった。しかしクルックスが、ドッジ・ロール社は元ミシック社の人間が設立したと説明すると、担当者は急に目を輝かせた。「彼が『ちょっと待ってください、ミシック？』と言ったんだ。僕はそうですと答えた。すると『すごい。私の兄弟が5年前にアートディレクターをしていたんですよ』って。そこでスイッチが入ったのか、しっかり話を聞いてくれるようになったよ」

その翌日、クルックスはE3会場のロサンゼルス・コンベンション・センターから道路を挟んで向かい側にある駐車場に向かった。デボルバー社が展示会を開いているのだ[8]。クルックスはナイジェル・ロウリーを見つけたが、他に約束がいくつも入っているので終わり次第、話を聞くと伝えられた。デボルバー社は通常、E3ではデベロッパーからの売り込みを断っている。メディアや展示パートナーに対して自社販売のゲームを紹介するのが主目的だからだ。ロウリーはジャーナリストを招いてデモを見せていたので、スケジュールがいっぱいだったのだ。

クルックスは無償提供されている食べ物とビールをもらい、駐車場に腰を下ろした。そして待ちに待った。「そこに6時間いたよ」とクルックスは思い出す。「実際にナイジェルにゲームを見せたときは、小さめのビールを10杯は飲んでいたよ。気持ちを落ち着かせるためだね」

ついにクルックスの番が回ってきた。ナイジェル・ロウリーは商談に使っている銀色のキャンピング・トレーラーに彼を招き入れた。２人がソファーに腰掛けて世間話をした後、クルックスはノートパソコンを取り出してエンター・ザ・ガンジョンを起動した。そしてデモをプレイしつつ、ロウリーの反応を窺った。「ナイジェルは本当に素晴らしくて優しい人だよ」とクルックスは言う。「でもね、何を考えているかまったく分からなかったんだ」。ロウリーは無表情で座ったまま、うなずいたり事務的な質問をしたりした。完成までに必要な期間は？ どのプラットフォームでリリースしたい？ 「トレーラーを出てからチームのみんなに電話したんだ。『分からない』と伝えたよ」とクルックスは言う。「彼がどう思っているのか、全然分からなかった」

クルックスは飛行機に乗ってバージニア州に戻った。ナイジェル・ロウリーとの商談がどうなるか不明ではあったが、出張は有意義だったと感じた。他にデモを見せた人はゲームを気に入ってくれたし、仮にデボルバー社に断られても、ドッジ・ロール社には別の選択肢があると思えた。ダウンロード型のインディーゲーム市場は２０１４年夏には拡大の一途をたどっていた。Ｘｂｏｘ Ｏｎｅやプレイステーション４が新発売されたため、各ゲーム機会社はラインアップを充実させようとゲームを求めていたのだ。クルックスはＥ３で人脈づくりがうまくいったので誰との商談もこなせるような気分だった。そのためデボルバー社に断られても、今後数週間や数か月間は別のパブリッシャーにどんどん営業をかけようと計画していた。

しかし本心から組みたかったのはデボルバー社だった。

1週間後、クルックスは電話を受けた。ナイジェル・ロウリーだった。デボルバー社はエンター・ザ・ガンジョンのパブリッシャーになりたいと考えているが、クルックスたちの考えに変わりはないかとの確認だった。「その瞬間は『本当かよ』って感じだった」とクルックスは言う。「最高の日だったね」

E3ではポーカーフェイスだったが、実はロウリーはエンター・ザ・ガンジョンのデモがすぐに気に入っていた。いつも彼が見せてもらうビデオゲーム企画は荒削りだった。時間とお金をかければどう完成するのか、長々しく説明してもらったり、想像力を働かせたりする必要があった。ロウリーは頭の中で補足する作業をしなければならないケースが多かったのだ。ところがエンター・ザ・ガンジョンは完成度が高かったのですぐにプレイして楽しめそうな印象だった。「『これはすごい』と思ったのを覚えているよ」とロウリーは言う。「本当に興奮したんだ」。さらに、ドッジ・ロール社が資金提供を求めていない点も、社員全員がきちんとしたスタジオ出身でゲーム開発を理解している点も有利に働いた。ロウリーはデボルバー社の共同経営者にエンター・ザ・ガンジョンの販売を提案し、全員から賛同を得た。「私は『これは間違いない』と言ったんだ」とロウリーは思い出す。「全員が大興奮したと思うよ」

第一希望のパブリッシャーと契約できたのでドッジ・ロール社のチームは開発に戻った。「狙っていた会社と、しかもすぐに組めることになったので、変な感じがしたよ」とデイビッド・ルーベルは話す。「その後、『ああ、よし。次はゲーム全体を作らないと』ってなったんだ」。バージニア州で新たに独立した開発者たちは、レベルや敵、それに銃を追加し、デモだったゲームを徐々に充実させていった。仕事場はやはりアパートのリビングで、最初の数か月は当日にぱっと思い付いた仕事をこなしていた。「でも段々と仕事が体系化されてきたんですよ」とジョー・ハーティーは言う。「当初は場当たり的でしたね」

もともとドッジ・ロール社は2015年4月にゲームをリリースするとデボルバー社に提案していた。しかし実際に2015年に入ってみると不可能だと分かった。デザインすべきレベル、制作すべきモンスター、それに磨くべきゲーム要素は数多く残ったままだった。「そのときには本当に真剣になったよ」とデイビッド・ルーベルは言う。「こいつは時間がかかるぞ。ゲームに取り入れたいものはまだまだあるぞ、って」。つまりはクランチに入ったのだ。翌年にエンター・ザ・ガンジョンを完成させるべく、平日夜も週末も働いた。しかしついには資金が尽きてしまったので、デボルバー社に前払いを依頼した。将来ゲームで上げられる収益の一部だ。ナイジェル・ロウリーも前払いを問題視しなかった。「自社が関わったゲームで、予定通りに仕上がったものはないんじゃないかな」とロウリーは話す。「エンター・ザ・ガンジョンは着実に前進を続けていたよ」

クルックスとソッドマンの間には生活面でも仕事面でもいさかいが増えてきた。2人は空港で出会って以来親友だったが、現在は明けても暮れても顔を合わせている。そのためクリエイティブな場面でよくありそうなぶつかり合いも、激しいものにエスカレートしてしまう。

「一緒に仕事をしていて険悪な方向に進んでたね」とクルックスは話す。「僕が何か意見を求めて、それが戻ってくると、悪い方に捉えてしまうんだ。細かなニュアンスを感じ取れない。例えば『これ良いじゃない。でもこうもできるんじゃない?』と言われると、『これは間違っている、それも間違っている、あれも間違っている』と捉えちゃうんだよ」

クルックスは完璧主義者で、ゲームのあらゆる側面をしっかり磨き上げてから次に進みたいタイプのデザイナーだった。一方、ソッドマンはラフなバージョンをさっと作り、後で改良するタイプだった。この違いから大きなけんかに発展することもあった。「私は指摘をあまり真剣に聞きませんでしたね」とソッドマンは話す。「良い仕事をしているとずっと言われ続け、あまり指摘に耳を傾けない人がいるとします。そこにネガティブなフィードバックばかりする人が現れる状況は、危険ですよ」

さらに対立を深める原因になったのはクルックスの出張だった。クルックスは月に1度くらいゲーム業界イベントに参加し、エンター・ザ・ガンジョンをファンに見せていた。E3、PAX、PSX(PlayStation Experience)、ゲームズコムといったイベントだ。ファンにプレイしてもらう際、クルックスは反応を観察してメモを取っていた。気に入ってもらえなかった点を細かく記録し、それをためておく。バージニア州の会社に戻る頃には、解決すべき課題がまとめられた巨大なリストになっているのだ。「僕がイベントから戻ってくるのがチームにとってストレスになるほどだったよ」とクルックスは話す。しかしチームメンバーはファンがプレイする場面もフィードバックしてくれる場面も見ていないので、クルックスが抱くほどの緊迫感は伝わらなかった。クルックスがイベントから戻ってくるたびに、毎回大きな修正が必要になるとしか感じていなかったのだ。「もちろん自分はそれでゲームが良くなると考えていたけど、ストレスにもなっていたんだ」とクルックスは言う。「だから、メンバー対応がうまくできていなかったのかもしれない」

確かに、クルックスが発見した問題をすべて直せばゲームは良くなるだろう。しかしゲームを頻繁に変更すると開発する側はつらい。「タスクが100個あるとしましょう。私が朝起き、がむしゃらに働いて、20個完了したとします」とソッドマンは言う。「ところが翌朝目を覚ますと、新たに30個追加されているんです」。毎晩ソッドマンはクルックスよりも数時間早く就寝していた。ベッドに入ると、聞こえるのはキーボードを打つ音だけだ。「彼が新しいタスクを作っているのだと確信していました」とソッドマンは話す。「毎晩あの音を聞きながら寝るんです。腹が立つし悲しいし、でも疲れているし」

困ったことに、2015年の終わりから2016年にかけて労働時間は長くなる一方だった。「エンター・ザ・ガンジョンの開発大詰めはみんな頭がおかしくなりそうでした」とソッドマンは回想する。「全員疲弊していたし、ストレスを抱えていましたね」。とりわけソッドマンは左派を自認し、クランチは悪だと考えていたため、その作業量の多さに困惑した。ただし、少なくとも自分たち自身のためにしているとは感じていた。「みんなで長時間のクランチをして大変でした。ただ誤解してほしくない部分があります。利益を分配してもらえるゲームでクランチをするのは、普通のクランチとは全然違う点です」

とソッドマンは話す。「ゲームが良くなれば自分の収入も増えるわけですから」。労働時間もリリース時期も、デボルバー社から強制されているわけではなかった。すでにリリースは1年遅れていたし、さらなる延期も可能そうだった。しかしそれが問題を悪化させたのかもしれない。クランチは自分たち自身で課していたのだ。「お互いにがっかりさせたくない気持ちが強かったですね」とソッドマンは言う。「みんなでがんばって働けばうまくいくはずだ。その精神を持たなければという雰囲気でした」

ドッジ・ロール社のメンバーは悲惨な状況に置かれていたが、唯一の例外はエンター・ザ・ガンジョンだった。素晴らしいゲームに仕上がりつつあったのだ。やりがいがあり、満足感を得られ、ずっと楽しくプレイできるゲームだった。2016年初め、4月のリリースに向けてドッジ・ロール社は準備を進めていた。その一環として、ツイッチ上で「ザ・バインディング・オブ・アイザック」を実況している人に連絡を取り、何か新しいゲームを探していないか尋ねた。そして長めのゲーム実況をする条件で、エンター・ザ・ガンジョンの早期アクセス版を提供した。何万人もが実況を視聴したため話題となり、予約販売の数を伸ばした。リリースの何週間か前にはナイジェル・ロウリーから電話がかかってきて、売上は良さそうだと伝えてくれた。「ちょうどいい時期に、ちょうどいいゲームを出せたようだ」とデイビッド・ルーベルは話す。「今後あんなに良いタイミングで出せるか分からないね。びっくりするほどうまくいったよ」

ついに2016年4月5日にエンター・ザ・ガンジョンが発売されると、大成功を収めた。ゲーム自体が素晴らしかった。ダンジョン探索は楽しくて中毒性があり、死んだら（よく死ぬ）すぐに再スタートしたくなる。予算が潤沢なEA社のゲームの場合は何百万という販売本数が期待されるが、その水準で売れたわけではない。またミシック社で出したとしても、失敗だと判断されたかもしれない数字だ。しかしドッジ・ロール・ゲームズ社の創業者たちには十分な売上だった。「やっと住む場所を手に入れたのですが、それには十分でしたね」とソッドマンは話す。「あとは母親のクレジットカードの返済をしてあげるのにも十分でした」

収入は良かったが、ドッジ・ロール・ゲームズ社のメンバーは燃え尽きてしまった。そしてゲームのリリース後には休息が必要だった。同じアパートの一室で1日16時間も一緒に働いたり生活したりするのは明らかに持続不可能だった。デイブ・クルックスは数年前に心に抱いていたように、日本に向かった。一方、ブレント・ソッドマンは妻が大学院に入学できるよう、カンザス州に転居した。「エンター・ザ・ガンジョンが完成する頃には、仲は悪かったね」とクルックスは話す。「今思えばささいな理由でお互いに不満を持っていたんだ」

ドッジ・ロール社のメンバーは徐々に復調してきたが、すぐに次のプロジェクトに取り掛かるのはやめた。彼らはエンター・ザ・ガンジョンの開発終盤の数か月間に、コンテンツを大量にカットしていた。そのためパソコンには作りかけの武器や敵、それに部屋がたくさん残っていた。ファイルを単に破棄してしまうのではなく、完成させてアップデートに入れようと決めた。ただしDLCとして販売するのではなく、ゲームを買ってくれた人に無償で配布するのだ。ミシック社が採用していたモバイルゲームのビジネスモデルとはまったく異なるやり方だ。「自分たちが仕上げたかったものを配布するのが、このアップデートの目的でしたね」とソッドマンは言う。「それでお金を取るのは申し訳なかったので、『どうぞ、無料で配布します』としたんです」。完全に無私無欲の行動というわけでもなかった。アップデートを無料で出せば話題となって、有料DLCほどではないにしても、少しは売れて収益が上げられると彼らは分かっていた。

２０１7年1月、ドッジ・ロール社は「サプライ・ドロップ」というアップデートをエンター・ザ・ガンジョン向けに出した。この結果、販売数が急増したのでメンバーは驚いた。アップデートの発表は新たにメディアや消費者の関心を呼んだのだ。そのためこれを念頭に置いて、２０１８年夏に次のアップデート「アドバンスト・ガンジョンズ・アンド・ドラガンズ」をリリースした。アップデートを出すたびに販売は増えた。Ｘｂｏｘ版や、とりわけスイッチ版の発売でも同様だった（同ゲームはもともとパソコン版とプレイステーション版のみ）。あまり見られない面白い傾向だった。ドッジ・ロール社が開発を続ければ続けるほど、エンター・ザ・ガンジョンは良い結果を生み出した。「ザ・フレイム・イン・ザ・フラッド」でモラセスフラッド社が実感したのと同じく、発売初日の売上は全体の一部でしかないのだとエンター・ザ・ガンジョンの開発者たちは理解し始めた。そして驚くような出来事がリリースのずっと後に起こった。「ガンジョンの売上が一番多かったのは発売から24か月後でしたね」とソッドマンは言う。「ロングテールという言葉は聞いたことありますが、発売から2年経って売上記録を更新できるとは思っていませんでした」

最終的にクルックスとソッドマンは仲直りした。昼も夜も同じ場所にいて生活や仕事を一緒にしなくなったのが良かった。そして2人ともテキサス州オースティン市に引っ越した。もちろん住居は別だ。2018年末頃になると、ドッジ・ロール社の全員がエンター・ザ・ガンジョンの開発に飽きてしまっていた。ゲームはメンバーの誰もが予想できなかったほどの成功を収めた。しかし同じゲームを長期間手掛けていると頭がおかしくなってしまう。そこで、3つ目のアップデートを最終アップデートとして春にリリースしたら、次の何かに取り掛かると決めた。

「最初、ガンジョンは半年で終わる小さいゲームの予定だったんだ。自分たちの名前を出して、多少の収益を得てね。開発プロセスを最初から最後まで経験すれば、自分たちはゲームを作れるんだと証明できる。そうしたら次に進む予定だった」とデイビッド・ルーベルは話す。「ところが5年も開発し続けることになったよ」

◆

エンター・ザ・ガンジョンの発売から3年後、かつミシック社閉鎖から5年近く経った2019年4

月5日にドッジ・ロール社は最後のアップデートである「ア・フェアウェル・トゥー・アームズ」をリリースした。その前に出したアップデート2つと同様に、新しいボス、銃、モードがいくつも追加され、またもや販売は急増した。そしてチームは次のゲームに取り掛かる決断を下した。まずは同年内にリリース予定の「エグジット・ザ・ガンジョン」という外伝だ。その後は、以前から検討していたプロジェクトを開始する。

結局、デイブ・クルックス、ブレント・ソッドマン、デイビッド・ルーベル、エリカ・ハンプソンにとって、勤めていたミシック社の閉鎖はありがたい出来事とも言えた。経済面でもクリエイティブ面でも、同社で働き続けていたら得られなかったような成功を手にできた。エンター・ザ・ガンジョンでとりわけ注目したいのは、前向きで協力的なファンを獲得できた点だ。インターネット上で怒りを買ったダンジョンキーパーの後ということを考えると、まったく期待していなかった事態だ。「レディットのような掲示板の存在は恐ろしかったですね。やはり怖い話を聞いていますし、ミシックでも経験しましたから」とソッドマンは言う。「でも少なくとも現在までは、ドッジ・ロール社はファンととても良い関係を築けていますね」

エンター・ザ・ガンジョンの開発者たちは、ミシック社時代の経験を忘れなかった。このスタジオから仕事のやり方を学んだのだ。実際、ミシック社での記憶をゲーム内に長く残そうとしている。ドッジ・ロール社はエンター・ザ・ガンジョンのリリースと同時に、特殊な銃を使えるようになる小さなD

ＬＣを出していた。「課金ガン」だ。課金ガンはゲーム内通貨を消費して緑色のクリスタルといった弾を敵に撃てるようになるが、購入にはお金がかかる。

この課金ガンについて、ゲーム内の説明文にはこのようにある。「製造に関わった者たちは全員、この銃の開発に反対していたが、上層部の命令には逆らえなかった。この工場はその後、誰も気に入らない銃を造ったとして閉鎖されることになった」

注

[1] ビデオゲーム業界では、コミュニティーマネージャーがきちんとした専門職となるよう努力している人たちがいる。しかしこの仕事は業界新人レベルが担当する業務だと考えている人はまだ多くいる。

[2] 「ウルティマ」がEA社の手に渡ったのは、オリジン社を買収した際だ。当時の90年代初期にはウォーレン・スペクターが在籍していた。EA社は2004年にオリジン社を閉鎖し、数年後にミシック・エンターテインメント社がいくつかの権利を入手した。長寿MMOのウルティマ・オンラインもその1つで、2014年まで同社が運営していた。

[3] もちろんビデオゲームは大昔からあこぎで倫理にもとる商売だった。ゲームセンターの時代、デザイナーはゲームをできるだけ難しくし、プレイヤーが硬貨を投入し続けるよう仕向けていた。モバイルゲームのマイクロトランザクションは新発明と思われがちだが、実は昔のビジネスモデルが自然に成長しただけなのだ。

[4] 「ゲームループ」を知らない人もいるだろうから説明しよう。これはビデオゲーム内でプレイヤーが繰り返す重要な行動のことだ。人気シューティングの「デスティニー」を例にしよう。ここでのゲームループは、ミッションを受け、エイリアン集団を撃ち倒し、落ちたアイテムを回収することであり、これが繰り返される。通常、1回のゲームループが短くても長くても、楽しく満足感を得られるものに仕上げるのが目標となる。

[5] EA社が下したおかしな決断の1つに、ダンジョンキーパーの販促用アイテムの制作があった。悪魔の角をかたどったフォーム製のショッカー(性的な意味合いのある手のジェスチャー)だ。キャリー・グースコスはこれを配布するのは好ましくないと考え、納品されてきたものをすぐに物置の奥にしまい込んだ。スタジオ閉鎖が決まったため、グースコスはこのフォーム製ショッカーを2000個処分しなければならなくなった。「社員はみんな欲しがりましたね」と彼女は話す。「でも私は『いえ、持ち帰るのは許可しません』と言いました」

[6] エリカ・ハンプソンはフリーランスで別のゲーム開発にも携わりたかったため、厳密に言うと創業者というより請負で働いていた。「当初は他のメンバーよりも疑心を持っていたのだと思います」と彼女は話す。「みんな独立してインディー開発を始めることばかり考えていましたね。本当に一心不乱に打ち込んで、リスクも取っていました。一方で私は優柔不断だったんです」

[7] 彼らはキックスターターのクラウドファンディングは手間がかかると考えていた。それだけでフルタイムの仕事になってしまいそうだからだ。「ゲームが出る前から顧客対応したくなかったんだ」とデイブ・クルックスは言う。

[8] 長年デボルバー社はE3の展示スペースを買うのではなく、向かいの駐車場を使っている。自社を差別化する目的もあるし、隣の巨大イベントを茶化す目的もある。

第9章　犠牲と解決策

HUMAN COSTS; HUMAN SOLUTIONS

ベテランのゲーム開発者に、業界で一番嫌いな点を尋ねたとしよう。表現はさまざまかもしれないが、答えは同じだろう。人を大切にしない点だ。開発者たちの生き血をすすり、骨までしゃぶってから捨てるのだ。

ジョー・フォールスティックはそんな開発者の一人だ。彼は2003年にテスターとして業界に入った。マサチューセッツ州にある有名なゲーム会社のアタリだ。そこに半年ほど勤務したが、大規模なレイオフに遭ってしまった。「あれが業界での第一歩でしたね」とフォールスティックは言う。レイオフ後すぐ、旧友であるビル・ガードナーから電話を受けた。イラショナル・ゲームズというスタジオでQAチームのマネジメントをしないかとの連絡だった。もちろん行くとフォールスティックは答えた。そしてテスターとして入社した後、初代バイオショックのプロデューサーを務めた。しかしこの開発でずっとクランチが続いたため、ガールフレンドとの仲は破綻しかけてしまった。「仕事が夜遅くまで続いたので、会えるのは週末だけでしたね」と彼は話す。「でも、土曜も働かなければならないことが多かったんです。だから疲れ果てていて、週末の予定はキャンセルせざるを得なかった」

フォールスティックはワーク・ライフ・バランスを取ると約束し、どうにか事態を好転させて関係を改善できた(そのガールフレンドとは後に結婚する)。バイオショックが2007年にリリースされた後、イラショナルの社員たちはクランチはもうまっぴらだと感じていた。そのため平穏な期間が何年か続いた。しかし2010年の夏、スタジオがバイオショック・インフィニットを発表すると状況は一変した。「バイオショック・インフィニットが完成するまでクランチは続けたのですが、その後も止まりませんでしたね」とフォールスティックは言う。クランチはただでさえつらい上に、イラショナル社には手厳しく批判する文化も根付いていて、フォールスティックはこれも苦手だった。失敗し、ケン・レビンに怒鳴られることが何度かあった。「他の会社だったら人間関係の悪い職場だと思われたでしょうね」とフォールスティックは話す。「ゲーム業界の課題の1つは、開発者が自分の居場所はここだけだとか、ここを離れたくないとか思った場合、良い子であり続けなければならない点ですね」

2011年、フォールスティックはイラショナル社を辞めてフリーランスのコンサルタントになった。バイオショック・インフィニットの開発チームには留まるものの、フルタイム社員での勤務が嫌になったのだ。翌2012年、ワシントン州レドモンド市のマイクロソフトで働くことに決めた。同社には2年間勤務したが、2014年7月にレイオフされた。数か月後、フォールスティック夫妻はカリフォルニア州サンフランシスコに引っ越し、クリスタル・ダイナミクス社で「ライズ・オブ・ザ・トゥームレイダー」のプロデューサーを務める。しかし在籍したのは8か月間だった。「出してもらった引っ越し費用を返してでも転職したかったんです」とフォールスティックは思い出す。「あそこでのワーク・ライフ・バランスは人生で最悪でした。段取りをしくじってクランチせざるを得なかったのではなく、最初から予定していたんです」

フォールスティックはカリフォルニア州ノバト市にある2K社の開発スタジオでプロデューサーの仕事を得た。幸いにも引っ越しする必要はなかった。しかしパブリッシャーの立場で何年かゲーム開発を続けていると、欠陥のあるシステムに自分は組み込まれていると感じ始めた。これまで2Kマリン社やイラショナル社の閉鎖を目の当たりにした。また2K社が抱える他の開発スタジオでも、テルテイル社などサンフランシスコのベイエリアにある近隣他社でも、レイオフが繰り返されるのを目撃した。「2Kみたいな巨大パブリッシャーでもそうですが、一般的にゲーム会社は必ずしも長期の視点を持てるわけではありません。将来どんなゲームを出すかの計画ですね。というのも、将来何ができるかは、今開発しているゲームが成功するかどうかにかかっているからです」とフォールスティックは話す。「これがゲーム会社を取り巻く現実ですよ」

フォールスティックはまたレイオフされたらと思うと、不安や恐怖を感じるようになった。会社の業績ばかり気にしている連中がレイオフを決定するたびに引っ越さざるを得ないような生活を、自分は本当に続けたいのだろうか？　「ゲーム開発はうまくいかないこともあります。あるいはゲームをリリースできず、次のプロジェクトの予定が立たない事態だってあります。その場合、大規模なレイオフをせざるを得ません」とフォールスティックは話す。「もし自分がレイオフされても、就職先の心配はそれほどしていません。でも、95パーセントくらいの確率でまた引っ越しをしなければならなくなります。これは受け入れられませんね」

ついに2018年、ジョー・フォールスティックはゲーム業界を去る決断をした。夫婦でノースキャロライナ州ローリー市に引っ越し、ソフトウェア開発の仕事に就いた。プログラムを書いたりウェブサイトを制作したりする。ゲーム開発ほど魅力は感じなかったが、給与は上がったし、ワーク・ライフ・バランスも大幅に改善された。人を大切にする業界に入れたとも実感している。「もう明日どうなるかと心配しなくなりましたね」とフォールスティックは話す。「会社がレイオフしないという意味ではなく、家族で引っ越す不安がなくなりました」

ザック・ムンバックら多くの人たちと同様、ジョー・フォールスティックも自分を大事に扱ってくれない業界を離れたのだ。では、この問題はどう解決したらよいのだろうか？　人を工場の組立ラインのごとく扱わずにゲーム開発できる制度を、どう作り上げたらよいのだろうか？

言い換えるとこうだ。ビデオゲーム業界をどう立て直したらよいのだろうか？

◆

ゲームプログラマーのスティーブ・エルモアは、イラショナル・ゲームズ社の閉鎖にあまり驚かなかった。スタジオ閉鎖が知らされた2014年2月18日の午後、オフィス近くの大衆バーで飲みながら、友人のグウェン・フレイにも同じことを話していた。バイオショック・インフィニット完成後に新プロジェクトが始まらないのは大問題だと理解できる程度にエルモアは経験を積んでいたし、スタジオがこの規模のスタッフを抱えておくのももう無理だと分かっていた。少なくともレイオフはあるだろうなと感じていたのだ。「前兆があったからね」とエルモアは言う。「スタジオ閉鎖と知らされて、ある意味ホッとしたよ。いろいろと謎が解けたから。明らかにあの状態は続けられなかった。経営陣もそれは分かっていたから、何か対応はしていたんだ」

加えて、エルモアには計画があった。「そのときに歯車が全部噛み合ったんだ」と彼は言う。「自分が何をすべきなのかが分かった」

何年も前にエルモアはコンピューター科学を専攻し、生まれ育ったイギリスのシェフィールド大学を卒業した。ずっとプログラマーを目指していて、ゲーム自体のみならず、ゲーム制作用ツールにも興味があった。特に関心があったのはエンジンだ。エンジンとは、ゲーム開発者がさまざまなプロジェクトで再利用できるソースコードを指す。そして大人になるにつれ、他人が抱える技術的な問題の解決を仕事にしたいと考えるようになった。1996年、エルモアはビデオゲーム関連で初めての職に就く。子ども向けソフトウェアの開発会社内でのローカリゼーション・エンジニアだ。英語からヨーロッパ諸言語にゲームを翻訳する際、テキストボックス調整などの面倒な作業が発生するが、それを支援する仕事だ。

数年働いた後に別のスタートアップ企業に転職するが、倒産の憂き目を見た。その後にエルモアはアメリカに移住して職を得る。最終的にはイリノイ州シカゴにあるゲームスタジオのミッドウェイに入社する。同社はアーケードゲームの会社としてスタートし、日本の「スペースインベーダー」や「パックマン」などを北米で販売した企業だ。エルモアが入社した2001年、ミッドウェイ社は家庭用ゲーム機向け製品のデベロッパー兼パブリッシャーになっていた。一番有名なゲームは残虐格闘ゲームの「モータルコンバット」シリーズだ。同シリーズはスタンダードの地位を築いたものの、ミッドウェイ社の経営はうまくいかなくなっていた。幹部は常に入れ替わり、毎年数千万ドルから数億ドルの営業損失を出していた。

スティーブ・エルモアがミッドウェイ社で技術チームのリーダーを務めているとき、同じ名前のプログラマーに出会った。スティーブ・アニキーニだ。2人は「ストラングルホールド」などのゲーム開発を通じて親しくなり、やがて親友になる。このストラングルホールドは映画監督ジョン・ウーとの協働で生まれた（ウー監督とウォーレン・スペクターとのプロジェクトは実現しなかった）。ストラングルホールドのゲームプレイで注目すべきは、プレイヤーが時間の流れを遅くして敵を倒せる点だ。技術的にやりがいのある課題で、2人のスティーブは楽しみながら解決した。ミッドウェイ社の経営状況は悪化していたが、アニキーニらストラングルホールドの技術チームはメンバー同士で良い関係が築けていると感じていた。そして社交的なリーダーであるエルモアの下で働くのを満喫していた。「直属の上司が好きであれば、社内の他のことに不満を感じていても、我慢できる人は多いと思いますね」とアニキーニは話す。

2009年の初め、2人のスティーブはミッドウェイ社が倒産したらどうしようかと相談していた。自分たちの会社を立ち上げる話も少ししたが、計画はまとまらなかった。その代わりに、エルモアはイラショナル・ゲームズ社の友人から連絡を受けた。バイオショック・インフィニットの開発に着手したばかりで、プログラマーが必要だったのだ。エルモアは彼だけでなく、チーム全員を雇ってもらえるようイラショナル社と交渉した。異例の交渉ではあったが、人員増強を考えていた同社にとっては好都合だった。「ゲーム業界はチームやチームワークを過小評価していると思うね」とエルモアは言う。「シナジーのある良いチームを解散させるばかりだ」

一斉転職だった。2009年4月、2人のスティーブの他、ミッドウェイ社でチームメンバーだったマイク・クラークとクリス・マンソンがシカゴからボストンに向かった。そしてイラショナル・ゲームズ社で、エンジンやテクノロジー関連の仕事を担当した[1]。彼らは力を合わせてバイオショック・インフィニットの開発チームに貢献した。照明効果を手の込んだものに仕上げたり、デザイナーができるだけ効率的に作業できるようツールを調整したりした。バイオショック・インフィニットの開発は長期に及び、クランチも発生した。しかし長い時間を共にし、いくつもの技術的困難を協力してくぐり抜けたため、エンジン担当チームの結束は強まっていた。

バイオショック・インフィニットが２０１３年3月に発売された直後から、イラショナル社内の状況が明らかにおかしくなり始めた。次のプロジェクトに関する話は聞かれなくなり、エルモアのチームにも新しい要望や仕事が来なくなった。そこで自らの決断で、バイオショック・インフィニットを別のゲーム機向けに移植し始めた。Ｘｂｏｘ Ｏｎｅとプレイステーション4だ。会社の承認を得て着手したわけではなく、単に他にする仕事がなかったのだ。「エンジニアが好き勝手にできる状況は悪い兆候ですね」とスティーブ・アニキーニは話す。その頃、彼は何年も前に検討していた起業について、また考えるようになっていた。バイオショック・インフィニットの開発が過酷だったため、再び長期のプロジェクトに携わるのは想像するだけでも疲弊してしまう。「また5年も続くプロジェクトに加わりたいか、自分自身でも分かりませんでしたね」とアニキーニは言う。

２０１４年2月のある日、アニキーニは遅く出社したので朝の臨時ミーティングに出損なっていたと気付いた。「半分終わっていました」とアニキーニは話す。「内容は後で分かるだろうと思って、自分の仕事をやり始めたんです」。パソコンを操作していると数分後に次々とソフトウェアからログアウトされてしまった。パソコン画面にはログインＩＤやパスワードが無効であるとの通知が何件も表示されている。その頃、ケン・レビンは厨房に社員を集め、スタジオを閉鎖すると伝えていた。何分かすると、スティーブ・エルモアがオフィスに入ってきた。「彼は『ねえ、自分たちで会社を始めようかと思う』と言ったんです」とアニキーニは思い出す。

その後の数週間、他のイラショナル元社員たちが採用面接を受けたり転職相談会に出席したりしている中、エルモアとアニキーニは新会社の計画をパワーポイントの資料にまとめた。続いて技術チームのメンバー数人をエルモア宅に招き、プレゼンテーションをした。「多くのチームメンバーが他の企業からオファーを受けるのは分かっていたので、素早く動く必要があったね」とエルモアは話す。「選択肢を示したかったんだ。『本当にやるつもりだ。実現するぞ。うまくいく。他に届いたオファーと比べて考えてみてくれ』って」

提案はシンプルだった。エルモアとアニキーニは自身の貯蓄とイラショナル社から出る退職金で新会社を立ち上げ、チームの他のメンバー数人にも加わってもらうという内容だ。ただし、従来のゲームスタジオとは違う。オリジナルのビデオゲームを開発し、一か八か（ばち）のビジネスを始めたいわけではなかった。そうではなく、技術アウトソーシング企業となり、サービスを世界中の企業に販売するつもりだったのだ。バグの修正や複雑なプログラムの作成、あるいは顧客企業のゲームを新しいプラットフォームに移植するといった仕事だ。例えばプレイステーション４やＸｂｏｘ Ｏｎｅ、さらにはオキュラス・リフトのようなＶＲ機器だ。キャッチフレーズは分かりやすかった。「ゲームのリリースは大変。当社がお手伝いします」

エルモアのチームメンバーにとって、この提案はいくつかの点で魅力的だった。まず、転職してボストンを離れる必要がなく、今まで通り一緒に働ける。「私が一緒に働いた人の中では、あのチームメンバーたちが一番優秀でしたね」とマイク・クラークは話す。「しかも私を必要としてくれたので、ちょっと胸が熱くなりました。給与水準は他にオファーをくれた会社と同じでしたし、引っ越す必要もありませんでしたから。いわばウィン・ウィン・ウィンですよ」。クラークは提案のビジネスモデルが実現可能だと感じた。起業は常にリスクが伴うが、ビデオゲーム業界に供給より需要が多い専門分野があるとすれば、それはプログラミングだったのだ。

彼らは社名を「コードビースト」としたが、商標上の問題が発生したため、後日「ディスビリーフ」に変更した。当初、仕事を受注するまで時間がかかると思っていた。ところが2人のスティーブの期待は良い意味で裏切られ、5月末には仕事がいくつも舞い込んでいた。イラショナル社の閉鎖からわずか3か月後である。発注してくれたのはミッドウェイ社時代に同僚だったデイブ・ラングだった。ラングはもっぱらアウトソーシングの仕事を請けるアイアン・ギャラクシー社という会社を創業していた。「そのとき『頭は大丈夫か？　君が発注しようとしている僕の新会社は、君のライバル企業になるんだぞ』って言ったよ」とエルモアは回想する。「そうしたら、『心配するな。ゲームのリリースは大変なんだろ。みんな、リリースを手伝ってくれる人が必要なんだ』って答えてくれたんだ」

その後ディスビリーフ社は、規模を問わずさまざまなゲームについて技術面での仕事を請けた。「ギアーズ・オブ・ウォー」や「ボーダーランズ」などの有名シリーズに関わることも、かつての同僚に協力することもあった。グウェン・フレイが個人開発のパズルゲーム「カイン」で技術支援が必要になったとき、まず連絡したのはディスビリーフ社だった。また、ケン・レビンの新スタジオであるゴースト・ストーリー・ゲームズ社で技術的な問題が発生した際、頼みにしたのはディスビリーフ社だった。2021年に2人のスティーブは社員を25人に増やし、オフィスをボストンとシカゴの2か所に構えた（アニキーニが家族のいるシカゴに戻った）。イラショナル社が閉鎖された結果、彼らは予想していなかったものを手に入れた。快適さや経済的成功もそうだが、一番重要だったのは生活の安定だ。「会社の統合もあるだろうし、勝者も敗者も生まれるだろうね」とビデオゲーム業界についてスティーブ・エルモアは話す。「でも自分自身はそれほど心配していないよ。というのも、自分の会社は金を掘っているのではなく、スコップを売っているからね」

◆

このディスビリーフ社の例は、大規模な予算がつくビデオゲーム業界の将来かもしれない。ジョー・フォールスティックといった人たちがゲーム業界から離れる原因となった、雇用が不安定という問題の解決、あるいは少なくとも改善を目指したモデルだ。ディスビリーフ社のスタッフは次のゲームが失敗したり会社が倒産したりする心配をする必要がない。請け負った仕事が完了してもプロジェクトがキャンセルされても、会社自体が終わるわけではない。卵をいくつもの籠に入れているからだ。常に新しい技術的課題は発生するし、最新プラットフォームは登場するし、ビデオゲームのグラフィックス向上に合わせて解決すべき問題は次々と出てくる。「将来はこんな風になると思うよ。つまり、クリエイティブな構想を小さなチームが立て、残りの仕事は全部アウトソーシングするんだ」とエルモアは話す。「会社のネットワークが不可欠だね。これを実現するのに必要な質の高い仕事をする会社のエコシステムだ。でも、これがゲーム開発の将来だと思うね」

ディスビリーフ社にとって理想的な顧客はゴースト・ストーリー・ゲームズ社のような企業だとエルモアはよく話す。クリエイティブな構想と豊富な資金を持ちながら、組織は小さい。イラショナル社が閉鎖されて数年後、レビンが立ち上げたゴースト・ストーリー・ゲームズ社がディスビリーフ社に連絡を取ってきたのだが、実はそのときに面白い出来事があった。ゴースト・ストーリー・ゲームズ社ではグラフィックスのレンダリングに関する機能を必要としていた。これに対し、ディスビリーフ社は完成に約6か月かかると見積もりを返した。「もしまだイラショナル社が続いていて、僕たちが在籍していたとしたら、すぐに作業を始めていただろうね。それ以外に仕事はないから」とエルモアは言う。「でも、見積もりで開発の期間や予算、それに維持費用を提示したんだ。すると『そうか、やめておいた方がよいかな』との回答だったよ」

これがイラショナルの社内チームとして働くのと、ディスビリーフ社というアウトソーシング企業として働くのとの違いだ。作業にかかった時間分だけアウトソーシング企業に支払わなければならないとしたら、ゲーム会社は大掛かりな要望を出す前にじっくり考える。思い付きでエンジニアのところに行き、何か作ってくれと頼めないのだ。「仕事を1つ先注したわけだけど、仕組みは機能していたね」とエルモアは言う。「会社はお金をとにかく使うのではなく、うまく使う決断をすべきだから」

無論、アウトソーシングはビデオゲーム業界にとって目新しいわけではない。長い間、大手のパブリッシャーや開発スタジオは世界各地の業者に外注し、さまざまな仕事をしてもらっている。例えばロサンゼルスには、大規模なゲームのプロダクションによく関与する企業が2社ある。映画調のトレーラーを得意とするブラー社と、サウンド設計を専門とするフォルモサ・インタラクティブ社だ。また、例えば2019年発売の「コール・オブ・デューティ／モダン・ウォーフェア」のクレジットを見ると、アウトソーシング先が記載されている。インド（ドゥリューバ社）、スペイン（elite3d社）、ベトナム（グラスエッグ社）、中国（レッドホット社）などだ。以前からサンフランシスコよりも上海でアーティストを雇った方がコストを抑えられるため、大企業はこれを活用している。

しかしディスビリーフ社はいくつかの点で独特なため、さらに詳しく見てみよう。創業から数年後、2人のスティーブは一律で透明な給与体系を作ろうと決めた。社内で同じ職位であれば給与額も同じになる。2人はスプレッドシートに職位を記入した。ジュニアプログラマー、プログラマー1、プログラマー2、シニアプログラマーといった具合だ。続いてそれぞれの給与額と昇格基準も書き加えた。これは大胆な制度改革であり、実力主義と自由を重視するゲーム開発者にしてみれば、やる気を削がれる方針だったかもしれない。しかし経営陣が驚いたのは、この制度が会社のセールスポイントになった点だった。この給与制度についてスティーブ・アニキーニが2018年5月にブログ記事を公開したところ、そのような企業文化がある場所で働きたいと就職希望者が現れたのだ。ディスビリーフの社員も制度変更に興奮していた。「昇進するには何をしなければならないのか、はっきりしましたね」とディスビリーフ社のボストン・オフィスで3年間働いていたエリザベス・バウメルは話す。「素晴らしい制度でした。どの企業も採用すればよいのにと思います」

ディスビリーフ社はクランチを許さない強い方針も打ち出しているが、どう実現するかという点で2人のスティーブの間には考え方の違いがある（アニキーニは残業を完全に禁止したいと考え、他方でエルモアは万一に備えてもっと柔軟に運用したいと思っている）。ディスビリーフ社では社員が残業した場合、すぐに代休が取れる。「イラショナルのような大企業だと、1年クランチした後で1か月休みをもらう形が一般的ですね」とディスビリーフ社のプログラマーであるクリス・マンソンは言う。「でも、うちでクランチがあったらすぐに休めます。ある週に40時間残業した場合、翌週は休みです」。ディスビリーフ社では作業時間に応じて顧客に請求する。そのため埋め合わせがしやすいのだ（加えて、顧客に現実的な作業期間も設定してもらいやすい）。

一方でデメリットもある。ディスビリーフ社は顧客に求められた仕事しかできない点だ。自社でゲームを開発しない限り（2人のスティーブは可能性が低いと述べている）、ディスビリーフの社員がプロジェクトでクリエイティブなディレクションをすることはない。常に顧客が要望する範囲内でしか技術的な決断は下せない。また、最初から最後までゲームに関わるわけではないので、初期のコンセプトアートやプレゼン資料から、バイオショック・インフィニットのような何百万人もがプレイするゲームに育っていく姿を見て満足感を得ることもない。「自分が理想としていた仕事ではありませんね」とマンソンは言う。「自分の理想はアウトソーシング企業ではなく、ＡＡＡの開発チームで働くことでした。でも、そこでひどい経験をしてきたので、今はもっと充実感が得られていると思いますね」

しかも、ゲームの方向性を左右できる人は実際にどれほどいるだろうか？　大きな予算がつくＡＡＡの開発の場合、クリエイティブ面で大半の指揮を執るのはディレクターだ。ウォーレン・スペクターやケン・レビンのような立場の人だ。アーティストやデザイナーは小さな範囲や得意分野のプロジェクトなら仕切ることはできる。しかし２００名が働いていたイラショナル社の場合、出された指示に従うだけの社員は多かった。また、レビンがシーンを書き直したために、何週間あるいは何か月もかけて制作したものを破棄せざるを得なかった社員はもっと多かった。ディスビリーフ社員のようなエンジニアの場合、そういったクリエイティブ関連ミーティングには参加すらできなかったのだ。「バイオショック・インフィニットでクリエイティブな仕事をたくさんしたわけではないよ」とスティーブ・エルモアは語る。「ストーリーを書いたわけではないし、キャラクターをデザインしたわけでもない。自分の場合、後押しする役割を果たしただけだね。ゲームの完成を助けたんだ。だから広く捉えるなら、やっている仕事は今も変わらないよ」

これは、ビデオゲーム開発を持続可能な形にするアイデアの1つと言える。要するに、開発の中核を担うクリエイティブ担当リードたちが必要に応じて雇えるアウトソーシング専業企業だ。まったく新しいシリーズの場合、プロダクション初期はほぼ机上やプロトタイプだけでデザインが進む。だからアーティストやデザイナーは、それほどの数のエンジニアを必要としないだろう。ところが開発終盤に差し掛かってバグ修正やフレームレート向上が必要になれば、ディスビリーフ社のような技術チームに依頼してゲームの完成を手伝ってもらえる。「ゲームのコンセプトを作っている時期は、技術チームを必要としない期間が長くありますね」とマイク・クラークは話す。「これがスタジオを閉鎖する理由の1つですよ。経営者は『こんな巨大なチームは要らない。だからいったんレイオフして後でまた雇おう』って考えるんです」

現在、AAAのビデオゲーム会社は社員が200〜300人規模で、さらに数百人にアートやレベルの制作をアウトソーシングしているのが一般的だろう。そこで、クリエイティブ担当リードが15〜20人だけのビデオゲーム会社が存在する世界を想像してみてほしい。新しいプロジェクトが発足するたびに人を採用した場合、人手が不要になったりプロジェクトが失敗したりすると、結局レイオフする羽目に陥る。それよりもクリエイティブ担当リードたちは世界中の専門会社の手を借りたらどうだろう。「ディスビリーフ社は取引先に優れたサービスを提供していますよ」とジョー・フォールスティックは証言する。「例えばFPSのレベル制作という専門分野で、ディスビリーフ社に相当するような企業があってもいいじゃないですか。アンリアルエンジンで素晴らしいレベルを作った実績のある、8人や10人くらいの小規模スタジオです」

例えば、ひげ面の配管工が悪役のカメを倒すゲームをあなたのスタジオが開発し、その続編制作を検討しているとしよう。タイトルは、そう、「スーパー配管工アドベンチャー2」だ。あなたはクリエイティブディレクターで、有名パブリッシャーが資金を出している。そしてスタジオ内で働いてもらう主要メンバーを数人採用した。まずはアートディレクターで、ゲームの外観上のトーンを決める。次にデザインディレクターで、ゲームのプログラムについて判断を下す。モラセスフラッド社やドッジ・ロール社といったインディー企業であれば人員的には十分かもしれない。小規模なゲームを何人かで開発するからだ。ところが、あなたはAAAの企業にいる。パブリッシャーが期待するグラフィックス性能や新技術の導入を達成するには、何百人規模のスタッフが必要になる。ゲームの見た目が悪ければレディットのような掲示板で悪口を書かれてしまうはずだ。

現在のビデオゲーム業界を想定すると、あなたは恐らく短期的な視点で人材を集めるだろう。フルタイム正社員と、フルタイムだが実際には臨時契約で働くスタッフだ。臨時スタッフの場合、厳密には外部の会社に雇用されているため、健康保険や有給休暇といった福利厚生のコストを節約できる。3年後にゲームが完成したとする。不要になった人員はレイオフしなければならない。そして、ゲームがヒットしてパブリッシャーがあなたのスタジオを閉鎖しないよう、自分が信じる神に祈らなければならないのだ。

もう1つのモデルはどうだろうか？　スーパー配管工アドベンチャー2を開発するのに、スタッフとしてアーティストやデザイナーを雇わない。代わりに、ジャンプアクションゲームのレベルデザイン専門家を集めたユタ州の会社に依頼したり、迫力あるモンスターの3Dモデリングを専門とするニューヨーク州のスタジオを探したり、ゲームの要件に合う技術力を持ったブラジルのエンジニアリング企業に問い合わせたりするのはどうか？　世界各地で作られた部品で自動車が組み立てられるのと同様、予算が潤沢なあなたのゲームは、リモートで働く専門家グループに開発してもらえるかもしれない。もちろん課題はあるだろう。対面であってもクリエイティブ面での議論は難しいため、時差がある地域同士ではさらに困難になる。以前紹介した2Kマリン社と2Kオーストラリア社が好例だ。しかしレイオフやスタジオ閉鎖と比べたら、まだましではないだろうか？

ディスビリーフ社はクランチを許さず、給与体系を透明化して社員を大切に扱っている。もし上記のような専門会社がみんな同様の方針を示せば、人材を使いつぶすことなくゲームを開発できるかもしれない。開発者たちは3年ごとに引っ越すかビデオゲーム業界をきっぱり去るかの選択を迫られずに済むかもしれない。「小規模でアウトソーシング専業のスタジオは長続きするモデルだと感じますよ」とディスビリーフ社のマイク・クラークは話す。他のゲーム開発者と同じく、クラークもレイオフされた経験がある。業界に入って初めて就職したのはインディアナポリス市にあるゲームスタジオだったが、入社5年目に入った直後に閉鎖された[2]。「インディアナポリスでの経験をしてから、不動産を買うのは控えていました」とクラークは言う。「今はマンションを買おうかとも考えています。すぐにボストンを離れるつもりはありませんから」

専門性の高いアウトソーシング企業が集まってビデオゲーム業界を形成するというアイデアは、すでに多くの人が提唱してきた。実際、本書で取り上げたある開発者グループがこれについて真剣に議論していた。メリーランド州のデザイナーやアニメーターたちのグループで、やはりスタジオ閉鎖の犠牲になった。しかしグループのメンバーたちは、何年も経過した現在でも、この時期が人生で一番充実していたと話している。

◆

カート・シリングという名の小惑星がビッグ・ヒュージ・ゲームズ社に激突する前、ジョー・カダラが率いる「コンバット・ピット」チームのメンバーたちは、自分たちで起業した方がよいと冗談半分でよく話していた。チームはデザイナーやアニメーターで構成され、くだらない遊びをしてトロフィーを奪い合ったり、力を合わせて仕事をこなしたりしていた。そして「キングダムズ・オブ・アマラー／レコニング」の戦闘システムが称賛されると、みんなで大いに喜んだ。チームリーダーは競争心の強いデザイナーであるカダラが務めていて、仮想の会社の名前まで考えていた。「ジャスト・アッド・コンバット」（戦闘だけ追加）だ。「当時は冗談みたいに話し合っていたことだけど、良いアイデアだったかもね」とデザイナーのジャスティン・ペレスは言う。「みんなで一緒に、戦闘システムを作って回る旅の一座をやったらどうかって」

しかしそれほど真剣には検討していなかった。ビッグ・ヒュージ・ゲームズ社から突然給与が支払われなくなり、その9日後には閉鎖されたため、メンバーたちに起業について考える時間はなかった。家賃を工面したり転職先を探したりするのに忙殺されていたのだ。短命に終わったインポッシブル・スタジオ社に参加するメンバーもいたし、他の街に引っ越したメンバーもいた。そのため、戦闘システム専門の会社を立ち上げるアイデアは実現しなかった。

インポッシブル・スタジオ社が2013年に閉鎖されると、カダラはサンフランシスコに戻って1年間クリスタル・ダイナミクス社に勤めた。かつて業界に入ったときに働いた企業だ。その後、カリフォルニア州ノバト市にある2K社で、パブリッシャーの側としてゲーム開発に携わる。「1年間で2回もスタジオ閉鎖を経験したよ。どちらもまるで予想できなかった」と彼は言う。「自分が知らない舞台裏があると感じたんだ。それで、パブリッシャーの側になったら分かるんじゃないかと思ったんだよ」。2K社ではさまざまなことを学んだ。カダラが入社したのは2Kマリン社消滅の1年後となる2014年だ。翌2015年、2Kオーストラリア社が閉鎖されるのを目の当たりにする。一緒に働いた人が何人もいたため胸が痛かった。

ただし大手パブリッシャーでの勤務は楽しい部分が大半だった。それ以前のように1つのプロジェクトだけに何年も注力するのではなく、同時にいくつものゲームに携わるのは、目新しくて興味が湧いたし、やりがいも感じられた。また、四半期決算が重視される上場企業で使われる財務の黒魔術も学んだ。「例えば『ザ・ビューロー／XCOMディクラシファイド』のようにあまり売上が期待できないゲームがあるとしよう。リリースを予定よりも後ろ倒しにするんだ」とカダラは説明する。「そうすれば、『グランド・セフト・オート』や『レッド・デッド・リデンプション』のようなゲームと同じ期にリリースできる[3]」。2K社ではノバト市にある航空機格納庫をリノベーションしたオフィスに3年半勤務し、世界中のデベロッパーと調整を図ってゲームを完成させた。「その仕事には本当に向いていたね」とカダラは話す。「でもちょっと飽きてしまった。週2日もあれば仕事は片付いたので、残りの3日分はストリートファイターをプレイしたり、他の人の迷惑にならないようにしたりしてたんだ」

カダラは師匠とも呼べるベテランのゲーム開発者に助言を求めた。戦闘システムを専門にするコンサルタントのエリック・ウィリアムズだ。２人の出会いは、カダラがビッグ・ヒュージ・ゲームズ社に入社した２００８年だった。ウィリアムズは「ゴッド・オブ・ウォー」シリーズに関わっており、「キングダムズ・オブ・アマラー／レコニング」となるゲームでもコンサルティングをしていた。そしてフリーランスのコンサルタントになってはどうかとカダラによく勧めていた。「その頃は『君なら今すぐできるよ』と言ってくれたのだけど、信じられなかったんだ」とカダラは話す。「でも選択肢として視野に入ってきたら、彼の言葉で自信を持てたんだ」。妻にも後押しされ、カダラは２０１７年秋に思い切って２K社を辞め、自分でコンサルティング業を始めると決心した。２K社の上司に計画を打ち明けたところ、最初の顧客になると伝えてくれたので安心した。その後は何年にもわたり、コンサルティングの仕事はうまくいっている。主に戦闘システムについて支援を求めている大手企業や中小企業から引く手あまたの状況だ。

こうなると、カダラがかつての「コンバット・ピット」のメンバーに連絡を取り、また一緒にやらないかと声を掛けるのが自然な流れだと思われるかもしれない。ビッグ・ヒュージ・ゲームズ社でカダラと一緒に働いていたデザイナーやアニメーターには、当時が仕事人生で最高の時期だったと証言する人もいる。もし彼らに声を掛けたら、応じてくれるのではないか？　もしかしてジャスト・アッド・コンバット社は実現するのではないか？

カダラは何年もコンサルタントを経験し、逆にジャスト・アッド・コンバット社は成功しないと考えるようになった。「うまくいくビジネスモデルだと感じないんだ」と彼は言う。「社員全員に行き渡る程度の仕事を取ってこないといけないし、顧客が自社内でやるより安いと感じるくらいの料金に抑えなきゃならない」。一番対処が難しいのは、ゲーム開発者が抱く自信過剰だとカダラは言う。多くのゲーム開発者は自分のスキルを過大評価し、直面する課題を過小評価しがちだ（人間的ではあるが）。カダラは最近問い合わせて来た会社を例に挙げた。同社は10か月後にリリースを控えており、12体のボス戦を必要としていた。完成できるだろうかと聞かれたが、絶対無理だと彼は回答した。きちんとしたボス戦を1つ開発するには、経験豊富なチームでも3か月かかるかもしれない。「膨大な人員も高度な専門知識も必要になる」とカダラは言う。「だから窮地に追い込まれないうちは、お金を払いたがらないんだ」

私はビデオゲーム業界のビジネスモデルとして、中核のクリエイティブ担当チームと世界各地の専門アウトソーシング企業とが協働する案を示した。しかしカダラは懐疑的だった。「僕が気付いたのは、アウトソーシングしやすい仕事と、しにくい仕事がある点だね」と彼は言う。プレイヤーが関与しない部分のエンジニアリングをディスビリーフ社のような企業にアウトソーシングするのは、デベロッパーからしたら簡単で、あまり問題も発生しない。しかし戦闘のようにプレイヤーの操作が密接に関わる場合、社外から協力するのは困難になるとカダラは説明する。「アウトソーシングのしやすさは、プレイヤー体験に近い仕事であればあるほど低下するよ」と彼は言う。要するに、ビッグ・ヒュージ・ゲームズ社でコンバット・ピットがうまくいっていたのは即座に作り直しができたからであり、それが可能だったのは全員が同じ社内で働いていたからだ。

カダラはビッグ・ヒュージ・ゲームズ社にいた頃より、戦闘システムへの興味は薄れてきた。満足感も達成感もある戦闘システムを開発してくれると顧客から評価されているのにもかかわらずだ。近年、一部ゲーマーが業界における人材の多様化を否定している。この結果、開発者が嫌がらせを受けたり、党派対立に巻き込まれたりすることがあった。カダラはこれとは正反対の立場を取った。「男性中心的ではない創造性に、強い興味を持っているんだ」とカダラは話す。「健全な多様性を目指しているチームは、あまり戦闘を取り入れない傾向があると分かったよ」

つまり、ジャスト・アッド・コンバット社は恐らく設立されない。カダラも他の多くのベテラン開発者と同様、業界には大きな変革が必要だと考えている。ただ、専門アウトソーシング企業が目指すべきモデルかどうか、確信は持っていない。「フルタイムで雇って人を増やし、後でレイオフするやり方は、持続可能ではないね」とカダラは言う。「何とか解決しなければならない。これを続けて業界が生き残れるとは思えないんだ」

ただし他にも案はある。ディスビリーフ社のような企業が持つ長所を、他のゲームスタジオで働く人たちにも広められる案だ。すでに長い間議論されているが、近年になって実現の可能性が高まっているようだ。

◆

2018年3月21日、カリフォルニア州サンフランシスコで催されたGDC（ゲーム・デベロッパーズ・カンファレンス）で、ビデオゲーム業界の組合結成に関するラウンドテーブルが開かれた。会議室には200人が詰めかけ、熱気に満ちていた。近所の建設現場からの騒音で発言者の声が聞き取りにくかったが、それでも室内の高揚感は伝わってきた。次々とビデオゲーム業界でのひどい経験が語られたが、マイクは1本しかなかったため、GDCのスタッフが慌ただしく駆け回っていた。ある人は働きすぎで燃え尽きてしまったと話した。また別の人は9か月間もクランチが続いたのに、最終的に与えられた有給休暇は1週間だけだったと述べた[4]。ビデオゲーム業界で組合を結成すれば、こういった問題を部分的にでも解決できるはずと参加者たちは意見を出した。組合結成によって会社側と話し合いの場を持ち、適正な給与水準や福利厚生を定めた契約を結べるのだ。

これまでもゲーム開発者たちは組合結成について何度となく検討してきた。しかし本当に議論が活発化したのはこのGDCからだ。主導したのは、同じ3月に結成されたばかりの「ゲーム・ワーカーズ・ユナイト」という草の根の団体だった。GDCの開催期間中、ゲーム・ワーカーズ・ユナイトのメンバーたちはパンフレットを配布し、興味を持った人と個別に対話する時間を設けた。「ゲームは大好きです。でも、それを作る過程で開発者たちを犠牲にしてはいけません」と立案者の1人で、エマ・キネマの仮名で活動している人物は私に語った。「良いはずがありません」

　ラウンドテーブルのタイトルは「いま組合？　利点と欠点、そして影響について」だった。しかし1時間のセッション中、欠点と悪影響を述べていたのは、組合結成に明らかに反対のモデレーターただ1人だけだった。このモデレーターはゲーム開発者向けのイベントやセミナーを開催している非営利団体であるＩＧＤＡ（国際ゲーム開発者協会）の会長だ。ところが実際のところ、会長自身もゲーム業界で何度となくひどい状況を見てきたのだった。38スタジオ社の元ＣＥＯ、ジェニファー・マクレーンだ。

　ラウンドテーブル中、マクレーンは経験談を交えつつ組合結成のマイナス面を挙げ、これによってビデオゲーム業界が直面する問題すべてを解決できるわけではないと、ほとんどの発言者に疑問を投げかけた。この前日、私は近所のマリオット・ホテルでマクレーンに単独インタビューをした。インタビューでも同様に、組合結成は業界の病気を直す万能薬ではないと回答していた。「一般的にスタジオが閉鎖されるのは資本が尽きてしまうのが原因です。お金がなくなるわけです。組合があっても、資金調達の助けにはなりません」とマクレーンはインタビューで話した[5]。「組合結成により、ゲーム業界の課題がすべて解決できるという期待はできませんね」

　厳密に言うなら彼女は正しい。組合結成だけで、病んだビデオゲーム業界が完全に治癒するわけではない。これは組合結成に反対する人たちがよく使う論法だ。しかし実際のところ、もし組合があったなら、マクレーンが経営参画していた38スタジオ社で何百人もの生活が崩壊する事態は防げたかもしれない。もし38スタジオ社の社員に労使協約があったなら、もっと経営の透明性を求めたかもしれないし、退職金保障の策定すら要望していたかもしれない。確かに組合結成で38スタジオ社の資金枯渇は防げなかっただろう。しかし社員に給与が支払えるうちに会社を閉鎖しようと、カート・シリングら経営幹部を動かせたかもしれない。

つまりこういうことだ。38スタジオの大部分の社員は、5月に出社して給与が支払われない状況に突然直面するより、3月にレイオフされて2か月分の退職手当を受け取るのを希望する可能性の方が高かったはずだ。

本書を執筆している2020年の時点で、組合結成の議論は続いている。アメリカの大手ビデオゲーム会社が思い切った決定を下すかどうかはまだ分からない（スウェーデンのような一部の国ではゲームスタジオに組合がある）。ただし、ゲーム開発者の大半は望んでいる。GDCの2020年1月の調査によると、ゲーム業界における組合結成について開発者の54パーセントが「賛成」だった。残りの21パーセントは「場合によっては賛成」、16パーセントが「反対」、9パーセントが「分からない」だった。いずれビデオゲーム業界で組合が結成されるのは確実だと思われる。問題はいつ、どうやって、だ。

ディスビリーフ社の社員は組合結成していない。スティーブ・エルモアに尋ねたところ、組合結成で顧客を失う恐れがあると述べていた。しかし事実上、同社はエンジニアの組合として機能している。クランチを許さず、給与体系を透明化する方針のおかげで、顧客と交渉して社員を保護できているのだ。

つまりディスビリーフ社の社員は、ケン・レビンのようなクリエイティブディレクターの気まぐれに直接的に影響を受けない。顧客と結んだ契約は、組合の労使協約と似たような効果を発揮して社員を守ってくれる。ただしこのモデルには1つ問題がある。経営者の寛大さに依存している点だ。もし2人のスティーブが方針を変更したり、ディスビリーフ社が別会社に吸収合併されたりしたら、権利はあっさりと消えてしまうかもしれない。他方、組合であればこの問題に対処できる[6]。

組合のデメリットは、反対する人たちが指摘するように、お役所的、非効率、あるいは多額の費用がかかるといった点だろう。インタビュー中にマクレーンは、もしビデオゲーム会社で組合が結成され始めたら、業界中で社外の安価なアウトソーシングを頼ったり、組合のない企業に発注したりするようになるだろうと述べた。しかし彼女は組合結成よりも優れた解決策は提示できなかった（資金調達が容易になれば、と漠然とした希望を挙げるだけだった）。つまりは現状維持という意味だ。ビデオゲーム業界で働く多くの人にとって、現状維持は受け入れがたい。

レイオフやスタジオ閉鎖が発生するたびに、ビデオゲーム業界にはもっと労働者を守る仕組みが必要だと誰もが考える。組合はこの仕組みに不可欠な要素だ。ただしマクレーンが正しい点が1つある。組合があっても会社の資金枯渇は防げないのだ。もしかしたら、防ぐ手立てはないのかもしれない。もしかしたら、不安定な上にヒット作に依存する業界では、リスクの高い経営判断を回避する方策はないのかもしれない。

もしかしたら、我々は別の角度からこの問題を検討すべきなのかもしれない。

◆

2020年2月27日の木曜、キャリー・グースコスは他の幹部と一緒に会議室に向かった。感染力の強いウイルスが広まっている問題について相談するためだ。2014年にミシック・エンターテインメント社が閉鎖された後、グースコスは親会社のEA社に残って勤務を続けた。その間、テキサス州オースティンに引っ越して「ザ・シンプソンズ／タップド・アウト」や「スター・ウォーズ／銀河の英雄」といったモバイルゲームの開発チームを指揮した。そして2019年秋、ワシントン州シアトルにあるバンジー社に入社し、プロデューサーのトップに就任する。「デスティニー」の開発で知られる企業だ。その頃同社内では、新型コロナウイルスの感染報告が上がってきていた。COVID—19である。

この時期に「ソーシャル・ディスタンス」という言葉がアメリカ国内で広く使われ、COVID—19を阻止するには人的接触を避けるしかないと理解されてきた。グースコスらバンジー社の幹部は、社内に消毒液を用意したり、ウイルス対策の有給休暇を追加で設けたりしていた。しかし程なくして、もっと思い切った対策を打ち出さなければと考えるようになった。そして週末に入ると、リモート勤務を導入した場合のシナリオを作成し始めた。仮想ネットワークはどう構築するか。ミーティングはどう変わるか。どのような機器が必要になるか。「テスターやエンジニア、それにアーティストの全員に新しいコンピューターが必要になるという最悪のケースを想定しましたね」とグースコスは話す。「社内のIT部門が見積もりを作成しました。それで、確か月曜に400台のノートパソコンを発注したんです」

3月2日、バンジー社はワークフローをテストしてもらおうと、数十名の社員に自宅での勤務を指示した。さらに翌週3月10日の火曜日、全社員を在宅勤務とした。3月末になると、想像もしていなかった新しい現実に対処すべく、ゲーム業界(および世界中)の大部分で在宅勤務に切り替えられた。これがどれほど続くのか誰にも分からなかった。どの国でも物理的な出社が当然の業界だったのに、突如としてバーチャルのみに変わってしまった。これまで多くの労働者は、採用されるとすべてを捨てて家族ごと引っ越さざるを得なかった。そんな業界が今や社員のためにバーチャルなオフィスを構築する必要に迫られたのだ。

もちろん問題もあった。学校も託児施設も閉鎖されてしまったため、仕事を持っている親は何でも自分でしなければならない状態に追い込まれた。グースコスもさまざまな対応で忙殺された。サーバーが落ちたり、制御装置が動作しなくなったり、スタッフがパンデミックで精神的に疲弊したりしていた。バンジー社でも他の会社でも生産性に対する影響はあったものの、仕事は継続できた。実際、世界各地のデベロッパー数社の推測によると、パンデミック中も70~80パーセントの力で操業できていた。(後にバンジー社はデスティニーの新拡張コンテンツのリリースを2020年の9月から11月に延期した。パ

ンデミックを第一の理由に挙げていたが、拡張コンテンツ自体はリリースされた）

パンデミックが長引くにつれ、ビデオゲーム業界の人たちの頭に新たな疑問が湧いてきた。もし開発者が現在リモートで働けているなら、ずっとできるのではないか？　だがグースコスはバーチャルな職場には問題点があると考える。孤独だと創造性が発揮できない恐れがあるというのだ。「自社で協働がうまくいくのは、対面の状態ですね」と彼女は話す。「廊下で会ったら立ち話したくなる欲求がありますよね。この状態をバーチャルでは作り出せません。人と人との関係は人為的に複製できないのではないでしょうか。本当に優れた創造性は、対面の場所から生まれると思っています」

ただし一方でグースコスは、失業や転職をするたびに違う土地に引っ越さざるを得ない人たちにも同情している。何と言っても彼女自身も同じ立場だからだ。「リモート勤務を実施した結果、どのくらいリモートを許容するか考える機会にもなっていますね」とグースコスは言う。「私は最悪のケースを想像する癖がついているんです。もしチームで1人だけがリモート勤務だったらどうなるか？　こういった課題はバンジー社内で検討し続けたいと考えています」

アーティストのトーマス・マーラーは、2010年にブリザード・エンターテインメント社を退職し、故郷オーストリアのウィーンに戻った。インディーゲームの開発スタジオを設立するつもりだったのだ。しかし一緒に起業する予定だったエンジニアはイスラエルに住んでいた。マーラーは立ち上げた会社を「ムーン・スタジオ」と名付けたが、オフィスや拠点国を持たないことにした。つまりはバーチャルな会社だ。「実際には、自分たちにとって最適のやり方だったと気付きましたね」とマーラーは言う。最初に雇ったのはオーストラリアに在住するプログラマーだった。その後の何年かで、ロシアのアーティスト、ポーランドのデザイナー、日本のライターも採用した。2020年時点でムーン・スタジオ社には大ヒット作が2本あった。美しいジャンプアクションゲーム「オリとくらやみの森」とその続編「オリ・アンド・ザ・ウィル・オブ・ザ・ウィスプス」だ。そして社員は80人に増えていて、全員がリモート勤務だった。COVID—19が流行する前は、完全バーチャルで業務が行われるビデオゲーム会社としては最大規模だった。「文字通り世界中に社員がいます」とマーラーは言う。「当社で有利に働いた点ですね。素晴らしい人材を見つけられて、しかも引っ越してもらう必要がありませんから」

もちろん完璧なモデルではない。孤独感が強くなったため、辞めてしまった人が何人かいるとマーラーは私に述べた。そうは言っても、ムーン・スタジオ社がバーチャルであったため解決できた問題はいくつもある。まずビザを取得したり、家賃の高い都市へ引っ越したりする心配がなくなる。さらに超過勤務が発生しても（実は通勤がないと陥りやすい）、自宅なら少なくとも食事を作ったり子どもを寝かしつけたりもできる。また、毎年ムーン・スタジオ社は慰労会を開いていた。ヨーロッパで城を借りて社員全員を呼び、何日か一緒に過ごすのだ（「一年中、空きがある城や別荘はたくさんありますよ」とマーラーは説明する）。社員は業務中、企業向けソフトウェアを使ってゲーム開発の進捗を連絡したり、毎週ビデオ会議を開催したりしていた。「唯一ないものと言えば給湯室での雑談時間でしょうかね」とマーラーは言う。

さらに「ソンダーラスト・スタジオ」のように、極限までリモート化したインディー企業もある。同社はカナダのバンクーバー市とトロント市、アメリカのメリーランド州に住む3人が設立した。それぞれの出身地であり、故郷から離れたくなかったのだ。彼らは電子メールやスラックなど文字メッセージのコミュニケーションは望ましくないと考えていた。文字だとトーンは伝わらないし、返信に時間がかかりすぎることがある。そこで、ビデオ会議システム上にバーチャルなオフィスを開設した。同社では勤務開始時に、ウェブカメラをオンにしてビデオ会議システムにログインする。全員がそこに参加し、コーヒーを飲みつつゲーム開発に取り組むのだ。業務時間中は全社員の顔が小さなウィンドウで画面上に表示されたままとなり、すぐに会話できる（集中したいときはウィンドウを最小化してもよい）。

ソンダーラスト社の創業者3人のうちの1人であるリンジー・ギャラントにとって、このようなバーチャルなオフィスは理想的な働き方だった。引っ越しをしなくても社内コミュニケーションが図れるオフィスだったし、ムーン・スタジオ社と同様、居住地に関係なく良い人材も採用できる。通勤に時間をかけたり家賃を無駄に支払ったりせずに済む上に、必要なときには対面で話し合うことも可能だ。「ゲーム業界の雇用の不安定さには悩まされていますね」とギャラントは言う。「もしそれを改善する手段があるなら、実行すべきです」

このようなバーチャルなオフィスが大手スタジオでも同様に機能するとは、とても想像できない。4

00人が同じビデオ会議の通話に参加したら大混乱するだろう。ただしアート担当チームが全員同じビデオ会議室に参加し、プログラマーのチームが別の会議室といった状況であれば想像は可能だ。参加者は各自でメモを取ったりコミュニケーションを図ったりしつつ、話題に付いていけるだろう。「見直しにはちょっと勇気が要ると思います。なぜ現在のような働き方をしているのか？　なぜ今のやり方でゲームを作っているのか？」とギャラントは話す。「現在の働き方と、この新しい働き方とをどう擦り合わせればよいのか？」

レイオフやスタジオ閉鎖に見舞われるのは、誰にとっても怖い体験だ。しかし多くのゲーム開発者が理解したように、一番怖いのは次の仕事で遠くに転居しなければならない可能性がある点だ。家族がいたり居住地に愛着があったりすると引っ越しはハードルが高いし、できない場合だってある。ジョー・フォールスティックの事例が示すように、これが原因で数え切れないほどの人が業界から去っていった。もしゲーム開発者がどこに住んでいても勤務できるのであれば、この問題はそれほどひどくはならないかもしれない。レイオフやスタジオ閉鎖が発生しても、従来ほどには被害は大きくならないかもしれない。「引っ越さなくても仕事を続けるチャンスがある世界は、私はすぐには想像できません」とイギリスとカナダで大手ゲームスタジオに勤務経験があるアーティスト、リズ・エドワーズは話す。

たとえレイオフされなくても、業界に残ろうとして遊牧民のような生活を強いられているゲーム開発者もいる。ビデオゲームのライターであるジョーダン・マイケル・レモスは世界各地を転々としつつ、有期雇用でユービーアイソフト社やサッカーパンチ社といったデベロッパーで働いた。しかしついには別の業界に移ることを考えるようになった。「間違いなく、あれがゲーム業界で最悪な部分だよ」と彼は話す。「3年間で2回、別の州に引っ越したんだ。すぐに次の引っ越しがあるかもしれない。あと何回したら落ち着けるのか、全然先が見えないよ」

ビデオゲーム業界における雇用の不安定さを解消する方法はないにしても、業界を持続可能にする対策はあるかもしれない。本章で取り上げた解決策の多くは、仕組みの大幅な転換が求められる。必要な改革ではあるものの、実現には時間も金もかかるだろう。ただし、ビデオゲーム会社がすぐにでも取れる対策が1つあるとすれば、リモート勤務のさらなる推進だ。多くの開発者がずっと苦しんでいる問題の解決に寄与するだろう。あまり費用がかからないどころか、むしろ費用の節約につながるはずだ。しかもビデオゲーム業界を永久に変革する可能性だってある。

注

[1] ミッドウェイ社はその数か月後に破産した。だが多くのスタッフはシカゴに残り、ネザーレルムという新会社を設立した。そして同社がモータルコンバットのシリーズを続けることになる。

[2] 「サンストーム」というスタジオで、狩猟ゲームで人気を博したが2003年に閉鎖された。「すでに兄がビデオゲーム業界で働いていて、兄の勤め先は倒産したのですが、自分のは大丈夫だろうと思っていました」とクラークは話す。

[3] 「ザ・ビューロー／XCOMディクラシファイド」は2013年8月20日に発売された。大ヒットした「グランド・セフト・オートV」は2013年9月17日だ。親会社であるテイクツー社の四半期は2013年9月30日までだ。もちろん四半期決算は黒字だった。

[4] この水準の手当はビデオゲーム業界ではごく一般的だ。ザック・ムンバックはEA社からのボーナスを2、3万ドルと表現したが、その方が珍しい。

[5] マクレーンは本書への追加インタビューには応じていない。

[6] これについては個人的な経験を話せる。ゴーカー・メディアという企業で、私も含めた社員たちが集まって2015年に組合を結成した。しかし同社に対する復讐(ふくしゅう)心に燃えた某資産家のせいで、2016年には倒産に追い込まれ、別の企業に買収されてしまった。このときに組合があったおかげで守られたのだ。買収したのはユニビジョンという企業だったが、社員の権利はすべて維持する必要があった。2019年には再びグレイト・ヒル・パートナーズという未公開株投資会社に買収された。このときも組合協定のおかげで、きちんとした健康保険も最低賃金も堅持された。ただしその後、組合はグレイト・ヒル・パートナーズによるひどい決定から社員を守れなかったのだが、この話は本書の範囲から外れてしまう。

エピローグ

本書は2018年から2021年にかけて執筆したが、その間に10社を超えるゲームスタジオが閉鎖された。例えばカプコン・バンクーバー社だ。歴史ある「デッドライジング」シリーズのデベロッパーである。さらには、オンラインゲーム「ワイルドスター」の開発元であるカービン・スタジオ社。テキサス州オースティンにあるQCゲームズ社という小規模スタジオも2019年に閉鎖された。4対1のマルチプレイヤーゲーム「ブリーチ」で、十分な数のユーザーを獲得できなかったのが原因だ。またボス・キー・プロダクションズ社は、エピック・ゲームズ社のデザイナーだったクリフ・ブレジンスキーが設立したスタジオだった。しかし「ローブレーカーズ」や「ラディカル・ハイツ」が失敗した後、2018年に閉鎖となった。

こういった閉鎖の中でも一番注目されたのは、カリフォルニア州サンラファエル市を本拠地としたテルテイル・ゲームズ社だろう。波乱に満ちた長い歴史のある企業だった。何度となく組織再編されて経営陣は入れ替わったが、ゲーム業界に偉大な足跡も残している。同社はもともと、ルーカスアーツ社で「モンキー・アイランド」などのポイント・アンド・クリック型アドベンチャーゲームを制作していた社員たちが2004年に創業した。創業するとすぐにニッチなゲーム市場を獲得する。テルテイル社のゲームはエピソード形式が多かった。テレビ番組のように、1、2年といった期間で短い5、6個のエピソードをリリースする形だ。また大部分の同業者とは違い、何よりもストーリー展開に力を入れていた。シナリオ分岐や謎解きなど、プレイヤーに馴染みのある仕組みによってシーンが次から次へと展開していく。そのため、とりわけビデオゲームのライターからは貴重な存在と目されていた。ほとんどのスタジオでライターは弱い立場に置かれているが、テルテイル社ではライターの意見を最優先していたのだ。

2012年にテルテイル社は、ゾンビが題材の人気シリーズ「ウォーキング・デッド」をベースにしたアドベンチャーゲームをエピソード形式でリリースした。開発チームの共同リードはショーン・バナマンだった。ディズニー社のインターンとして「エピック・ミッキー」に携わった、あのショーン・バナマンだ。同ゲームの主人公は、犯罪者となってしまったリー・エベレットと、彼の娘のような存在であるクレメンタインだ。ストーリーは悲哀に満ちており、プレイヤーの選択で展開も変わる。ゲーム中にプレイヤーが何かしら重大な決断を下すと、画面に「◯◯（NPC名）はこのことを忘れないだろう」と表示されるのだ（これは必ずしも事実ではないが、自分の選択がNPCに記憶されていると思うと、強い緊張感がある）。どのNPCの命を助けるのか、ゾンビに噛まれた少女に自殺用の銃を手渡すのかどうか、プレイヤーが迫られる選択は悲劇的であり、脳裏から離れない。ウォーキング・デッドは思いがけず2012年のヒット作となり、ゲーム・オブ・ザ・イヤーをいくつも獲得した。そして世界中の企業がテルテイル社と仕事をしたいと考えるようになった。

その後の5年でテルテイル社は急速に拡大した。次々とライセンス契約を結び、同じ方式でゲームを出し続けた。バットマンやゲーム・オブ・スローンズ、ボーダーランズ、ガーディアンズ・オブ・ギャラクシー、さらにはマインクラフトまでベースにしてゲームを作ったのだ。いくつかの作品は人気を博したが、ビジネスモデルは理想的とは言えなかった。他社からライセンスを受けると、利益の一部を渡さなければならない。また、ほぼ不可能なスケジュールでエピソード制作が進められたため、テルテイル社のスタッフは夜も週末も作業に追われた。それに加え、テルテイル社の方式にファンが飽き始めてしまった。２０１７年にリリースされたゲームであっても２０１２年のウォーキング・デッドにそっくりで、しかも毎月のように新しいエピソードが出るので供給過剰状態に陥ったのだ。

痛い失敗が続いた後の２０１７年11月、テルテイル社はスタッフの25パーセント（90人）をレイオフした。そして新しい方向性を打ち出してもらうことを期待し、ＣＥＯにピート・ホーリーを迎えた。ところが２０１８年9月21日、同社は突然閉鎖される。事前通知も退職手当もなく、何百人もの社員がレイオフされた。聞くところによると、投資家が最終段階で手を引いてしまい、テルテイル社に資金がなくなったらしい。38スタジオ社と同じ悲劇が繰り返されたのだ。ビデオゲーム業界全体に衝撃を与え、数多くの人の生活に深刻な影響をもたらした出来事だった。

その1人はニック・マストロヤンニだ。テルテイル社の最初期からの社員で、サウンドデザイナーを務めていた。彼は２０１７年の組織再編時にレイオフされたが他の仕事が見つからず、２０１８年の夏に再びテルテイル社に入社した。ただし職務は変わり、シネマティックアーティストで採用された。勤務開始からたった1か月後、彼は他の社員全員と一緒に全社ミーティングに呼ばれた。ミーティングでは、30分与えるので荷物をまとめるよう告げられた。「ひどい出来事が次から次へと起こると、もう笑うしかなくなっちゃうだろう?」とマストロヤンニは話す。「自分はそんな感じだったよ。『何これ、現実か?』ってね」。CEOのホーリーが退職手当を出せないと社員に伝えると、不満や怒りが聞こえてきた。「ある同僚が、来月の家賃を払えなくなる、どうしたらいいんだと漏らしていたよ」とマストロヤンニは思い出す。「だから『家にでかいソファーがあるから来いよ』と言ってやったんだ」

組織再編のレイオフを乗り切ったベテランのライター、J・D・ストローは、2018年9月21日に妻と一緒に飛行機に乗って離陸を待っていた。するとチャット用アプリであるスラックの通知が携帯電話で鳴り始めた。一緒に働けて良かったとか、寂しくなるとか、今後どう連絡を取ろうかとか、社員たちがメッセージを送り合っているのだ。ストローは動揺し、状況を確認しようとした。まず上司に、そして上司の上司に続けざまに携帯メールを送った。しかし間もなく、仕事用アカウントから強制ログアウトされてしまった。それでも飛行機が離陸する直前、どうにか同僚の1人から携帯メールに返信をもらった。テルテイル社が閉鎖されたと書かれていた。「もちろん妻は『どうしたの? 解雇されたの?』と聞いてきたよ」とストローは言う。「『いや、会社がなくなった』と答えたんだ。最高の週末だったね」。

その後の何か月間か、彼は請負で仕事をこなしたり、自身のプロジェクトでライティングをしたり、ウーバーやリフトといったサービスで車を運転したりして生活費を工面した。

テルテイル社が閉鎖されたとき、シネマティックアーティストのデレク・ウィルクスは23歳にすぎなかった。3か月前にケンタッキー州ウェブビル地区（人口1095人）からサンフランシスコのベイエリアに引っ越してきて、夢の仕事に就けたと思っていた。彼はFPS「ハーフライフ」のビデオを制作してユーチューブに投稿していたが、優れた映像だったため仕事のオファーを受けたのだ。カリフォルニア州に来るのは初めてだったし、ケンタッキーに隣接する州以外に行くのも初めてだった。彼と妻はテルテイル社のオフィス近くでアパートが見つかるまで、数週間ホテル暮らしをしていた。会社が閉鎖されたとき、ウィルクス夫妻は実家に戻る飛行機代もなかった。その後、ツイッター上の慈善活動で500ドルを提供してもらえた。「航空券を2枚買うには十分な金額でしたね」とウィルクスは言う。「本当にありがたかったです」。彼はケンタッキー州の実家に戻った。そしてビデオゲーム関連の求人に応募しつつ、良い知らせを待った。「最初、悪い予兆か何かかと思いましたよ。ゲーム業界からは離れた方がよいかもって」とウィルクスは思い出す。「今ではただの偶然かなと感じています」

◆

カサンドラ・リースが一番寂しく思ったのは、人と別れなければならない点だった。燃え尽きてビデオゲーム業界から離れた開発者たちも同じことをよく言う。2019年1月の寒い金曜日、マサチューセッツ州サマービル市の喫茶店に座り、私は彼女から話を聞いていた。本書の執筆中、ビデオゲーム業界でレイオフされた人たちに会ったが、話しぶりは彼らとよく似ていた。

リースは最初にQAテスターとしてビデオゲーム業界に入った。ロード・オブ・ザ・リングやダンジョンズ&ドラゴンズをベースにしたオンラインゲームを開発していたタービン社だ。2012年4月、彼女はイラショナル・ゲームズ社に転職し、バイオショック・インフィニットのレベルをテストする仕事を始めた。秋も終わる時期になると、ゲームのバグ取りで1日12時間働いていたが、さらに週末も来るように言われた。イラショナル社は福利厚生が整っていたと彼女は言う。食事のケータリングや映画の無料チケットがあり、管理職も社員を気遣っているようだった。しかし勤務時間は過酷だった。「あの時期についてはぼんやりとした記憶しかありませんね」とリースは話す。「残業代は出たので、そこは良かったです。でも自分の時間がまったくなかった点を考慮すると、額が十分だったかという疑問は残りますね」

バイオショック・インフィニットのリリース1か月前となる2013年2月、リースと同僚たちは別室に呼ばれ、契約終了を告げられた。次に出すDLCで必要なテスターは数人だけだったので、お別れとなるのだ。感謝の印として会社は全員にキーホルダーをプレゼントした。「契約では終了日が決められていませんでした。でも、ほとんどの人はゲームがリリースされたら終わりかなと思っていましたね」とリースは話す。「予期していなかったわけではなかったですが、ちょっと唐突感はありましたね」

リースは別の会社でテスターを募集していたので応募したが、場所は西海岸だった。しかし短期で終わるかもしれない仕事のために遠くまで引っ越したくないと、すぐに思い直した。ビデオゲーム業界でテスターはあまり尊重されていない。スキルの低い労働者だと思われるため、最低賃金に近い給与しかもらえない。出世してそれなりの給与をもらうには、別の専門分野（デザインやプロダクションなど）に移るか管理職になるしかない。テスターとはまったく異なるスキルが求められる。そのどちらも選ばず、リースはゲーム業界を離れてモバイル向けアプリの会社にテスターとして入社した。数年後、彼女は教育関連会社にQAエンジニアで転職した。給与も手当も上がった。「（イラショナル社では）当時、時給で12ドルでしたね」とリースは思い出す。「今は教育用ソフトウェアを作っていて、時給31ドルです」

リースはホットココアを口にしながら、自分はゲームが好きで、ゲームを作っていた頃が懐かしいと話した。しかしビデオゲーム業界の待遇に懐かしさは感じていなかった。彼女は開発者の組合が結成されることを願っており、自分自身の経験を話すことで、いつか状況が変われればと期待していた。「雇用は不安定、給料は低い、勤務時間は長いで、もううんざりでしたね」とリースは言う。「給料や勤務時間の面が改善され、きちんと手当も出れば、ゲーム業界に戻るかもしれません」

◆

私は本書の冒頭で、ゲームをプレイしていて予想も納得もできないひどい結末に見舞われたら、選択肢は2つあると書いた。そのまま我慢して壁を乗り越えて前進するか、リセットボタンを押してやり直すかだ。

ただし、これは完全に正しいわけではない。3つ目の選択肢があるからだ。つまり、ゲームを大胆に変えてしまうという選択肢だ。仲間同士で結束し、殻を破る。欠陥を修復し、不公正な部分を取り除く。そして、きちんとした仕組みを作り上げる。自分の手が及ばない状況によって成功や失敗が決まるのではなく、自らの選択の結果によって決まるような仕組みだ。そんなゲームにしたらどうだろう？　いらいらするバグを除去し、強力な敵を撃ち倒し、壊滅的なメカニクスを立て直すまで、どのくらいの期間が必要だろうか？　探ってみるのも悪くないと思う。

謝辞

まず何より、本書のインタビューに時間を割いてくださった皆様に感謝を申し上げたい。人生における経験をジャーナリストに話すのは簡単なことではない。悲しく苦しい経験であれば、なおさらだ。そういった経験談を執筆できるのは光栄なことである。オフレコかオンレコかにかかわらず、インタビューを受けてくださった方々に謝意を表したい。

エージェントであるチャーリー・オルセンには敬愛と感謝の念しかない。彼はデスティニーに関する文書を提供したり、あるパブリッシャーの存続が危うくなった際も迅速に対応して本書執筆を助けてくれたりした。チャーリーがいなかったら、読者は今ごろ本書を手にする（あるいは画面に表示したり聞いたりする）ことはできなかっただろう。デスティニーに関する文書も素晴らしかった。

編集者のウェス・ミラーにありがとうと言いたい。本書の出版に至るまで、細やかに編集し、我慢強く対応し、慎重に世話してくれた。本プロジェクトにご協力いただいた、アリ・ローゼンソール、モーガン・スウィフト、カーメル・シャカらグランドセントラル出版の皆さんに感謝したい。また、リンジー・ブレッシング、クレア・フリードマンらインクウェルマネジメント社の皆さんに感謝したい。

マシュー・バーンズ、ナサニエル・チャップマン、ブレット・ドゥビル、カーク・ハミルトン、セス・ローゼン、キム・スウィフト、さらに匿名希望の方々には、初期の原稿を読んで重要なフィードバックをしていただいた。ここにお礼申し上げたい。

家族に変わりのない愛と感謝を伝えたい。母、父、サフタ、リタ、オーウェン。そして新しい家族となったパム、デイビッド、ジョーナ、マヤ。

ベリーはこの本を読むにはまだ幼すぎるかもしれない。今はまだ絵本の「おやすみなさい　おつきさま」の方が好きだろう。しかし彼女が本書を読む年頃になったとき、同時代の報道というより、かつてのビデオゲーム業界の姿を記した歴史書のような位置づけになっていることを願う。そして私が世界の何よりも彼女を愛していることを知ってもらいたい。

最後に、私の同志であり、親友であり、妻であり、最初の読者であり、変わらぬ相棒でもあるアマンダに感謝したい。もし1年間の隔離生活を強制されるとしたら、せめて君と一緒に隔離されたいね。

※本書内に登場する一部表現は以下の製品から引用しています。

- クラッシュ・オブ・クラン（Supercell Oy　2012 年）
- ダンジョンキーパー（Electronic Arts Inc.　2014 年）
- エンター・ザ・ガンジョン（Dodge Roll, LLC　2016 年）
- ウォーキング・デッド（Telltale Games　2012 年）

著者

ジェイソン・シュライアー（Jason Schreier）

ブルームバーグ・ニュースでビデオゲーム業界を担当する記者。それ以前は世界最大規模のビデオゲーム情報サイトであるコタクに８年間勤務。これまでワイアード誌でゲーム分野の記事を担当したり、ニューヨークタイムズ紙、エッジ誌、ペースト誌、キル・スクリーン誌、ジ・オニオン・ニューズ・ネットワークなどさまざまなメディアに寄稿したりしている。現在はニューヨーク市で妻と娘と一緒に暮らしている。著書に『血と汗とピクセル』。

訳者

西野 竜太郎（にしの りゅうたろう）

翻訳者。訳書に『血と汗とピクセル』（グローバリゼーションデザイン研究所）、著書に『アプリケーションをつくる英語』（達人出版会／インプレス）、『IT エンジニアのための英語リーディング』（翔泳社）などがある。『アプリケーションをつくる英語』で第４回ブクログ大賞（電子書籍部門）を受賞。産業技術大学院大学修了、東京工業大学博士課程単位取得退学。

日本語版レビュー協力

- 加藤 圭佑
- 斉藤 之雄
- 矢澤 竜太

リセットを押せ

—— ゲーム業界における破滅と再生の物語

2022年6月20日　初版第1刷発行

著者　ジェイソン・シュライアー（Jason Schreier）

訳者　西野 竜太郎

発行所　合同会社グローバリゼーションデザイン研究所
〒103-0006 東京都中央区日本橋富沢町 4-10
京成日本橋富沢町ビル 2F-10
https://globalization.co.jp/

印刷・製本　シナノ書籍印刷株式会社

Printed in Japan
ISBN 978-4-909688-03-3 C0098